现代创意新思维 DESIGN

十三五高等院校
艺术设计规划教材

游戏美术设计

李瑞森 战晶 编著

U0390483

人民邮电出版社
北 京

图书在版编目（CIP）数据

游戏美术设计 / 李瑞森，战晶编著. -- 北京：人民邮电出版社，2017.8（2024.2重印）
现代创意新思维·十三五高等院校艺术设计规划教材
ISBN 978-7-115-46438-5

Ⅰ.①游… Ⅱ.①李… ②战… Ⅲ.①游戏程序—程序设计—高等学校—教材 Ⅳ.①TP317.6

中国版本图书馆CIP数据核字(2017)第169401号

内 容 提 要

本书从结构上分为6大部分：游戏美术设计概论、游戏美术设计专业基础、2D 游戏美术设计、3D 游戏美术设计、游戏动画设计和游戏引擎。游戏美术设计概论主要从宏观角度介绍游戏美术领域的相关知识；游戏美术设计专业基础主要讲解游戏美术设计师的基本职业素质和技能；2D 游戏美术设计讲解游戏美术中的平面设计内容；3D 游戏美术设计主要从三维软件技术、3D 游戏场景制作和3D 游戏角色制作等方面讲解 3D 游戏项目中的美术制作内容；游戏动画设计介绍了游戏美术设计中的动画制作内容；游戏引擎部分从游戏引擎的定义、发展史、主流引擎介绍和游戏引擎编辑器实例制作等方面来讲解当下游戏美术制作中关于游戏引擎的内容。

本书内容全面、结构清晰、通俗易懂，既可作为游戏爱好者用来系统了解游戏行业的基础教材，也可作为院校的专业教材。

◆ 编　著　李瑞森　战晶
责任编辑　左仲海
责任印制　焦志炜

◆ 人民邮电出版社出版发行　　北京市丰台区成寿寺路 11 号
邮编　100164　电子邮件　315@ptpress.com.cn
网址　http://www.ptpress.com.cn
北京天宇星印刷厂印刷

◆ 开本：787×1092　1/16
印张：19　　　　　　　　　　2017 年 8 月第 1 版
字数：404 千字　　　　　　　2024 年 2 月北京第 6 次印刷

定价：49.80 元
读者服务热线：(010)81055256　印装质量热线：(010)81055316
反盗版热线：(010)81055315
广告经营许可证：京东市监广登字 20170147 号

前言
Foreword

虚拟游戏是新时代科技的产物，被誉为21世纪的"第九艺术"。每一种艺术都有区别于其他艺术的内涵和特点，虚拟游戏最核心的艺术特点就是交互性。因此，也可以说虚拟游戏是一种交互艺术。

游戏者与游戏内容、游戏进程、游戏中的其他角色组成一个整体，其参与感要远远超出以往任何一门艺术，因为它使玩家跳出了第三方旁观者的身份限制，从而能够真正融入到作品当中。在游戏作品中，随着玩者所作的选择不同，能够触发角色不同的行动，从而赋予了玩者极大的再创造余地。这种参与感是以往任何一种艺术形态都望尘莫及的。

虽然说游戏艺术不只是视觉艺术，但游戏作品中最主要的信息表达过程，仍然是通过视觉图像来实现的，而视觉图像就是游戏作品中的美术部分，从这个角度来说，游戏美术对于游戏作品有着极其重要的意义。在游戏项目的研发过程中，游戏美术设计也是要投入最多人力和精力的环节。

本书是一本全面讲解游戏美术设计知识的教材，书中的内容涉及游戏美术设计概论、游戏美术专业基础、2D游戏美术设计、3D游戏美术设计、游戏动画和游戏引擎等。书中既有理论知识，也有专业软件技术的讲解，还通过大量的实例制作练习让读者的学习过程变得更加直观、具体。通过阅读和学习本书，读者可以系统地了解游戏项目研发中美术设计的"流水线"，同时清楚其中的每一个具体环节。对于有志进入游戏美术设计领域的新人来说，可以通过本书明确学习和发展方向，能更好地选择适合自己的岗位，让之后的职业道路更加顺利。这也是编写本书的初衷。

编者
2017年2月

目录
Contents

Chapter 1

游戏美术设计概论

1.1 | 游戏美术设计的概念

游戏美术设计是指对游戏作品中所用到的所有图像及视觉元素的设计工作。通俗来讲，凡是游戏中能看到的画面元素，包括：地形、建筑、植物、人物、动物、动画、特效、界面等内容，都属于游戏美术设计的范畴。在游戏制作公司的研发团队中，由游戏美术部负责游戏中所有美术的设计与制作工作，根据不同的职能又分为原画设定、三维制作、动画制作、关卡地图编辑、界面设计等不同岗位的美术设计师。

本章就带领大家来学习什么是游戏美术设计，游戏图像及游戏美术技术的发展，游戏美术团队职能分工，游戏项目美术设计制作流程及行业前景分析等。

美术风格要与游戏的主体规划相符，这需要参考策划部门的意见，如果游戏策划中描述的是一款中国古代背景的游戏，那么就不能将美术风格设计为西式或现代风格。美术部门选定的游戏风格以及画面表现效果还要在技术范畴之内，这需要与程序部门协调沟通，如果想象太过于天马行空，而现有技术水平却无法实现，那么这样的方案也是行不通的。下面简单介绍游戏美术设计的风格及其分类。

首先，从游戏题材上看，游戏美术风格分为幻想风格、写实风格以及Q版风格。例如，日本FALCOM公司的《英雄传说》系列就属于幻想风格的游戏，游戏中的场景和建筑都要根据游戏世界观的设定而进行艺术的想象和加工处理（见图1-1）。

著名战争类游戏《使命召唤》则属于写实风格的游戏。其游戏中的美术元素要参考现实生活来设计，甚至要复制现实中的城市、街道和建筑来制作；而日本《最终幻想》系列游戏就是介于幻想和写实之间的一种独立风格。

Q版风格是指将游戏中的建筑、角色和道具等美术元素的比例进行卡通艺术化的夸张处理，例如Q版的角色都是4头身、3头身甚至2头身的比例（见图1-2），Q版建筑通常为倒三角形或者倒梯形的设计。如今大多数的网络游戏都被设计为Q版风格，例如《石器时代》《泡泡堂》《跑跑卡丁车》等，其可爱的卡通形象能够迅速吸引众多玩家，从而使游戏风靡市场。

· 图1-1 | 日式幻想风格的《英雄传说》

· 图1-2 | Q版风格的游戏设定

其次，从游戏的画面类型来看，游戏美术风格通常分为像素、2D、2.5D和3D这四种。像素风格是指游戏画面中由像素图像单元拼接而成的游戏场景，像FC平台游戏基本都属于像素画面风格，如《超级马里奥》。

2D风格是指采用平视或者俯视画面的游戏。其实3D游戏以外的所有游戏画面效果都可以统称为2D画面，在3D技术出现以前的游戏都属于2D游戏。为了区分，这里我们所说的2D风格游戏是指较像素画面有大幅度提升的，具有精细2D图像效果的游戏。

2.5D风格又被称为仿3D，是指玩家视角与游戏场景成一定角度的固定画面，通常为倾斜45°视角。2.5D风格也是如今较为常用的游戏画面效果，很多2D类的单机游戏或者网络游戏都采用这种画面效果，如《剑侠情缘》《大话西游》（见图1-3）等。

3D风格是指由三维软件制作出的可以随意改变游戏视角的游戏画面效果，这也是当今主流的

• 图1-3｜2.5D的游戏画面效果

游戏画面风格。现在绝大部分的Java手机游戏都是像素画面，智能手机游戏和网页游戏基本都是2D或者2.5D，大型的MMO客户端网络游戏通常为3D或者2.5D。

随着科技的进步和技术的提升，游戏从最初的单机游戏发展为网络游戏，画面效果也从像素图像发展为如今全三维的视觉效果，但这种发展并没有遵循淘汰制的发展规律，即使在当下3D技术大行其道的网络游戏时代，像素和2D画面类型的游戏仍然占有一定的市场份额，例如韩国NEOPLE公司研发的著名网游《地下城与勇士》（DNF）就是像素化的2D网游，而且国内在线人数最多的网游排行前十中有一半都是2D或2.5D画面的游戏。

另外，从游戏世界观背景来区分，又把游戏美术风格分为西式、中式和日韩风格。西式风格就是以西方欧美国家为背景设计的游戏画面美术风格。这里所说的背景不仅指环境场景的风格，它还包括游戏所设定的年代、世界观等游戏文化方面的范畴。中式风格就是指以中国传统文化为背景所设计的游戏画面美术风格，这也是国内大多数游戏所常用的画面风格。日韩风格是一个笼统的概念，主要指日本和韩国游戏公司所制作的游戏画面美术风格，他们多以幻想题材来设定游戏的世界观，并且善于将西方风格与东方文化相结合，所创作出的游戏都带有明显标志特色，我们将这种游戏画面风格定义为日韩风格。

育碧公司的著名次时代动作单机游戏《刺客信条》和暴雪公司的《魔兽争霸》都属于西式风格，大宇公司著名的"双剑"系列——《仙剑奇侠传》和《轩辕剑》属于中式风格（见图1-4），韩国EyedentityGames公司的3D动作网游《龙之谷》则属于日韩风格的范畴。

• 图1-4｜中国古代风格游戏画面

1.2 | 游戏图像及游戏美术技术的发展

游戏美术行业是依托于计算机图像技术发展起来的领域，计算机图像技术是计算机游戏技术的核心内容，而决定计算机图像技术发展的主要因素则是计算机硬件技术的发展。从计算机游戏诞生之初到今天，计算机图像技术基本经历了像素图像时代、精细二维图像时代与三维图像时代三大发展阶段。与此同时，游戏美术制作技术则遵循这个规律，同样经历了程序绘图时代、软件绘图时代与游戏引擎时代这三个与之对应的阶段。下面我们就来简单讲述一下游戏美术技术的发展。

1.2.1 像素图像时代／程序绘图时代

在计算机游戏发展之初，由于受计算机硬件条件的限制，计算机图像技术只能用像素显示图形画面。所谓的"像素"就是用来计算数码影像的一种单位，如同摄影的相片一样，数码影像也具有连续性的浓淡阶调，我们若把影像放大数倍，会发现这些连续色调其实是由许多色彩相近的小方点组成的，这些小方点就是构成影像的最小单位"像素"。而"像素"（Pixel）这个英文单词就是由Picture（图像）和Element（元素）这两个单词的字母所组成的。

由于计算机分辨率的限制，当时的像素画面在今天看来或许更像一种意向图形，因为以如今的审美视觉来看这些画面，实在很难分辨出它们的外观，更多的只是用这些像素图形来象征一种事物。一系列经典的游戏作品在这个时代中诞生，其中有著名的《创世纪》系列和《巫术》系列（见图1-5），有国内第一批计算机玩家的启蒙经典游戏《警察捉小偷》《掘金块》《吃豆子》，有经典动作游戏《波斯王子》的前身《决战富士山》。甚至后来名震江湖的大宇公司蔡明宏"蔡魔头"（大宇公司轩辕剑系列的创始人），他也于1987年在苹果机的平台上制作了自己的第一个游戏——《屠龙战记》，这是最早一批的中文RPG之一。

· 图1-5 | 《巫术》的游戏开启画面

由于技术上的诸多限制，这一时代游戏的显著特点就是在保留完整的游戏核心玩法的前提下，尽量简化其他一切美术元素。游戏美术在这一时期处于程序绘图阶段。所谓的程序绘图阶段大概就是从计算机游戏诞生之初到MS-DOS发展到中后期这个时间段。之所以定义为程序绘图就是因为最初的计算机游戏图形图像技术落后，加上游戏内容的限制，游戏图像绘制工作都是由程序员担任，游戏中所有的图像均为程序代码生成的低分辨率像素图像，而整个计算机游戏制作行业在当时还是一种只属于程序员的行业。

随着计算机硬件的发展和图像分辨率的提升，这时的游戏图像画面相对于之前有了显著的提高，像素图形再也不是大面积色块的意向图形，这时的像素有了更加精细的表现，尽管用当今的眼光我们仍然很难接受这样的图形画面，但在当时看来，一个计算机游戏的辉煌时代正在悄然而来。

硬件和图像的提升带来的是创意的更好呈现，游戏研发者可以把更多的精力放在游戏规则和游戏内容的实现上面去，也正是在这个时代，不同类型的计算机游戏纷纷出现，并确立了计算机游戏的基本类型，如ACT（动作游戏）、RPG（角色扮演游戏）、AVG（冒险游戏）、SLG（策略游戏）、RTS（即时战略）等，这些概念和类型定义到今天为止也仍在使用。而这些游戏类型的经典代表作品也都是在这个时代产生的，像AVG的典型代表作《猴岛小英雄》《鬼屋魔影》系列、《神秘岛》系列；ACT的经典作品《波斯王子》《决战富士山》《雷曼》；SLG的著名游戏《三国志》系列、席德梅尔的《文明》系列；RTS的开始之作Blizzard暴雪公司的《魔兽争霸》（见图1-6）系列以及后来的Westwood公司的《C&C》系列。

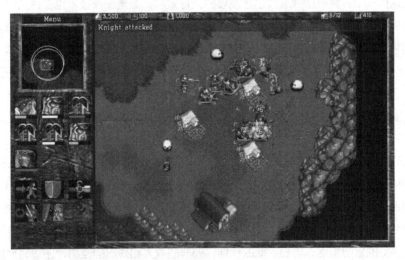

· 图1-6 | 经典即时战略游戏《魔兽争霸》

随着种种的升级与变化，这时的计算机游戏制作流程和技术要求也有了进一步的发展，计算机游戏不再是最初仅仅遵循一个简单的规则去控制像素色块的单纯游戏。随着技术的整体提升，计算机游戏制作有了更为复杂的内容设定，在规则与对象之外甚至需要剧本，这也要求整个游戏需要更多的图像内容来完善其完整性，在程序员不堪重负的同时便衍生出了一个全新的职业角色——游戏美术师。

对于游戏美术师的定义，通俗来说，凡是计算机游戏中所能看到的图像元素都属于游戏美术师的工作范畴，其中包括了地形、建筑、植物、人物、动物、动画、特效、界面等制作。随着游戏美术工作量的不断增大，游戏美术又逐渐被细分为原画设定、场景制作、角色制作、动画制作、特效制作等不同的工作岗位。在1995年以前虽然游戏美术有了如此多的分工，但总体来说游戏美术仍旧是负责处理像素图像这样单一的工作，只不过随着图像分辨率的提升，像素图像的精细度变得越来越高。

1.2.2 精细二维图像时代／软件绘图时代

1995年，微软公司代号Chicago的Windows 95操作系统问世，这在当时的个人计算机发展史上具有跨时代的意义。在Windows 95诞生之后越来越多的DOS游戏陆续推出了Windows版本，越来越多的主流计算机游戏公司也相继停止了DOS平台下游戏的研发，转而全力投入Windows平台下的图像技术和游戏的开发。这个转折时期的代表游戏就是Blizzard暴雪公司的《暗黑破坏神（Diablo）》系列，精细的图像、绝美的场景、华丽的游戏特效，这都归功于Blizzard对于微软公司DirectX API（Application Programming Interface应用程序接口）技术的应用。

就在这样一个计算机图像继续迅猛发展的大背景中，像素图像技术也在日益进化升级，随着计算机图像分辨率的提升，计算机游戏从最初DOS时期极限的分辨率为480像素×320像素，到后来Windows时期标准化的640像素×480像素，再到后来的800像素×600像素、1024像素×768像素等高精细图像。游戏的画面日趋华丽丰富，同时更多的图像特效技术加入了游戏当中，这时的像素图像已经精细到肉眼很难分辨其图像边缘的像素化细节，最初的大面积像素色块的游戏图像被华丽精细的二维游戏图像所取代，从这时开始，游戏画面进入了2D图像时代。

RPG更在这时呈现出了前所未有的百家争鸣，欧美三大RPG《创世纪》系列、《巫术》系列和《魔法门》系列使当时的人们能在计算机上体味《龙与地下城（AD&D）》的乐趣，并因此大受玩家的好评。而这一系列经典RPG从Apple II上抽身而出，转战PC平台后，更是受到各大游戏媒体和全世界玩家们的交口称赞。广阔而自由的世界，传说中的英雄，丰富多彩的冒险旅程，忠心耿耿的伙伴，邪恶的敌人和残忍的怪物，还适时地加上一段令人神往的英雄救美的情节，正是这些元素和极强的带入感把大批玩家拉入了RPG那引人入胜的情节中，伴随着故事的主人公一起冒险。

这一时代的中文RPG也引领了国内游戏制作业的发展，从早先"蔡魔头"的《屠龙战记》开始，到1995年的《轩辕剑——枫之舞》和《仙剑奇侠传》（见图1-7），国产中文RPG历经了一个前所未有的发展高峰。从早先对《龙与地下城》规则的生硬模仿，到后来以中国传统武侠文化为依托，创造了一个个只属于中国人的绚丽神话世界，吸引了大量中文地区的玩家投入其中。而其中的佼佼者《仙剑奇侠传》则通过动听的音乐、中国传统文化的深厚内涵、极富个性的人物和琼瑶式的剧情在玩家们的心中留下了一个极其完美的中文

游戏美术设计概论

RPG的印象，到达了中文RPG历史上一个至今也没有被超越的高峰，成为了中文游戏里的一个神话。

· 图1-7 | 《仙剑奇侠传》被国内玩家奉为经典

这时的游戏制作不再是仅靠程序员就能完成的工作了。游戏美术的工作量日益庞大，工作分工也愈加细化，原画设定、场景制作、角色制作、动画制作、特效制作等专业游戏美术岗位相继出现并成为游戏图像开发中不可或缺的重要职业。游戏图像从先前的程序绘图时代进入了软件绘图时代，游戏美术师需要借助专业的二维图像绘制软件，同时利用自己深厚的艺术修养和美术功底来完成游戏图像的绘制工作，真正意义上的游戏美术场景设计师也由此出现，这也是最早的游戏二维场景美术设计师。以Coreldraw为代表的像素图像绘制软件和后来发展成为主流的综合型绘图软件Photoshop都逐渐成为主流的游戏图像制作软件。

由于游戏美术师的出现，游戏图像等方面的工作变得更加独立，程序员也有更多的时间来处理和研究游戏图像跟计算机硬件之间的复杂问题。在DOS时代，程序员们最为头疼的就是和底层的硬件设备打交道，简单来说，程序员们写程序时不仅要告诉计算机做什么，还要告诉计算机怎么做，而针对不同的硬件设备，做法还各有不同。在Windows时代，对于程序员们来说，最大的好处就是API的广泛应用，使得Windows下的编程相对于DOS来说变得更为简单。

1.2.3　三维图像时代／游戏引擎

1995年，Windows 95诞生，并在之后很短的时间里就大放异彩，Windows 95并没有太多的独创功能，但却把当时流行的功能全部完美地结合在了一起，让用户对PC的学习和使用变得非常直观、便捷。PC功能的扩充伴随的就是PC的普及，而普及最大的障碍就是缺乏通俗易懂的学习方式和使用方式，Windows的出现改变了PC原来枯燥、单调的形象，而成为了像画图板一样的图形操作界面，这是Windows最大的功劳。正当人们还沉浸在图形操作系统为计算机操作带来的方便快捷的时候，或许谁都没有想到，在短短的一年之后，另一个公司的一款产品将彻底改变计算机图形图像的历史，而对于计算机游戏发展史来说，这更是具有里程碑式的意义，也正是因为它的出现使得游戏画面进入了全新的3D图像时代。

1996年，全世界的计算机游戏玩家目睹了一个奇迹的诞生，一家名不见经传的美国小公司一夜之间成了全世界狂热游戏爱好者顶礼膜拜的偶像。这个图形硬件的生产商和id公司携手，在计算机业界掀起了一场前所未有的技术革命风暴，把计算机世界拉入了疯狂的3D

时代，这就是令今天很多老玩家至今难以忘怀的
3dfx。3dfx创造的Voodoo作为PC历史上最经典
的一款3D加速显卡（见图1-8），从诞生伊始就
吸引了全世界的目光。

拥有6MB EDO RAM显存的Voodoo尽管只
是一块3D图形子卡，但它所创造出来的美丽却掠
走了不可思议的85%的市场份额，吸引了无数的
计算机玩家和游戏生产商。Voodoo的独特之处

・图1-8｜Voodoo3D加速显卡

在于它对3D游戏的加速并没有阻碍2D性能。当一个相匹配的程序运行的时候，可以从第二
个显卡中进行简单的转换输出。此时，业界许多人士都怀疑人们是否愿意额外花费500美元
去改善他们在游戏中的体验。在1996年的春天，计算机内存价格大跌，同时第一块
Voodoo芯片以 300美元的价格火爆市场，Voodoo芯片组交货的那天对PC游戏有着前所
未有的影响。当天晚上游戏世界从8bit、15fps提升到了有Z- bufferd(z缓冲)、16bit颜色、
材质过滤。在1996年2月3dfx和ALLinace半导体公司联合宣布，在应用程序接口方面开始
支持微软的DirectX。这意味着3dfx不仅使用自己的GLIDE，同时将可以很好地运行D3D编
写的游戏。

第一款正式支持Voodoo显卡的游戏作品就是如今大名鼎鼎的《古墓丽影》，从1996
年美国E3展会上劳拉・克劳馥的迷人曲线吸引了所有玩家的目光开始，绘制这个美丽背影
的Voodoo 3D图形卡和3dfx公司也开始了其传奇的旅途（见图1-9）。在相继推出
Voodoo2、Banshee和Voodoo3等几个极为经典的产品后，3dfx站在了3D游戏世界的顶
峰，所有的3D游戏，无论是《极品飞车》《古墓丽影》，还是高傲的《雷神之锤》，无一
不对Voodoo系列显卡进行优化，全世界都被Voodoo的魅力深深吸引。

・图1-9｜《古墓丽影》中劳拉角色形象的发展

在Microsoft推出Windows95的同时，3D化的发展也开始了。当时每个主流图形芯片
公司都有自己的API，如3dfx的Glide、PowerVR的PowerSGL、ATI的3DCIF等。这混乱
的竞争局面让软硬件的开发效率大为降低，Microsoft对此极为担忧。Microsoft很清楚业界

需要一个通用的标准，并且最终一定会有一个通用标准，如果不是Microsoft来做的话也会有别人来做。因此Microsoft决定开发一套通用的业界标准。

对3D游戏的发展影响最大的公司是成立于1990年的id公司。这家公司在1992年推出了历史上第一部FPS（第一人称射击）游戏——《德军总部3D》（见图1-10）。这部历史上的第一部FPS游戏并不是真正的3D游戏，《德军总部3D》用2D贴图、缩放和旋转营造出了一个3D环境因为限于当时的PC技术只能如此。虽然站在今天的角度来看这款游戏自然觉得粗糙，但正是这个粗糙的游戏带动了PC显卡技术的革新和发展。

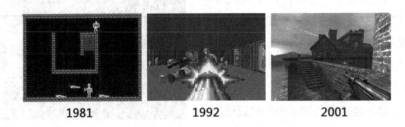

1981　　　　1992　　　　2001

· 图1-10｜《德军总部》系列不同年代画面的发展

1996年6月，真正意义上的3D游戏诞生了，id公司制作的《雷神之锤》是PC游戏进入3D时代的一个重要标志。在《雷神之锤》里，所有的背景、人物、物品等图形都是由数量不等的多边形构成的，这是一个真正的3D虚拟世界。《雷神之锤》出色的3D图形在很大程度上是得益于3dfx公司的Voodoo加速子卡，这让游戏的速度更为流畅，画面也更加绚丽，同时也让Voodoo加速子卡成为了《雷神之锤》梦寐以求的升级目标。除了3D的画面外，《雷神之锤》在联网功能方面也得到了很大的加强，由过去的4人对战增加到16人对战。添加的TCP/IP等网络协议让玩家有机会和世界各地的玩家一起在网络上共同对战。与此同时id公司还组织了各种奖金丰厚的比赛，也正是id公司和《雷神之锤》开创了当今电子竞技运动的先河。

《雷神之锤》系列作为3D游戏史上最伟大的游戏系列之一，其创造者——游戏编程大师——约翰·卡马克，对游戏引擎技术的发展做出了前无古人的卓越贡献，从《雷神之锤1》到《雷神之锤2》到后来风靡世界的《雷神之锤3》，每一次的更新换代都把游戏引擎技术推向了一个新的极致（见图1-11）。

· 图1-11｜《雷神之锤3》是专为网络竞技而生的游戏

在《雷神之锤2》还在独霸市场的时候，一家后起之秀——Epic公司携带着《Unreal（虚幻）》问世，或许谁都没有想到这款用游戏名字命名的游戏引擎在日后的引擎大战中发展成了一股强大的力量，Unreal引擎在推出后的两年之内就有18款游戏与Epic公司签订了许可协议，这还不包括Epic公司自己开发的《虚幻》资料片《重返纳帕利》，其中比较近的几部作品如第三人称动作游戏《北欧神符（Rune）》、角色扮演游戏《杀出重围（Deus Ex）》以及最终也没有上市的第一人称射击游戏《永远的毁灭公爵（Duke Nukem Forever）》，这些游戏都获得不少好评。

　　Unreal引擎的应用范围不限于游戏制作，还涵盖了教育、建筑等其他领域，Digital Design公司曾与联合国教科文组织的世界文化遗产分部合作采用Unreal引擎制作过巴黎圣母院的内部虚拟演示，Zen Tao公司采用Unreal引擎为空手道选手制作过武术训练软件，另一家软件开发商Vito Miliano公司也采用Unreal引擎开发了一套名为"Unrealty"的建筑设计软件用于房地产的演示。现如今，Unreal引擎早已经从激烈的竞争中脱颖而出，成为当下主流的游戏引擎之一（见图1-12）。

· 图1-12 | 虚幻引擎第四代

　　从Voodoo的开疆扩土到NVIDIA称霸天下，再到如今NVIDIA、ATI、Intel的三足鼎立，计算机图形图像技术进入了全新的三维时代，而计算机游戏图像技术也翻开了一个全新的篇章，伴随着3D技术的兴起，计算机游戏美术技术经历了程序绘图时代、软件绘图时代，最终迎来了今天的游戏引擎时代。无论是2D游戏还是3D游戏，无论是角色扮演游戏、即时策略游戏、冒险解谜游戏或是动作射击游戏，哪怕是一个只有1MB的小游戏，都有这样一段起控制作用的代码，这段代码我们可以笼统地将其称为引擎。

　　当然，或许最初在像素游戏时代，一段简单的程序编码我们可以称它为引擎，但随着计算机游戏技术的发展，经过不断的进化，如今的游戏引擎已经发展为一套由多个子系统共同构成的复杂系统，从建模、动画到光影、粒子特效，从物理系统、碰撞检测到文件管理、网络特性，还有专业的编辑工具和插件，几乎涵盖了开发过程中的所有重要环节，这一切所构成的集合系统才是我们今天真正意义上的"游戏引擎"，过去单纯依靠程序、美工的时代已经结束，以游戏引擎为中心的集体合作时代已经到来，这也就是当今游戏技术领域所说的游戏引擎时代。

　　在2D图像时代，游戏美术师只是负责根据游戏内容的需要，将自己创造的美术作品元素提供给程序设计师，然后由程序设计师将所有元素整合汇集到一起，最后形成完整的计算机游戏作品。随着游戏引擎越来越广泛地被引入游戏制作领域，如今的计算机游戏制作流程和职能分工也逐渐发生着改变，现在要制作一款3D计算机游戏，需要更多的人员和部门进行通力协作，即使是游戏美术的制作也不再是一个部门就可以独立完成的工作。

　　在过去，游戏制作的前期准备一般指游戏企划师编撰游戏剧本和完成游戏内容的整体规划，而现在计算机游戏的前期制作除此之外还包括游戏程序设计团队为整个游戏设计制作具有完整功能的游戏引擎（包括核心程序模组、企划和美工等各部门的应用程序模组、引擎地图编辑器等）。

制作中期相对于以前改变不大，这段时间一般就是由游戏美术师设计制作游戏所需的各种美术元素，包括游戏场景和角色模型的设计制作、贴图的绘制、角色动作动画的制作、各种粒子和特效效果的制作等。

制作后期相较以前也发生了很大的改变，过去游戏制作的后期主要是程序员完成对游戏元素整合的过程，而现在游戏制作后期不单单是程序设计部门独自的工作，越来越多的工作内容要求游戏美术师加入其中，主要包括：利用引擎的应用程序工具将游戏模型导入引擎当中、利用引擎地图编辑器完成对整个游戏场景地图的制作、对引擎内的游戏模型赋予合适的属性并为其添加交互事件和程序脚本、为游戏场景添加各种粒子特效等；而程序员也需要在这个过程中完整对游戏的整体优化（见图1-13）。

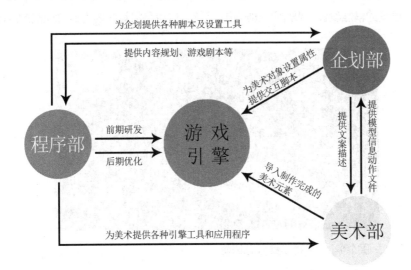

• 图1-13 | 游戏项目团队制作流程

随着游戏引擎和更多专业设计工具的出现，游戏美术师的职业要求不仅没有降低反而表现出更多专业化、高端化的特点，这要求游戏美术师不仅要掌握更多的专业技术知识，还要广泛地学习与游戏设计有关的相关学科知识，更要扎实地磨炼自己的美术基本功。要成为一名合格的游戏美术设计师非一朝一夕之事，不可急于求成，但只要找到合适自己的学习方法，勤于实践和练习，要进入游戏制作行业也并非难事。

1.3 │ 游戏美术团队职能分工

┃ 1.3.1　游戏原画师

　　游戏美术原画师是指在游戏研发阶段负责游戏美术原画设计的人员。在实际游戏美术元素制作前，首先要由美术团队中的原画设计师根据策划的文案描述进行原画设定的工作。原画设定是对游戏整体美术风格的设定和对游戏中所有美术元素的设计绘图，从类型上来分，游戏原画又分为概念类原画设定和制作类原画设定。

　　概念类游戏原画是指原画设计人员针对游戏策划的文案描述进行整体美术风格和游戏环境基调设计的原画类型（见图1-14）。游戏原画师会根据策划人员的构思和设想，对游戏中的环境、场景和角色进行创意设计和绘制，概念原画不要求绘制得十分精细，但要综合游戏的世界观背景、游戏剧情、环境色彩、光影变化等因素，确定游戏整体的风格和基调。相对于制作类原画的精准设计，概念类原画更加笼统，这也是将其命名为概念原画的原因。

• 图1-14 │ 游戏场景概念原画

　　在概念原画确定之后，游戏基本的美术风格就确立下来了，之后就要进入实际的游戏美术制作阶段，这时就首先需要开始进行制作类原画的设计和绘制。制作类原画是指对游戏中美术元素的细节进行设计和绘制的原画类型，制作类原画又分为场景原画、角色原画和道具原画，分别负责对游戏场景、游戏角色以及游戏道具的设定。制作类原画不仅要在整体上表现出清晰的物体结构，更要对设计对象的细节进行详细描述，这样才能便于后期美术制作人员进行实际美术元素的制作。

　　图1-15为一张游戏角色原画设定图。图中设计的是一位身穿铠甲的武士，设定图利用正面和背面清晰地描绘了游戏角色的体型、身高、面貌以及所穿的装备和服饰，每一个细节都绘制得十分详细具体。通过这样的原画设定图，后期的三维制作人员可以很清楚地了解自

己要制作的游戏角色的所有细节，这也恰恰是游戏原画在游戏研发中的作用和意义。

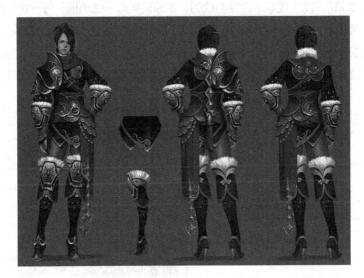

· 图1-15 | 游戏角色原画设定图

　　游戏美术原画师需要有扎实的绘画基础和美术表现能力，要具备很强的手绘功底和美术造型能力，同时能熟练运用二维美术软件对文字描述内容进行充分的美术还原和艺术再创造。其次，游戏美术原画师还必须具备丰富的创作想象力，因为游戏原画与传统的美术绘画创作不同，游戏原画并不是要求对现实事物的客观描绘，它需要在现实元素的基础上进行虚构的创意和设计，所以天马行空的想象力也是游戏美术原画师不可或缺的素质和能力。另外，游戏美术原画师还必须掌握其他相关学科一定的理论知识，例如拿游戏场景原画设计来说，如果要设计一座欧洲中世纪哥特风格的建筑，那么就必须要具备一定的建筑学知识和欧洲历史文化背景知识，对于其他类型的原画设计来说也同样如此。

1.3.2　2D美术设计师

　　2D美术设计师是指在游戏美术团队中负责平面美术元素制作的人员，这是游戏美术团队中必不可缺的职位，无论是2D游戏项目还是3D游戏项目，都必须要有2D美术设计师参与制作。

　　一切与平面美术相关的工作都属于2D美术设计师的工作范畴，所以严格来说，游戏原画师也是2D美术设计师；另外，UI界面设计师也可以算作2D美术设计师。在游戏2D美术设计中，以上两者都属于设计类的岗位，除此以外，2D美术设计师更多的是负责实际制作类的工作。

　　通常2D美术设计师要根据策划的描述文案或者游戏原画设定来进行制作。在2D游戏项目中，2D美术设计师主要负责制作游戏中各种美术元素，包括游戏平面场景、游戏地图、游戏角色形象以及游戏中用到的各种2D素材。例如，在像素或2D类型的游戏中，游戏场景地图是由一定数量的Tile（图块）拼接而成的，其原理类似于铺地板，每一块Tile中包含不同的像素图形，通过不同Tile自由组合拼接就构成了画面中不同的美术元素，通常来说平视或俯视2D游戏中的Tile是矩形的，2.5D的游戏中Tile是菱形的（见图1-16），而二维游戏美术师的工作就是负责绘制每一块Tile，并利用组合制作出各种游戏场景素材（见图1-17）。

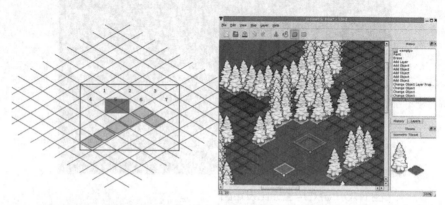

· 图1-16｜二维游戏场景的制作原理

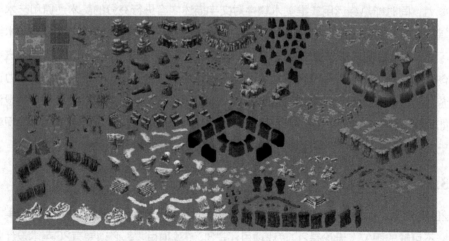

· 图1-17｜各种2D游戏场景素材

对于像素或者2D游戏中的角色来说，通常我们看到的角色的行走、奔跑、攻击等动作都是利用关键帧动画来制作的，需要分别绘制出角色每一帧的姿态图片，然后将所有图片连续播放就实现了角色的运动效果。图1-18为像素游戏角色的技能动作动画序列帧，所有序列中的每一个关键帧的图片都是需要2D美术设计师来制作的。

· 图1-18 | 像素游戏角色动画序列帧

在3D游戏项目中，2D美术设计师主要负责平面地图的绘制、角色平面头像的绘制（见图1-19）以及各种模型贴图的绘制等。

· 图1-19 | 不同表情的游戏角色头像

1.3.3　3D模型美术师

3D模型美术设计师是指在游戏美术团队中负责3D模型制作的人员，3D模型美术师是在3D游戏出现后才发展出的制作岗位，同时也是3D游戏美术团队中的核心制作人员。对于一款3D游戏来说，最主要的工作就是对3D模型的设计制作，包括3D场景模型、3D角色模型以及各种游戏道具模型等。除了在制作的前期需要为Demo的制作提供基础三维模型，在中后期更需要大量的三维模型来充实和完善整个游戏的主体内容，所以在3D游戏美术制作团队中，会有大量的人力资源被分配到这个岗位。

3D模型美术师要具备较高的专业技能，不仅要熟练掌握各种复杂的高端三维制作软件，更要有极强的美术塑形能力（见图1-20）。在国外，专业的游戏三维美术师大多是美术雕塑系或建筑系出身；除此之外，游戏3D美术师还需要具备大量的相关学科知识，例如建筑学、物理学、生物学、历史学等。

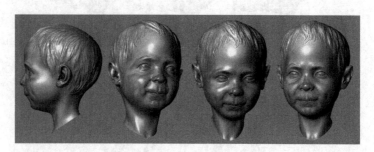

• 图1-20 | 利用ZBrush软件塑造角色形象

1.3.4 3D动画美术师

3D动画美术师是指在游戏美术团队中负责制作游戏动画内容的制作人员。这里所谓的动画制作并不是指游戏片头动画或过场动画等预渲染动画内容的制作，主要是指游戏中实际应用的动画内容，包括角色动作和场景动画等。

角色动作主要指游戏中所有角色（包括主角、NPC、怪物等）的动作流程，游戏中每一个角色都包含大量已经制作完成的规定套路动作，通过不同动作的衔接组合就形成了一个个具有完整能动性的游戏角色，而玩家控制的主角的动作中还包括大量人机交互内容。3D动画师的工作就是负责每个独立动作的调节和制作，例如角色的跑步、走路、挥剑、释放法术等（见图1-21）。场景动画主要指游戏场景中需要应用的动画内容，比如流水、落叶、雾气、火焰等这样的环境氛围动画，还包括场景中指定物体的动画效果，例如门的开闭、宝箱的开启、触发机关等。

• 图1-21 | 三维角色动作调节

1.3.5 游戏特效美术师

一款游戏产品除了基本的互动娱乐体验
外，更重要的是整体的声光视觉效果，游戏
中的这些光影效果就属于游戏特效的范畴。
游戏特效美术师负责的就是丰富和制作游戏
中的各种光影视觉效果，包括角色技能、刀
光剑影、场景光效、火焰闪电以及其他各种
粒子特效等（见图1-22）。

• 图1-22｜游戏中的各种技能特效

游戏特效美术师在游戏美术制作团队中有一定的特殊性，既难将其归类于2D美术设计
人员，也难将其归类于3D美术设计人员。因为游戏特效的设计和制作同时涉及二维和三维
美术的范畴，且在具体制作流程上又与其他美术设计有所区别。

对于三维游戏特效制作来说，首先要利用3ds Max等三维制作软件创建出粒子系统，然
后将事先制作的三维特效模型绑定到粒子系统上，然后还要针对粒子系统进行贴图的绘制，
贴图通常要制作为带有镂空效果的Alpha贴图，有时还要制作贴图的序列帧动画，之后还要
将制作完成的素材导入游戏引擎特效编辑器中，对特效进行整合和细节调整。如果是制作角
色技能特效，还要根据角色的动作提前设定特效施放的流程，如图1-23所示。

• 图1-23｜角色技能特效设计思路和流程图

对于游戏特效美术师来说，不仅要掌握三维制作软件的操作技能，还有对三维粒子系统
有深入研究，同时还要具备良好的绘画功底和修图能力，另外还要掌握游戏动画的设计和制
作。所以，游戏特效美术师是一个具有复杂性和综合性的游戏美术设计岗位，是游戏开发中
必不可少的职位，同时入门门槛也比较高，需要从业者具备高水平的专业能力。在一线的游
戏研发公司中，游戏特效美术师通常都是具有多年制作经验的资深从业人员，相应的，所得
到的薪水待遇也高于其他游戏美术设计人员。

▌1.3.6 地图编辑美术师

地图编辑美术师是指在游戏美术团队中利用游戏引擎地图编辑器来编辑和制作游戏地图场景的美术设计人员，也被称为地编设计师。成熟化的三维游戏商业引擎普及之前，在早期的三维游戏开发中，游戏场景中所有美术资源的制作都是在三维软件中完成的，除了场景道具、场景建筑模型以外，甚至包括游戏中的地形山脉都是利用模型来制作的。而一个完整的三维游戏场景包括众多的美术资源，所以用这样的方法来制作的游戏场景模型会产生数量巨大的多边形面数，如图1-24所示，这样一个场景用到了15万之多的模型面数，不仅导入游戏的过程十分烦琐，而且制作过程中三维软件本身就承担了巨大的负载，经常会出现系统崩溃、软件跳出的现象。

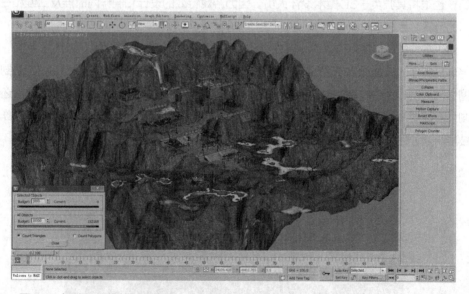

· 图1-24 │ 利用三维软件制作的大型山地场景

随着技术的发展，在进入游戏引擎时代后，以上所有的问题都得到了完美的解决，游戏引擎编辑器不仅可以帮助我们制作出地形和山脉的效果，除此之外，水面、天空、大气、光效等很难利用三维软件制作的元素都可以通过游戏引擎来完成。尤其是野外游戏场景的制作，我们只需要利用三维软件来制作独立的模型元素，其余80%的场景工作任务都可以通过游戏引擎地图编辑器来整合和制作，而其中负责这部分工作的美术人员就是地图编辑美术师。

地编设计师利用游戏引擎地图编辑器制作游戏地图场景主要包括以下几方面的内容：

（1）场景地形地表的编辑和制作；

（2）场景模型元素的添加和导入；

（3）游戏场景环境效果的设置，包括日光、大气、天空、水面等方面；

（4）游戏场景灯光效果的添加和设置；

（5）游戏场景特效的添加与设置；

（6）游戏场景物体效果的设置。

其中，大量的工作时间都集中在游戏场景地形地表的编辑制作上，利用游戏引擎编辑器制作场景地形其实分为两大部分——地表和山体，地表是指游戏虚拟三维空间中起伏较小的地面模型，山体则是指起伏较大的山脉模型。地表和山体是对引擎编辑器所创建同一地形的不同区域进行编辑制作的结果，两者是统一的整体，并不对立存在。

引擎地图编辑器制作山脉的原理是将地表平面划分为若干分段的网格模型，然后利用笔刷进行控制，实现垂直拉高形成的山体效果或者塌陷形成的盆地效果，然后再通过类似于Photoshop的笔刷绘制方法来对地表进行贴图材质的绘制，最终实现自然的场景地形效果（见图1-25）。

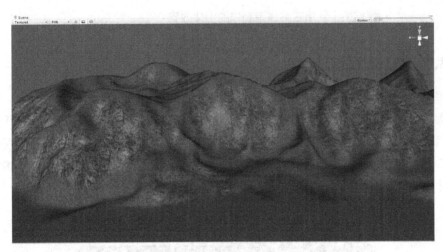

· 图1-25 ｜ 利用引擎地图编辑器制作的地形山脉

如果要制作高耸的山体往往要借助于三维模型才能实现，场景中海拔过高的山体部分利用三维模型来制作，然后将模型坐落在地形山体之上，两者相互配合实现了很好的效果（见图1-26）。另外，在有些场景中地形也起到了衔接的效果，例如让山体模型直接坐落在海水中，那么模型与水面相接的地方会非常生硬，利用起伏的地形包围住山体模型，这样就能利用地表的过渡与水面进行完美衔接。

在实际三维游戏项目的制作中，利用游戏引擎编辑器制作游戏场景的第一步就是要创建场景地形，场景地形是游戏场景制作和整合的基础，它为三维虚拟化空间搭建出了具象的平台，所有的场景美术元素都要依托于这个平台来进行编辑和整合。所以，地图编辑美术师在如今的三维游戏开发中占有着十分重要的地位，而一个出色的地编设计师不仅要掌握三维场景制作的知识和技能，更要对自然环境和地理知识有深入的了解和认识，只有这样才能让自己制作的地图场景更加真实、自然，更贴近于游戏需求的效果。

· 图1-26 | 利用三维模型制作的山体效果

1.3.7 游戏UI设计师

游戏UI设计是游戏美术设计中必不可少的工作内容。用户界面（User Interface，UI）设计则是指对软件的人机交互、操作逻辑、界面美观的整体设计。游戏UI是一个系统的统称，其中包括了GUI、UE、ID三大部分，其中与美术最为相关的主要有GUI以及UE两大部分。GUI指的是图形用户界面，也就是游戏画面中的各种界面、窗口、图标、角色头像、游戏字体等美术元素（见图1-27）。

· 图1-27 | 游戏UI设计

UE指的是用户体验，也就是玩家通过图形界面来实现交互过程的体验感受。好的UI设计不仅是让游戏画面变得有个性、有风格、有品位，更要让游戏的操作和人机交互过程变得舒适、简单、自由和流畅，这也就需要设计者了解目标用户的喜好、使用习惯、同类产品设计方案等，游戏UI的设计要和用户紧密结合（见图1-28）。

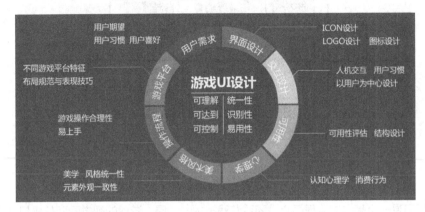

· 图1-28 | 游戏UI的设计要点

◉ 1.4 | 游戏项目美术设计制作流程

游戏美术团队在整个游戏项目制作过程中的每个阶段都有着不同的工作任务，比如在游戏项目制作前期，游戏美术团队主要负责制作各种基本的美术元素以供给Demo的制作和使用。在游戏项目后期，美术团队可能也会直接参与游戏版本的测试，并对测试产生的问题进行修改和完善。游戏项目制作中期是美术团队最为忙碌的阶段，而我们本节所说的美术设计制作流程主要就是这个阶段的工作内容。

对于三维游戏项目的开发来说，游戏美术团队下设原画设计组、三维模型制作组、游戏特效组、引擎地图编辑组等几个部门，不同小组负责不同的工作任务，同时，小组与小组之间也要紧密协调配合，这样才能共同完成游戏项目美术部分的工作。图1-29表示了游戏项目美术设计制作的基本流程。

游戏美术团队在接到策划部门的文案后进入美术设计阶段。首先，原画设计组分别开始进行概念、角色以及场景的游戏原画设定工作。之后，原画设计组将设计完成的原画对应交给三维模型制作组，然后分别开始游戏角色模型和游戏场景模型的制作，其中角色模型制作完成后还要由三维动画师来进行角色骨骼绑定和动作动画的调节，同时地形编辑美术师还要对游戏引擎编辑器中的游戏整体氛围、环境等元素进行设置。接下来，游戏特效组同步将游戏角色、场景特效添加给游戏角色并导入游戏引擎地图编辑器中。最后，美术团队将制作的所有美术元素交给程序部门进行整合和完善。以上就是一般三维游戏项目美术设计制作的基本流程。

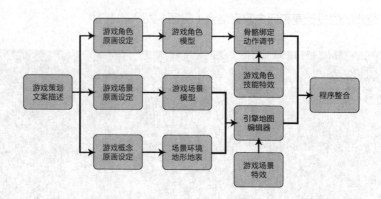

· 图1-29 | 游戏美术设计制作流程图

　　上面只是一个基本的流程简介，随着游戏技术的发展，游戏的视觉画面效果日益精细，尤其对于类似《刺客信条》《使命召唤》这样的次时代游戏来说，无论是内容还是储存容量都在成倍增加，相应地，游戏项目在制作流程上也更为复杂，同时各制作部门也必须深化职能分工，只有这样才能保证项目进程高效有序的进行（见图1-30）。

· 图1-30 | 次世代游戏制作更加复杂

　　下面我们以三维游戏场景制作为例，来介绍一下游戏美术制作流程中的细节分工。在实际游戏项目的场景制作中，三维场景美术设计师的工作并不是独立进行的，由于场景模型最终要应用到游戏引擎编辑器中，所以在模型的制作过程中场景模型师要与地图编辑美术师相互协调配合，而整体制作流程通常也是一个循环往复的过程，图1-31为游戏场景模型制作的流程工序图。

任务分配 → 场景制作人员 → 验收人员 → 意见反馈 → 模型修改 → 复查 → 验收完成

素材收集 → 模型搭建 → 贴图制作 → 渲染烘焙 → 模型检查 → 模型导出

· 图1-31 | 游戏场景模型制作流程工序

三维场景模型师在接到分配的工作任务后开始尽量搜集素材，然后结合场景原画设定图开始模型的搭建制作，模型完成后开始制作贴图，在有些项目中还需要将模型进行渲染烘焙，最后将模型按照检验标准进行整体检查后再完成导出。导出的模型会提交给地图编辑美术师进行验收，他们会根据地形场景的使用要求提出意见，然后反馈给模型制作人员进行修改，复查后再提交给地编人员完成模型的验收，经过反复修改的场景模型最终才会被应用到游戏引擎地图场景中。

1.5 | 游戏美术行业前景分析

国际上随着计算机和网络技术的发展，人们对视觉享受和娱乐的要求越来越高。全球最大的娱乐产品输出国美国，每年的动漫游戏作品和衍生产品的产值达50亿美元；日本则是通过动画片、卡通书和电子游戏三者的商业组合，成为全产量最大的动画大国，年营业额超过90亿美元；即便是后起之秀的韩国，其动画产业值也仅次于美国和日本，生产量占全球的百分之三十，是中国的30倍。也正是与动画发达国家的差距，为我国的动漫游戏行业发展提供了广阔的空间。

随着经济的迅速发展和数码技术的广泛应用，消费方式进入读图时代，人们的动画文化需求将进一步释放，随着影视动画的诞生，产品市场总值将进一步提高，前景看好。如果经过5～10年的时间，影视动画产业在国民生产总值中的比重能够从目前的十万分之一提高到百分之一，那么我国影视动画产业就具有1000亿元产值的巨大发展空间。中国的动画产业人才目前还不足8000人，而中国目前至少有5亿动漫消费者，每年有1000亿元的巨大市场空间，国内动漫人才的缺口高达100万以上。

中国的游戏业起步并不算晚，从20世纪80年代中期台湾游戏公司崭露头角到90年代大陆大量游戏制作公司的出现，中国游戏业也发展了近30年的时间。在2000年以前，由于市场竞争和软件盗版问题，中国游戏业始终处于旧公司倒闭与新公司崛起的快速新旧更替之中，当时由于行业和技术限制，几个人的团队便可以组在一起去开发一款游戏，研发团队中的技术人员也就是中国最早的游戏制作从业者，当游戏公司运作出现问题或者倒闭后，他们便会进入新的游戏公司继续从事游戏研发，所以早期游戏行业中从业人员的流动基本属于"圈内流动"，很少有新人进入这个领域，或者说也很难有新人进入这个领域。

在2000年以后，中国网络游戏开始崛起并迅速发展为游戏业内的主流力量，由于新颖的游戏形式以及可以完全避免盗版的困扰，国内大多数游戏制作公司开始转型为网络游戏公司，同时也出现了许多大型的专业网络游戏代理公司，如盛大、九城等。由于硬件和技术的发展，网络游戏的研发再不是单凭几人就可以完成的项目，它需要大量专业的游戏制作人员，之前的"圈内流动"模式显然不能满足从业市场的需求，游戏行业第一次降低了入门门槛，于是许多相关领域的人士，例如建筑设计行业、动漫设计行业以及软件编程人员等都纷纷转行进入了这个朝气蓬勃的新兴行业当中，然而对于许多大学毕业生或者完全没有相关从业经验的人来说，游戏制作行业仍然属于高精尖技术行业，一般很难达到其入门门槛，所以国内游戏行业从业人员开始了另一种形式上的"圈内流动"。

从2004年开始，由于世界动漫及游戏产业发展迅速，国家政府高度关注和支持国内相关产业，大量民办动漫游戏培训机构如雨后春笋般出现，一些高等院校也陆续开设计算机动画设计和游戏设计类专业，这使得那些怀揣游戏梦想的人无论从传统教育途径还是社会办学途径，都可以很容易地接触到相关的专业培训，之前的"圈内流动"现象彻底被打破，国内游戏行业的入门门槛放低到了空前的程度。

虽然这几年有大量的"新人"涌入了游戏行业，但整个行业对于就业人员的需求不仅没有减少，相反还是处于日益增加的状态，我们先来看一组数据——2009年中国网络游戏市场实际销售额为256.2亿元，年比增长39.4%；2011年，中国网络游戏市场规模为468.5亿元，同比增长34.4%，其中互联网游戏为429.8亿元，同比增长33.0%，移动网游戏为38.7亿元，同比增长51.2%；2015年全球网络游戏市场规模达到884亿美元，同比增长9%。由于世界金融危机的影响，全球的互联网和IT行业普遍处于不景气的状态，但中国的游戏产业在这一时期不仅没有受到影响，相反还更显出了强劲的增长势头，中国的游戏行业正处于飞速发展的黄金时期，因此对于专业人才的需求一直居高不下。

就拿游戏制作公司来说，游戏研发人员主要包括三部分：企划、程序和美术。在美国这三种职业所享受的薪资待遇从高到低分别为程序、美术、企划，游戏美术设计师可以拿到的年薪平均在6万~8万美元。在国内由于地域和公司的不同，薪资差别也比较大，但整体来说薪资水平从高到低仍然是程序、美术、企划。对于行业内人员需求的分配比例来说，从高到低依次为美术、程序、企划。所以综合来讲，游戏美术设计师在游戏制作行业是非常好的就业选择，其职业前景也十分光明。

2010年以前，中国网络游戏市场一直是客户端网游的天下，但近两年网页游戏、手机游戏发展非常快，手游逐渐成为游戏市场的主力。2016年中国游戏用户已达到4.89亿人，游戏市场实际收入达到787.5亿元，同比增长30.1%。其中，客户端游戏用户规模达到1.38亿人，同比增长3.1%；网页游戏用户规模达到2.79亿人，同比下降8.7%；移动游戏用户规模达到4.05亿人，同比增长10.7%。在未来网页游戏和手机游戏行业的人才需求将会不断增加，拥有更加广阔的前景。

面对如此广阔的市场前景，动漫游戏美术设计从业人员可以根据自己的特长和所掌握的专业技能来选择适合的就业方向，众多的就业路线和方向大大拓宽了动漫游戏美术设计从业者的就业范围，无论选择哪一条道路，通过自己的不断努力最终都将会在各自的岗位上绽放出绚丽的光芒。

Chapter 2

游戏美术设计专业基础

随着游戏图像技术的发展，如今游戏美术设计在整个游戏项目制作中所占的比重越来越大，优秀的游戏必须具备强大的视觉画面效果和美术风格。而游戏美术设计在当下也已经发展为一门系统的学科，想要深入学习必须先打好基础，本章就带领大家学习游戏美术设计专业的基础内容，包括游戏美术设计师的职业素质、应用软件以及学习方法等。

2.1 | 游戏美术设计入门与学习

作为立志想要进入游戏设计领域的新人，在正式进入一线公司之前，必须要通过合理化的教育和培训，对自己的个人能力和专业技能进行培养和提升，以达到一线公司的用人要求和标准，这就要求我们必须进行相关专业的系统学习。通常来说，我们将这一学习过程分为五大阶段（见图2-1）。

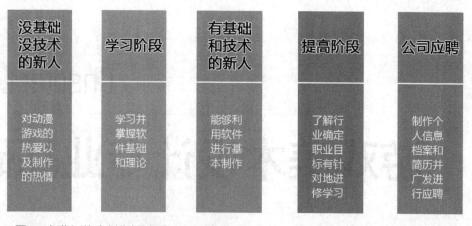

• 图2-1 | 进入游戏制作领域前的学习阶段

首先，第一个阶段是零基础的新人状态，作为一个没有掌握任何软件和制作技术的新人来说，对游戏行业的热爱以及对制作的热情就是入门的最好基础，每个游戏美术设计师都是从这一阶段开始起步的。而接下来为了快速入门，就必须要学习和掌握基本的软件知识和操作技巧，这是新人入门的第一个学习阶段。

对于游戏美术设计来说，其实常用的软件并没有很多，图2-2中的LOGO基本涵盖了游戏美术设计一般常用的制作软件，其中包括2D类制作软件（Photoshop、Painter、DeepPaint 3D等）和3D制作软件（3ds Max、Maya、ZBrush等）。下面我们来简单了解这些常用软件的用途和功能。

2D软件

3D软件

• 图2-2 │ 游戏美术常用制作软件

二维美术软件在游戏美术制作中，主要用于原画的绘制和设定、UI设计以及模型贴图的绘制等。常用的二维美术软件主要有Photoshop和Painter，Painter凭借其强大的笔刷功能主要用于原画的绘制，Photoshop作为通用的标准化二维图形设计软件主要用于UI像素图形的绘制和模型贴图的绘制，另外也可以通过DeepPaint 3D和BodyPaint 3D等插件来绘制三维模型贴图（见图2-3）。

• 图2-3 │ 模型贴图的绘制

三维制作软件主要就是3ds Max和Maya，这两款软件都是Autodesk公司旗下的核心三维制作软件产品，国外游戏美术制作通常使用Maya，而在国内大多数游戏制作公司主要使用3ds Max作为主要的三维模型制作软件，这主要是由游戏引擎技术和程序接口技术所决定的，虽然这两款软件同为Autodesk公司旗下的产品，但在功能界面和操作方式上还是有着很大的不同。

近几年随着次时代引擎技术的飞速发展，以法线贴图技术为主流技术的游戏大行其道，同时也成为未来游戏美术制作的主要方向。所谓的法线贴图是可以应用到3D模型表面的特殊纹理，它可以让平面的贴图变得更加立体、真实。法线贴图作为凹凸纹理的扩展，它包括了每个像素的高度值，内含许多细节的表面信息，能够在平平无奇的物体上，创建出许多特殊的立体外形。我们可以把法线贴图想象成与原表面垂直的点，所有点组成另一个不同的表面。对于视觉效果而言，它的效率比原有的表面更高，若在特定位置上应用光源，可以生成精确的光照方向和反射，通过ZBrush三维雕刻软件深化模型细节使之成为具有高细节的三维模型，然后通过映射烘焙出法线贴图，并将其贴在低端模型的法线贴图通道上，使之拥有法线贴图的渲染效果，却可以大大降低渲染时需要的面数和计算内容，从而达到优化动画渲染和游戏渲染的效果（见图2-4）。以上介绍的软件都会在本章后面的内容中进行详细讲解。

• 图2-4│游戏法线贴图技术

当掌握了一定的软件技术后，我们就进入了第三个阶段，在这一阶段中，我们可以利用已学的软件技术进行基本的制作，但与实际一线公司的要求还有一定距离，所以这一阶段被称为有基础和技术的新人阶段。基本的软件知识和操作能力为下一步的学习打下了基础，为了能成功进入一线制作公司，成为一名合格的游戏美术设计师，所以必须要开始第二个学习阶段，也就是提升学习阶段。

在提高阶段学习中，我们必须要全面了解一线的制作行业和领域，确立自己的职业目标并进行有针对性的学习。在前面的内容中已经讲到，每个游戏制作团队中都有各自的职业分工，所以我们不可能掌握全部的技术成为一名"全才"，我们要做的是成为那颗日后专业领域中的"螺丝钉"，在自己的所属领域中全面发挥出自己的特长和才干。这也是提升阶段和基础学习阶段最大的区别，基础学习阶段侧重全面基础知识的学习，而提升阶段则侧重于专业技能的掌握，相对于前面的基础学习阶段，提升学习是一个漫长的过程，需要每个人脚踏实地地努力学习，通过点滴积累为日后打下坚实的基础。

当我们完成了提升阶段的学习并积累了足够的个人作品后，我们就可以着手创建个人信息档案以及个人简历，简历中的文字要简明扼要，要能够突出自己的个人专长和技能，并写明明确的就业岗位方向，同时要附有自己代表性作品，可以是图片也可以是视频和动画等，之后我们就可以通过招聘网站或者各公司主页中发布的HR邮箱进行简历和作品的投递。

通过学习阶段的努力成功进入一线的游戏制作公司，这对于游戏美术设计师之路也仅仅是个开始，日后的职业发展才是这条道路的核心和重点，图2-5展示了作为一名游戏美术设计师所应具备的基本素质。

核心　　　热爱游戏的心
基础　　　软件的掌握
关键　　　研发经验积累
提升　　　丰富的扩展知识

· 图2-5 │ 游戏美术设计师的职业素质

俗话说"兴趣是最好的老师"，一名游戏美术设计师首先需要具备的就是对于游戏的热爱之心，这也是作为游戏美术设计师所应具备的核心素质。兴趣和热爱会让我们在这个行业内更加长远地走下去，而不是将其仅仅视为一种职业，更不能将其看作只是一种谋生的手段。

其次，对于软件的掌握是作为游戏美术设计师的基础。所谓"工欲善其事，必先利其器"，对于游戏制作人员来说熟练掌握各类制作软件是今后踏入制作领域最基础的条件，只有熟练掌握软件技术才能将自己的创意和想法淋漓尽致地展现和表达出来。

另外，成功进入一线游戏制作公司后，我们就开始实际项目的制作，这些研发和制作经验的积累是成为一名优秀游戏美术设计师的关键，只有随着经验的积累我们的个人能力和专业技术才会得到进一步的提升，同时这也是日后在公司中晋升职位的重要资本。

除此以外，丰富的专业外延扩展知识也是提升职业素质和个人能力的重要因素。作为游戏美术设计师，仅仅掌握软件和制作技能是不够的，必须还要掌握很多相关学科的知识。比如要制作一个唐代的都城，我们就必须要了解唐代建筑的风格特点以及当时的历史人文背景等，所以大量综合知识的积累也是游戏美术设计师最终走向成功的必要素质和条件。

2.2 │ 游戏美术师的职业素质

游戏美术设计说到底仍然属于美术学的范畴，所以作为一名游戏美术设计师来说接受基本的美术学习和培训是入门的基础，这包括美术结构素描和色彩。对于游戏角色设计师来说，还需要掌握生物结构和解剖学的知识，而游戏场景设计师需要学习相关的建筑和历史学，另外，三维美术设计师还需要熟练掌握"三维世界"的各种理论和知识内容。下面我们分别进行详细的了解和学习。

2.2.1 结构素描与色彩知识

结构素描，又称"形体素描"。与传统基本素描不同的是，结构素描是以线条为主要表现手段，不施明暗，没有光影变化，而强调突出物象的结构特征（见图2-6）。结构素描以理解和表达物体自身的结构本质为目的，结构素描的观察常和测量与推理结合起来，透视原理的运用自始至终贯穿在观察的过程中，而不仅仅注重于直观的方式。这种表现方法相对比较理性，可以忽视对象的光影、质感、体量和明暗等外在因素。

·图2-6│结构素描作品

结构素描的起源相对较晚，它不同于传统素描概念早在西方文艺复兴时期就已经基本确立，而是直到1919年德国包豪斯学校开创了结构素描教学，结构素描的理念才正式被提出来，并且在教学的实践中日益显现出它的开拓性和重要性。但是这种素描方式，或者说是理解方式，被引入我国时已是20世纪80年代，直到90年代才真正开始深入到学院素描的教学体系之中。

由于结构素描是以理解、剖析结构为最终目的，因此简洁明了的线条是它通常采用的表现手段。结构素描画面上的空间实际上是对三维空间意识的理解，所以结构素描要求画者具备很强的三维空间的想象能力。而关于三维空间的想象和把握，在很大程度上取决于思维的推理。结构素描要求把客观对象想象成透明体，把物体自身的前与后、外与里的结构表达出来，这实际上就是在训练我们对三维空间的想象力和把握能力。

在形象的细节表现方面，结构素描所要表现的是对象的结构关系，要说明形体是什么构成形态，它的局部或部件是通过什么方式组合成一个整体的，为了在画面上说明这个基本问题，就要排除某些细节的表现。结构素描关心的是对象最本质的特征，这些本质特征要从具体的现实的形体中提炼和概括出来。

作为刚刚才学习绘画的同学，观察方法的训练与观察习惯的养成非常重要。结构素描是以研究对象本身的结构为中心的，它不受环境自然光线的直接影响。所以在观察对象时，可以不管光线在物象上产生的明暗投影，而把主要精力放在物象的结构本身上，看支撑一个物体的框架就找到了结构了，不仅看得清楚的地方要研究分析，看不清的地方也要研究分析。这样，就要求我们在观察对象时前后左右都要看，而不是将眼光一开始就停留在某一角度。例如我们在画物体时，物体的长宽比例、大小比例、前后的透视关系比较，每个物体的高低比较和大面小面之间的比较，这些都是我们在观察时分析研究的对象。整体观察、整体比较、再整体去画，一下笔就要分清主次和前后关系。在绘画的过程中，迅速准确地抓住大的主要结构，抛弃那些小的起伏，使画面达到强烈、准确、生动的效果（见图2-7）。

以上这些都来自于对物体的仔细观察和研究，同时结构素描的这种概念和观察方法也是游戏美术设计中三维建模的重要思想。我们把现实中的物体制作到三维空间中的过程其实就相当于结构素描的绘制过程，尤其在实际游戏项目制作中，按照游戏原画制作三维模型的过程也就是利用结构素描的观察方法去透视原画结构并进行三维化制作的过程（见图2-8）。

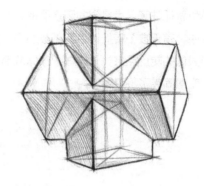

・图2-7｜结构素描不仅表现物体视觉范围内的结构

・图2-8｜将游戏原画制作成三维模型

我们研究结构素描不是目的，只是一种手段，结构素描不是将物象都画成几何形的堆砌。我们通过结构分析，是为了更清楚地理解对象，做到心中有数，以便更好地去表现对象。作为学设计的人，重要的还是表现物体、理解物体，而对结构形体的理解与表现，可以帮助我们完美地完成设计构思。结构素描以线为主，准确、有力、优美的线条，可以让画面充满生命力，丰富人们的视觉效果，下面简单讲一下结构素描线条的处理和绘制方法。

1. 抓大感觉

我们经常画的是几何体和静物，这些物体较为简单，外轮廓大多以长直线为主。抓住物体的整体感觉，再用长直线去体现物体的长宽比例、大小比例和前后关系等。

2. 找点

我们通常说"抓两头、带中间"，因为点一般都处在始端与末端，点如果找得准确，形体也就抓住了。点包含的因素是形体转折开始的地方与形体转折结束的地方，如球体。球体当中，有无数个转折，也有无数的点，那么如何找到点呢？我们只能根据物体最高的转折点与最低的转折点来找，这样画球体就简单了，如果我们能准确理解点的位置，再复杂的物体都变得简单了（见图2-9）。

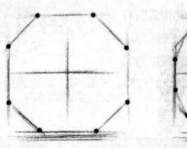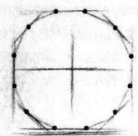

· 图2-9 │ "找点"的过程

3. 线条穿插

在基本点找到之后，便是用线条连接各点，使形体明确起来，我们所说的线条不是死板的线条，而是相互穿插，有出来的地方，也有回去的地方。线条的穿插，必须符合其形体结构的规律，否则就容易产生该后面去的翻到前面来了，该前面来的却翻到后面去了。形成这种透视关系的原因，不是因为前面的没强调，后面的没虚，而是线条穿插不对，所以要分清线条的前后关系、虚实关系和空间关系。

4. 线条表现

线条是结构素描中最主要的艺术语言和表达方式，无论在塑造形体、表现体积和空间方面，还是在表达情感方面，都显得十分明确、富有表现力和概括力。在开始学习时，首先要加强线条的熟练程度，要做大量的线条练习，提高线条质量。好的线条应该有松有紧、有虚有实、有粗有细、有深有浅，随着形体的变化而变化，要做到变化中有整体，整体中有变化，这样我们的线条才富有生命力和动感（见图2-10）。

下面我们以正方体为例，简单介绍下结构素描的基本绘画方法。首先，绘制几条基

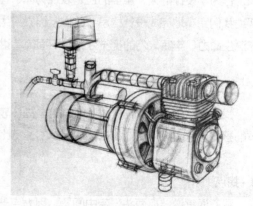

· 图2-10 │ 结构素描中的线条应用

本轮廓线，定出正方体上下左右的边缘，确定其在画面中的位置。然后进一步完善边缘线，连接顶面的边缘线，并根据已有的边缘线分析绘制视觉背面的透视边线。接下来加重视觉距离近处的结构线条，按照近实远虚的方法绘制区分出立方体各个面的轮廓线。最后，连接每个面的对角线，顶面和底面的中线要保持垂直，以此来检查透视是否准确，同时绘制立方体的阴影关系，让画面更加饱满和立体（见图2-11）。

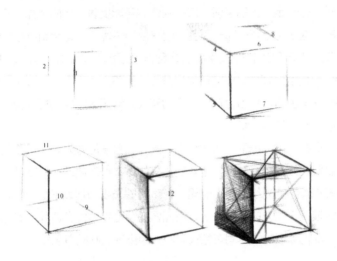

• 图2-11 │ 立方体的结构素描步骤

从简单的几何体到复杂结构的物体，甚至是生物和人体，都可以利用结构素描的理论和方法进行绘制，这也是游戏美术设计师必须要掌握的基础能力，对于2D美术设计师来说尤其重要。因为在游戏美术设计流程中，很多游戏原画设定图都可以用结构素描的方式来绘制，这样可以帮助三维制作人员更方便和快速地进行建模制作（见图2-12）。

• 图2-12 │ 利用结构素描绘制的游戏场景原画

　　除了结构素描外，基本的色彩学知识也是每个游戏美术设计师所应具备的基础。在了解色彩之前我们必须清楚色彩是怎么产生的？颜色是现实中物体的一种属性，但这种属性却是在光和视觉的作用下才得以实现的，也就是说光、视觉和物体是观察色彩的必备条件，缺一不可（见图2-13）。

　　在客观世界中，任何一个能为我们的眼睛所看见的物体，其表面色彩的形成，均取决于以下三个因素：一、有一定光源的照射；二、物体本身能反射一定的色光；三、环境与空间对物体色彩的影响。这三种色彩（即光源色、固有色和环境色）是绘制色彩画的基础。

　　首先我们认识一下可见光，即人类可以看到作为颜色的特定光，可见光的波长范围为380nm～780nm。我们通过棱镜可以将可见光分为七种不同的光谱，类似于彩虹一样，而人眼之所以可以看到这些色谱，是因为这些特定的波长刺激了人眼中的视网膜。七种色谱分别为红、橙、黄、绿、蓝、靛蓝、紫。

　　固有色是指人们在正常光线下（如太阳光、天光和普通的灯光等）所看到的物体本身固有的颜色，如蓝衣服、红花、绿草等。色彩变化与物体本身的质地、远近及光线强弱有密切关系。固有色一般在柔和的光线下显得明显，在微弱的光线和强光下则变弱。反光强的光滑物体固有色弱（如玻璃、抛光的金属等），反光弱的粗糙物体固有色强（如呢绒、麻布等）（见图2-14）。距离视点近的物体固有色较鲜明，距离远的则固有色弱。

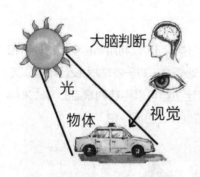

・图2-13｜观察色彩的必要条件

・图2-14｜固有色强弱对比

　　这说明固有色不是固定不变的，而是有条件的相对稳定的，光线太弱和太强都不易看清物体的固有色，只有处于明部的中间调子部位才能较充分地体现出物象的固有色。所以对于固有色的认识应该是既要看得出，又不要把它看为是一成不变的。因为光线和环境的关系，随时随地都会起着变化，要根据具体条件进行观察分析，才能作出正确的判断。

　　光源色即光的色彩，如火光色暖，月光色冷。由于光的照射，引起物体固有色的变化，即光源色的不同，直接影响物体色彩的变化。如光源色倾向越明显，对物体固有色的影响越大，在光度很强或很弱的光源照射下，固有色随之减弱，甚至消失。在一般情况下，暖光使物体受光部位色彩变暖，冷光使其受光部位色彩变冷。

所以，特定的光照条件，是决定物体色彩的首要因素。光源赋予物体的特殊色彩成分，对画面色调的形成有决定性的影响。因此，在作画之前，首先要弄清楚眼前要画的对象处在一种什么样的光照条件下，这对于正确决定画面色调是非常重要的。

物体周围环境的色彩被称为环境色，物体与物体之间的色彩是相互影响和相互制约的。一个物体受到周围物体反射颜色的影响，引起固有色的变化。无论是在直射或反射的情况下，光线既照亮了要画的对象，同时也照亮了它周围的物体和空间。这样，光线经过周围物体的反射作用，就会给所画对象本身的色彩带来一定的影响，这就是环境色的作用。如人们穿着红衣服，则面孔的暗部反光处即呈现着偏红的灰色。物体的明部也会受到周围环境色彩的影响，但往往由于光照强烈，光源色远远超过环境色，因而环境色在明部往往是影响微弱的。对比之下，环境色对暗部的影响非常明显。这种在不同光源、环境的条件下，物体所呈现的色彩叫条件色。

丰富多样的颜色可以分成两个大类，即无彩色系和有彩色系。无彩色系是指白色、黑色和由白色黑色调和形成的各种深浅不同的灰色。无彩色按照一定的变化规律，可以排成一个系列，由白色渐变到浅灰、中灰、深灰到黑色，色度学上称此为黑白系列。黑白系列中由白到黑的变化，可以用一条垂直轴表示，一端为白，一端为黑，中间有各种过渡的灰色（见图2-15）。纯白是理想的完全反射的物体，纯黑是理想的完全吸收的物体。可是在现实生活中并不存在纯白与纯黑的物体，颜料中采用的锌白和铅白只能接近纯白，煤黑只能接近纯黑。无彩色系的颜色只有一种基本性质——明度。它们不具备色相和纯度的性质，也就是说它们的色相与纯度在理论上都等于零。色彩的明度可用黑白度来表示，越接近白色，明度越高；越接近黑色，明度越低。黑与白作为颜料，可以调节物体色的反射率，使物体色提高明度或降低明度。

• 图2-15 | 无彩色系色谱

有彩色系是指红、橙、黄、绿、青、蓝、紫等各种颜色。不同明度和纯度的红、橙、黄、绿、青、蓝、紫色调都属于有彩色系，有彩色是由光的波长和振幅决定的，波长决定色相，振幅决定色调。有彩色系的颜色具有三个基本特性：色相、纯度（也称彩度、饱和度）、明度。在色彩学上也被称为色彩的三大要素或色彩的三属性。

色相是有彩色的最大特征。所谓色相是指能够比较确切地表示某种颜色色别的名称，如玫瑰红、橘黄、柠檬黄、钴蓝、群青、翠绿等，从光学物理上讲，各种色相是由射入人眼的光线的光谱成分决定的。对于单色光来说，色相的面貌完全取决于该光线的波长。对于混合色光来说，则取决于各种波长光线的相对量。物体的颜色是由光源的光谱成分和物体表面反射（或透射）的特性决定的。

色彩的纯度是指色彩的纯净程度，它表示颜色中所含有色成分的比例。含有色成分的比例越大，则色彩的纯度越高，含有色成分的比例越小，则色彩的纯度也越低。可见光谱的各种单色光是最纯的颜色，为极限纯度。当一种颜色参入黑、白或其他彩色时，纯度就产生变化。当参入的色达到很大的比例时，在眼睛看来，原来的颜色将失去本来的光彩，而变成掺和的颜色了。当然这并不等于在这种被掺和的颜色里已经不存在原来的色素，而是由于大量地掺入其他色彩而使得原来的色素被同化，人的眼睛已经无法感觉出来了。有色物体色彩的纯度与物体的表面结构有关。如果物体表面粗糙，其漫反射作用将使色彩的纯度降低；如果物体表面光滑，那么全反射作用将使色彩比较鲜艳。

明度是指色彩的明亮程度。各种有色物体由于它们的反射光量的区别而产生颜色的明暗强弱。色彩的明度有两种情况：一是同一色相不同明度，如同一颜色在强光照射下显得明亮，在弱光照射下显得较灰暗模糊；同一颜色加黑或加白掺和以后也能产生各种不同的明暗层次。二是各种颜色的不同明度，每一种纯色都有与其相应的明度。黄色明度最高，蓝紫色明度最低，红、绿色为中间明度。色彩的明度变化往往会影响到纯度，如红色加入黑色以后明度降低了，同时纯度也降低了；而如果红色加白则明度提高了，纯度却降低了。有彩色的色相、纯度和明度三特征是不可分割的，应用时必须同时考虑这三个因素（见图2-16）。

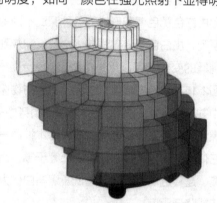

• 图2-16 | 3D化的色彩三要素图

下面我们再来讲一下三原色。色彩中不能再分解的基本色被称为原色，原色可以合成其他的颜色，而其他颜色却不能还原出本来的色彩。其实三原色有两套体系，分别为色光三原色和美术三原色。色光三原色，即光学三原色，包括红色、绿色和蓝色，三原色可以混合出所有的颜色，同时相加为白色。而美术三原色则是红色、黄色和蓝色。

自然界的色彩是十分复杂的。我们必须学会用种类有限的颜料调成丰富多样的色彩，为此，我们要了解颜料混合的规律。颜料中最基本的三种色为红、黄、蓝色，色彩学上称它们为三原色，又叫第一次色。一般在绘画上所指三原色的红是曙红、黄是柠檬黄、蓝是湖蓝。光的三原色和颜料三原色不同，这里我们只研究颜料的色彩知识。颜料中的原色之间按一定比例混合可以调配出各种不同的色彩，而颜料中的其他颜色则无法调配出原色来。为了方便，作画时应该充分利用现成的颜料，这样可以节省调色时间。

三原色中任何两种原色作等量混合调出的颜色，叫间色，亦称第二次色。例如：红+黄=橙、黄+蓝=绿、蓝+红=紫（见图2-17）。如果两个原色在混合时分量不等，又可产生多种不同的颜色。如红与黄混合，黄色成分多则得中铬黄、淡铬黄等黄橙色，红色成分多则得橘红、朱红等橙黄色。

色彩理论看上去十分复杂，但在实际应用中更多是靠人的主观感受。色彩是一种直接感官的信息传达媒介，通过视觉感受，色彩能够在第一时间激发大脑的最本能反应，让玩家直接感受到当前画面所传达的视觉信息。同时，色彩还能更加深入地刺激玩家的内心世界，增强玩家的整体感受。

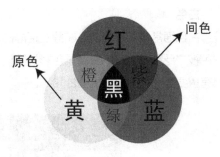

• 图2-17 | 原色和间色

人类从生下来就开始认识色彩，从小到大我们对于色彩的理解基本都来源于日常生活。交通信号灯以红绿颜色向我们呈现信息，衣服的着色也有特定目的，火箭呈现灰色是由于它本来就是灰色，天空呈现蓝色是由于天气等。游戏美术设计师需要将这些最基本的颜色认知加入到游戏设计中，设计师通常运用这种色彩情感联系让玩家与游戏互动，向他们传达特定信息，例如告知玩家他们角色的生命状态（玩家角色的健康值介于75%~100%，那就用绿色的健康条表明他们安全无虞；如果角色的健康值小于75%时，绿色就会逐渐向红色过渡，这种方法可告诉玩家他们的健康情况是否亮起红灯，是否性命堪忧）。下面我们来介绍一些常见颜色在游戏美术设计中的基本应用。

绿色

多数人看到绿色马上就会联想到"通行"或者有关积极的情况。因为绿色已经深入我们的生活，例如交通系统的绿灯、打勾符号等。所以绿色作为一种积极的象征已经深深扎根于我们的思想，只要看到绿色，无论是绿色的字还是绿色图标，我们都会认为它释放的是积极信号，设计师也常运用绿色描述玩家角色安全的健康状态（见图2-18）。

• 图2-18 | 游戏中通常将绿色定义为角色健康状态

红色

在现实生活中，容器标有红色十字表明这是医疗补给，交通灯显示为红色意味着停止，机器上闪烁红灯标志着危险或故障，红色的滴状物象征着血液等。所以，红色通常用于表达与绿色截然相反的意境。对某些人来说，红色暗示危险情况，代表警告或一些消极内容。在游戏设计中，游戏角色血量显示中使用红色描述角色性命危险的状态。

白色

白色通常被视为纯洁、宁静、恬静的象征，它会唤起一种淡定的情感。在游戏设计中，白色被广泛用于制作脱离背景色彩的图标、物品或文本，从而吸引玩家注意力，或向其指明具有重要意义的信息（见图2-19）。

• 图2-19│游戏中的白色标志提示

黑色

黑色是多数人公认的消极象征，它经常与黑暗、恐怖、邪恶或死亡形影不离。黑色与白色相反，常被视为与"正义力量"作对的"黑恶势力"。它和许多暗色被广泛用于创造封闭的环境，让这些环境看起来更加可怕，让玩家产生一种恐惧感。

灰色

与黑色一样，灰色常与沉闷、了无生气和死气沉沉挂钩。现在人们经常用灰色制造玩家死亡的氛围，即如果游戏视窗为彩色状态，玩家就仍有生命存在，如果视窗颜色淡出，也就意味着玩家已经毙命（见图2-20）。

• 图2-20│在《魔兽世界》中玩家死亡则画面会立刻变为灰白色

黄色

与红色一样，黄色对一些人来说也带有对立的双重含义。有些人会将黄色与明朗、夏天和温暖相联系，由于这是一种高反光的色调，它也常与黑色背景相结合，用于创造醒目的文本内容。黄色还广泛用于生物危害的警告信息，如交通灯通过黄灯提醒路人红灯将至，请注意路况。

粉红色

粉红色在最近十多年的游戏设计中运用得较为普遍，它常与有趣或小女孩元素相联系，但最近已有更多成人用户也开始接受粉红色的产品。游戏公司常用这种色彩包装掌机设备，使 其迎合更广的用户市场，向那些从未接触掌机设备的年轻女孩兜售产品，可见粉红色对世界的影响力是不容忽视的。与白色一样，粉红色通常也用于制造游戏中的特殊物品，使其在周围环境中更为醒目，向玩家突出相关信息。

只要使用得当，颜色会成为一种强大的武器，让游戏有效地向玩家提示信息。当代多数游戏都会巧用色彩来吸引其瞄准的用户群体，并传达关于游戏场景的相关信息。但也有一些游戏选择控制游戏色彩，仅采用黑白双色传达视觉形象，也有些游戏通过这种方式创造一种类似老电影的怀旧感。也有人会运用色彩来降低内容的暴力格调，例如血腥暴力游戏《杀手已死》就采用单调色彩来减少画面的血腥暴力感（见图2-21）。

· 图2-21｜《杀手已死》的游戏画面

开发者还可以通过运用色彩填充环境，从而让玩家产生一种身临其境之感。现在多数游戏都会在整个游戏场景中运用明亮色彩，只有当特别强调某个时刻之时，才会转换成黑白基调。在《质量效应》中，当游戏故事主角Shephard失去所有健康值时，所有游戏视窗的颜色都会淡出，强调主角已死的情况。前面的内容曾提到灰色、黑色总让人联想到沉闷、无精打采和死气沉沉的氛围，所以这类颜色很适用于表达角色死亡的场景，设计师可运用这类色彩向玩家释放消极信号。有些游戏会使用血迹飞溅作为游戏结束画面，这对玩家来说也蕴涵了一种消极意义，在《战争机器》中的运用尤为典型。

随着越来越多的游戏问世，设计师愈发难以利用色彩创造出既有新意又不会让玩家对新系统感到陌生的视觉特效。于是有些游戏就借鉴其竞争对手的做法，重复使用玩家容易理解的特效。这样玩家会更快适应这种特效，而设计师则可由此分散出更多精力设计游戏的新功能。

设计师还可通过色彩为玩家指出游戏的特定内容，或者强调游戏视窗、HUD或菜单系统中含有特殊信息的对象。在菜单系统中，更明亮的颜色通常用于指向刚刚选择的对象，提醒玩家自己正选择的内容。而其他选项在此时通常以相对较暗的颜色来告知玩家这些属于他们暂时无需注意的选项。

有些游戏的视窗也会使用更明亮色彩的物体来吸引玩家的注意力，虽然这种突出彩色物体的方法在一定程度上很管用，但由于玩家看到这种视觉元素，就会意识到自己是在玩游戏，所以它也会产生削弱玩家沉浸感的副作用。与此同时，这种做法也会对游戏的难度造成影响，因为它会指出游戏的关键环节，让游戏中的谜题更易为玩家所破解。

在游戏这样栩栩如生的媒介中，处理颜色要素是设计的关键，这里我们只是简单介绍，但希望大家能够从中有所启发，在关卡、空间、区域等美术设计中更有效地运用颜色元素，掌握色彩设计的技巧。

▌2.2.2 人体结构与解剖学

对于游戏角色的设计与制作来说，了解生物形体的概念、结构和比例是实际制作前必须要掌握的内容，这就如同美术学院在新生学习素描和色彩课前所学的解剖学一样。想要很好地塑造角色模型，就必须首先掌握和了解生物解剖学的有关知识，当我们在制作角色模型时、如果缺乏解剖学知识的引导，往往会感到无从入手，即使能勉强地塑造出角色的形象，也无法完成理想的作品。在三维美术工作中，解剖学知识的有无和多少从某种意义上来说，对创作起着决定性的作用。

一定的生物解剖学知识可以帮助我们更好地把握角色的模型结构，在实际制作时能够快速、清晰地创建模型框架，从而更加精确地深入细化模型结构。本节将针对人体的形体比例、骨骼和肌肉结构进行讲解，从艺术人体解剖学的角度学习和了解人体的生物学概念和知识，为后面具体的建模打下基础。

我们在研究人体结构前必须要清楚人体的整体比例状况。人体的整体比例关系，现在通用的是以人自身的头高为长度单位来测量人体的各个部位，也就是通常所说的头高比例（以头高为度量单位、对人体及人体各部进行比较，所得出的比例称为头高比例）。每个人都有自己的长相，高矮胖瘦不尽相同，其比例形态也因人而异。通常我们所说的人体比例是指生长发育正常的男性中青年平均数据的比例。

正常的人体比例约为7个半头身比，完美的人体比例为8头身比例。7个半头身比例的人体分段如下：头自高、下巴至乳头、乳头至脐孔（上）、脐孔至耻骨联合、耻骨联合至大腿下段，大腿下段至小腿上段，剩下的部分1个半头高（见图2-22）。当然在实际中不一定是从下往上量，这实际上是一种以小腿为长度的测量方法。基本来说手臂的长度是3个头长，前臂是1个头长，上臂是4/3个头长，手是2/3个头长，肩宽接近2个头长，度长（两臂左右伸直成一条直线的总长度）等于身高，第七颈椎到臀下弧线约3个头高，大转子之间1个半头高，颈长1/3头高。

8头身人体比例分段如下：头自高、下巴至乳头、乳头至脐孔（上）、脐孔至耻骨联合、耻骨联合至大腿中段、大腿中段至膝关节、膝关节至小腿中段、小腿中段至足底（见图2-23）。

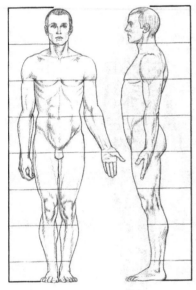

• 图2-22｜人体7.5头身比例图

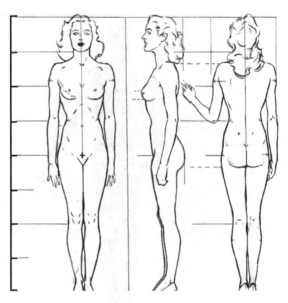

• 图2-23｜8头身人体比例图

一般来说，身高比例的不同主要是下肢的不同，头和躯干差别不大，而四肢的长度则相差很远。八个头高的人体上肢的总长度超过三头长，其比例与七个半头高的人一样，仍然是前臂：上臂：手=3/3：4/3：2/3，只是不以头为单位来量。身高比为七个头长以下的人体，其上肢不足3个头长，也不宜以头为单位来量，但其上肢自身的比例也与上述比例相同。八个头高的人体，肩宽两头（包括三角肌在内），当他平展双臂时，上肢加肩的总长度与身高相等，正好是八个头长，这时肩部就没有两个头长了，因为原来肩部的长度和上肢的长度有一段在三角肌上重叠了。其他身高比例的人体也是如此，否则肩的宽度加上上肢的长度就不等于身高了，八个头高的人体下肢总长度正好是四个头长。当然，以上比例只是一般而言，对于不同的个体来说，其各部分的比例有所不同，正因为如此，才有千人千面，千姿百态。下面我们就来了解一下不同个体形体比例的区别。

首先，人体由于性别的差异在形体比例上存在很大的不同。从骨骼上看，男性骨骼大而方，胸廓较大，盆骨窄而深。女性骨骼小而圆滑，胸廓较小，盆骨大而宽。男女肌肉结构差异不大，只是男性肌肉发达一些，女性脂肪丰厚一些。但是女性无论胖瘦，其体型与男性不一样，典型的女性形体的臀线宽于肩线、髋部脂肪较厚、胸廓较小，因而显得腰部比例向上一些。而男性腰部肌肉相对结实，髋骨相对窄一些，因而腰部最窄处较下一些，从躯干到下肢较直。女性腰部在一个头宽左右，而男性大约是一个半头宽。女性身材整体形态因髋部大、胸廓小而形成中间大、两边小的椭圆形。男性躯干到下肢显得平直，胸廓大、髋骨窄、肩宽臀窄，整体上呈倒梯形（见图2-24）。

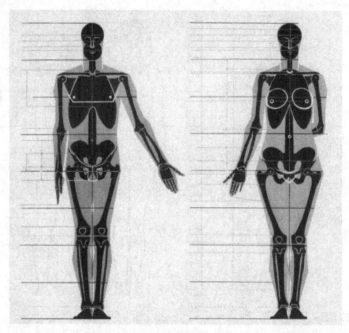

• 图2-24│男女人体形体比例差异

其次，不同年龄个体的形体比例也有较大差异。不同年龄的比例划分是个比较模糊的概念，因为有发育的迟早和遗传等因素的影响，各年龄段的身高比例也只能是一个参考数值。以自身头高为原尺来算，1～2岁个体为4个头高，5岁左右为5个头高，10岁左右为6个头高，15岁左右为7个头高，18～20岁为7.5～8个头高。

儿童在各个年龄段的头高也都不一样，新生儿大约13cm，1岁时约16cm，5岁时约19cm，10岁时约21cm，15岁时约22cm。不同年龄的身高，一般是新生儿约50cm，1岁约65cm，5岁约100cm，10岁约130cm，15岁约160cm。儿童和成人的身高比例，一般是1岁以前大约只有成人的1/3，3岁是成人的1/2，5岁是成人的4/7，10岁是成人的3/4。

成人的身高比，以头部为单位可以找到许多体表标记作为对应点，而儿童以头为单位则难以找到许多相应的体表标记，因此在表现儿童时就应该从对应关系着手。小孩头部较大，这个"大"是相对身体而言的，手足的"大"是相对四肢而言的，如果与头部相比，手足反而显得小。婴幼儿四肢粗短，手足肥厚，小孩四肢短小是相对全身而言的，主要是头部大造成的，如果不看头部，小孩四肢与躯干的比例与成人相似。小孩除头部以外，身体其他部位的对应关系与成人大致相同。这也就是成人在扮演小孩角色时，只要戴上个胖头面具就惟妙惟肖的原因。而老年人由于骨骼之间的间隙质老化萎缩，加之形成驼背，所以身高比青年时要低，往往不足七个半头高（见图2-25）。

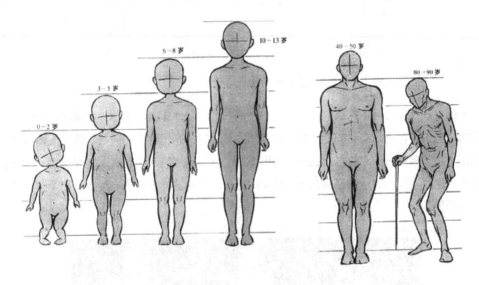

• 图2-25 | 不同年龄的人体形体比例差异

除此之外，不同的种族之间人体比例也存在差异。人体比例的种族差别主要反映在躯干和四肢长短上的不同，总体来说：欧美人躯干短、上肢短、下肢长；亚洲人躯干长、上肢长、下肢短；非洲人躯干短、上肢长、下肢长。人体比例在种族上的差别女性比男性明显。

了解了人体的比例后，我们需要研究人体的骨骼系统。骨骼化是生物结构复杂化的基础，骨骼系统是组成脊椎动物内骨骼的坚硬器官，起到运动、支撑和保护身体的重要作用。骨骼由各种不同的形状组成，有复杂的内在和外在结构，使骨骼在减轻重量的同时能够保持坚硬。

人体的骨骼具有支撑身体的作用，其中的硬骨组织和软骨组织皆是人体结缔组织的一部分（而硬骨是结缔组织中唯一细胞间质较为坚硬的部分）。成人有206块骨头，而小孩的较多有213块，诸如骶骨会随年纪增长而愈合，因此成人骨骼个数少个一两块或多一两块都是正常的。成人的206块骨头通过连接形成骨骼，人体骨骼两侧对称，中轴部位为躯干骨，有51块；顶端是颅骨，有29块；两侧为上肢骨64块以及下肢骨62块（见图2-26）。

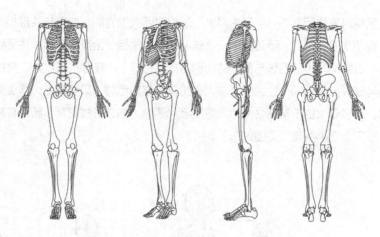

· 图2-26 | 人体的骨骼系统

　　人体骨骼是构成人类形体的基础，对于三维角色的制作来说，虽然在建模的过程中我们无需对骨骼进行塑造，但必须要清楚人体骨骼的基本的形态、结构和分布，所有人体的模型结构都是依照骨骼分布来进行塑造的（见图2-27），即使我们没必要清晰地记住每一块骨骼的名称，但必须要对对骨骼结构有一个整体的把握，只有这样才能成功塑造出完美的人体角色模型作品。

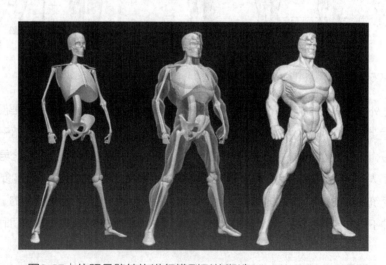

· 图2-27 | 依照骨骼结构进行模型形体塑造

　　人体的运动是由运动系统实现的，运动系统由骨骼、肌肉以及关节等构成。骨骼构成人体的支架，关节使各部位骨骼联系起来，而最终是由肌肉收缩放松来实现人体的各种运动。全身肌肉的重量约占人体的40%（女性约为35%），人们的坐立行走、说话写字、喜怒哀乐的表情，乃至进行各种各样的工作、劳动、运动等，无一不是肌肉活动的结果。由于人体各部分肌肉的功能不同，因此骨骼肌发达程度也不一样。为了维持身体直立姿势，背部、臀部、大腿前面和小腿后面的肌群特别发达。上、下肢分工不同，肌肉发达程度也有差异，上肢为了便于抓握以进行精细的劳动，所以上肢肌数量多，细小灵活；而下肢起支撑和位移作用，因而下肢肌粗壮有力。

　　肌肉按形态可分为长肌、短肌、阔肌和轮匝肌四类。每块肌肉按组织结构可分为肌质和肌腱两部分。肌质位于肌肉的中央，由肌细胞构成，有收缩功能。肌腱位于两端，是附着部分，由致密结缔组织构成。每块肌肉通常都跨越关节附着在骨面上，或一端附着在骨面上，另一端附着在皮肤。一般将肌肉较固定的一端称为起点，较活动的一端称为止点（见图2-28）。

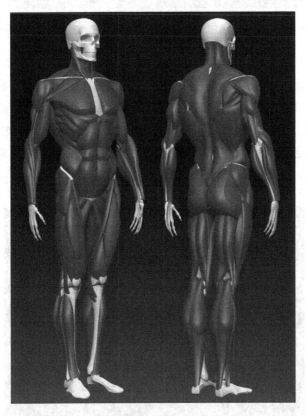

· 图2-28｜人体肌肉结构

　　人体全身的肌肉可分为头颈肌、躯干肌和四肢肌。头颈肌可分为头肌和颈肌。头肌可分为表情肌和咀嚼肌。表情肌位于头面部皮下，多起于颅骨，止于面部皮肤。肌肉收缩时可牵动皮肤，产生各种表情。咀嚼肌为运动下颌骨的肌肉，包括浅层的颞肌和咬肌，深层的翼内肌和翼外肌。了解头部肌肉结构对于角色模型头部建模和布线有十分重要的意义（见图2-29）。

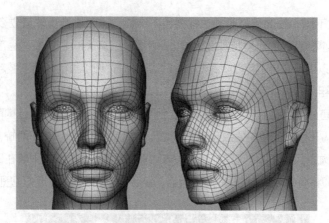

· 图2-29 | 3D角色头部建模和布线

　　躯干肌包括背肌、胸肌、膈肌和腹肌等（见图2-30）。背肌可分为浅层和深层。浅层有斜方肌和背阔肌。深层的肌肉较多，主要有骶棘肌。胸肌主要有胸大肌、胸小肌和肋间肌。膈位于胸、腹腔之间，是一扁平阔肌，呈穹窿形凸向胸腔，是主要的呼吸肌，收缩时助吸气，舒张时助呼气。腹肌位于胸廓下部与骨盆上缘之间，参与腹壁的构成。可分为前外侧群和后群。前外侧群包括位于前正中线两侧的腹直肌和外侧的三层扁阔肌，这三层阔肌由浅而深依次为腹外斜肌、腹内斜肌和腹横肌，后群有腰方肌。

· 图2-30 | 人体躯干肌

　　四肢肌可分为上肢肌和下肢肌。上肢肌结构精细，运动灵巧，包括肩部肌、臂肌、前臂肌和手肌。肩部肌分布于肩关节周围，有保护和帮助肩关节运动的作用，其中较为重要的是三角肌。臂肌均为长肌，可分为前后两群，前群为屈肌，有肱二头肌、肱肌和喙肱肌，后群为伸肌，为肱三头肌。前臂肌位于尺、桡骨的周围，多为长棱形肌，可分为前、后两群，前群为屈肌群，后群为伸肌群。手肌位于手掌，分为外侧群、内侧群和中间群（见图2-31）。

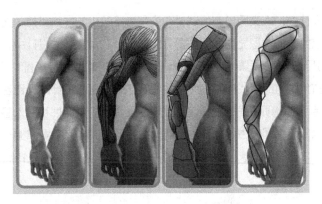

• 图2-31 │ 人体上肢肌肉

　　下肢肌可分为髋肌、大腿肌、小腿肌和足肌。髋肌起自躯干骨和骨盆，包绕髋关节的四周，止于股骨。按其部位分为两群，髋内肌位于骨盆内，主要有髂腰肌、梨状肌和闭孔内肌。髋外肌位于骨盆外，主要有臀大肌、臀中肌、臀小肌和闭孔外肌。大腿肌分为前、内、后三群，分别位于股部的前面、内侧面和后面。前群有股四头肌和缝匠肌。内群位于大腿内侧，有耻骨肌、长收肌、短收肌、大收肌和股薄肌等。后群包括外侧的股二头肌和内侧的半腱肌、半膜肌。小腿肌可分为前、外、后三群。足肌可分为背肌与足底肌（见图2-32）。

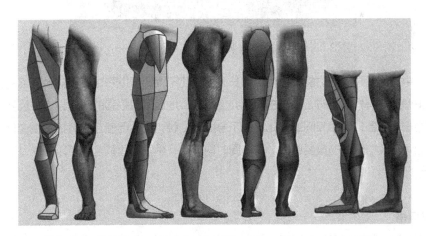

• 图2-32 │ 人体下肢肌肉

　　学习和了解人体的肌肉结构对于三维角色制作来说有着十分重要的意义，因为三维角色的建模就是在创建人体的肌肉结构，其整体模型的布线方法和规律都是按照人体的肌肉分布进行制作。我们根据人体肌肉的大块分布，首先利用几何体模型对结构进行归纳，创建模型的基本形态，然后再根据具体的肌肉结构进行模型细节的深化和塑造。

2.2.3　人文历史与建筑学

在游戏美术设计中，人文历史与建筑学知识是必不可少的学科支持，尤其是制作古代题材的游戏作品，这类学科知识显得尤为重要。比如在游戏角色美术设计中，我们必须要根据游戏角色所处的历史时代背景，为其设计符合历史事实的服装搭配以及角色风格（见图2-33）。而在古代题材的游戏场景制作中，建筑学更是美术设计的理论基础，不同历史时期的建筑风格和特点都必须正确把握，这样才能增强游戏的真实性和代入感。目前国内的游戏制作领域主要以制作中国风古代题材的游戏为主，所以我们必须要掌握一定的中国古代建筑学的理论基础，本节就带大家了解一下中国古代各时期的建筑风格及特点。

・图2-33 ｜ 游戏角色服装设计

由于中国古代建筑的功能和材料结构长时期变化不大，所以形成不同时代风格的主要因素是审美倾向的差异。同时，由于古代社会各民族、地区间有很强的封闭性，一旦受到外来文化的冲击，或各地区民族间的文化发生了急剧的交融，也会促使艺术风格发生变化，这两点是中国建筑风格形成的重要原因。在商周时期以后，中国的建筑艺术可以分为以下三种典型的时代风格。

1. 秦汉风格

商周时期中国建筑已初步形成了某些重要的艺术特征，如方整规则的庭院、纵轴对称的布局、木梁架的结构体系（由屋顶、屋身、基座组成的单体造型，屋顶在立面所占的比重很大）。春秋战国时期，诸侯割据，各国文化不同，建筑风格也不统一，大体上可归纳为两种风格，即以齐、晋为主的中原北方风格和以楚、吴为主的江淮风格。

之后秦统一全国，将各国文化汇集于关中。汉朝继承秦文化，全国的建筑风格趋于统一。代表秦汉风格的主要是都城、宫室、陵墓和礼制建筑。其特点是：都城区划规范，居住的里坊和市场以高墙封闭；宫殿、陵墓都是很大的组群，其主体为高大的团块状的台榭式建筑；重要的单体多为十字轴线对称的纪念型风格，尺度巨大，形象突出；屋顶很大，曲线不显著，但檐端已有了"反宇"；雕刻、色彩装饰很多，题材诡谲，造型夸张，色调浓重；重要建筑追求象征含义，虽然多有宗教性内容，但都能为人理解。秦汉建筑奠定了中国建筑的理性主义基础，伦理内容明确，布局铺陈舒展，构图整齐规则，同时表现出质朴、刚健、清晰、浓重的艺术风格（见图2-34）。

· 图2-34｜秦汉建筑风格

2. 隋唐风格

魏晋南北朝时期是中国建筑风格发生重大转变的阶段。中原士族南下，北方少数民族进入中原，随着民族的大融合，深厚的中原文化传入南方，同时也影响了北方和西北。佛教在南北朝时期得到空前发展，佛教文化的输入几乎对所有传统的文学艺术都产生了重大影响，增加了传统艺术的门类和表现手段，也改变了原有的风格。同时，文人士大夫退隐山林的生活情趣和田园风景诗的出现，以及对江南秀美风景地的开发，正式形成了中国园林的美学思想和基本风格，由此也引申出浪漫主义的情调。

隋唐时民族大融合，又与西域交往频繁，更促进了多民族间的文化艺术交流。秦汉以来传统的理性精神中糅入了佛教和西域的异国风味，以及南北朝以来的浪漫情调，最终形成了理性与浪漫相交织的盛唐风格。其特点是：都城气派宏伟，方整规则；宫殿、坛庙等大组群序列恢弘舒展，空间尺度很大；建筑造型浑厚，轮廓参差，装饰华丽；佛寺、佛塔、石窟寺的规模、形式、色调丰富多彩，表现出中外文化密切交汇的新鲜风格（见图2-35）。

· 图2-35｜唐代佛塔建筑

3. 明清风格

五代至两宋时期,中国封建社会的城市商品经济有了巨大发展,城市生活内容和人的审美倾向也发生了很显著的变化,随之也改变了建筑艺术的风格。五代十国和宋辽金元时期,国内各民族、各地区之间的文化艺术再一次得到交流融汇;元代对西藏、蒙古地区的开发以及对阿拉伯文化的吸收又给传统文化增添了新鲜血液。

中国建筑在清朝盛期(18世纪)形成最后一种成熟的风格。其特点是:城市仍然规则方整,但城内封闭的里坊和市场变为开放的街巷,商店临街,街市面貌生动活泼;城市中或近郊多有风景胜地,公共游览活动场所增多;重要的建筑完全定型化、规范化,但群体序列形式很多,手法很丰富;民间建筑、少数民族地区建筑的质量和艺术水平普遍提高,形成了各地区、各民族的多种风格;私家和皇家园林大量出现,造园艺术空前繁荣,造园手法发展成熟。总之,盛清建筑继承了前代的理性精神和浪漫情调,最后形成了中国建筑艺术成熟的典型风格——雍容大度,严谨典丽,机理清晰,而又富于人文情趣(见图2-36)。

· 图2-36 | 清代皇家园林颐和园

由于中国国土面积巨大,即使在同一时代,不同地区的建筑风格也有所不同。根据不同地区,我们可以将中国建筑风格分为以下四种。

1. 北方建筑

北方建筑中比较著名的是以北京四合院为代表的官式宅第建筑。宫殿、坛庙、苑囿、陵墓、衙署等官式建筑都属于高度程式化的木构架体系建筑,无论在宅第组群的总体布局、院落组织、空间调度,还是在宅屋的造型、配置、方位、间架、尺寸、屋顶、装修以至材质色彩、细部纹饰等方面,都经过长期的筛选、陶冶,形成了一整套严密的定型程式,表现出高度成熟的官式风范。

除此之外,还有广布于北方大地的汉族宅第。尽管各地宅院的格局不尽相同,构筑体系、用材做法和宅屋外观呈现种种地方差别，但在艺术格调上都反映出一种与南方宅第的轻盈灵巧截然不同的风格，表现出质朴敦厚的北方风貌。

北方建筑在群体布局上，平原型的构成和离散型的组合带来村镇聚落和宅院总体整齐方正的格局；在建筑体型上，建筑空间被厚重的实体所影响，并受到构架性能和采暖设施的牵制，导致建筑单体体量规整，体态敦厚；在细部处理上，擅长"粗材细作"，突出重点装饰，产生"粗中有细"的审美韵味。

北方民居整体风貌的质朴敦厚，并不意味着细部处理的简略、粗率。北方建筑在质朴敦厚的整体风貌中，也包含相当丰富的装饰。在宅院整体中，这些装饰主要分布在大门、门楼、影壁、二门、檐廊等部位，特别是大门和门楼成为装饰的集中点。民居的木构件大多"髹以桐油"，不涂彩漆；以小面积的砖雕、木雕、石雕为主要装饰手段。通常彩绘可以画在梁枋等受力构件上，而木雕尽量落在不传力的出头收尾和小木作的填充性部位，以保持结构逻辑的清晰，不因雕饰而损坏构件的完整。砖雕、石雕也是如此。恰当的雕饰为粗材构筑的民居镶嵌上极富装饰性的细部，取得了粗中寓细、土中寓秀的效果（见图2-37）。

• 图2-37｜北方建筑风格

2. 江南建筑

江南风格的建筑主要集中在长江中下游的河网地区，建筑组群比较密集，庭院比较狭窄。城镇中大型组群（如大住宅、会馆、店铺、寺庙、祠堂等）很多，而且带有楼房；小型建筑（一般住宅、店铺）自由灵活。屋顶坡度陡峻，翼角高翘，装修精致富丽，雕刻彩绘很多。总的风格是秀丽灵巧。江南建筑的特色是：民居依水势而建，错落有致，白墙、黑瓦，优雅别致。江南园林将自然和人文完美结合，可谓"一园尽览天下之美"。这里还有数不清的各式小桥，把水和人家连为一体。生活在这里的人们，优雅、恬适，与自然和谐相处，体现出江南文化的丰富多彩，灵秀清新（见图2-38）。

· 图2-38 | 江南建筑风格

3. 徽派建筑

作为徽州建筑艺术典范的"古建三绝"——古民居、古祠堂、古牌坊，令人赞叹不已。随着皖南古村落西递、宏村被列为世界文化遗产，越来越多的朋友对徽派古建筑产生了兴趣，纷纷踏上徽州古建之旅。

徽州古民居受徽州传统文化和地理位置等因素的影响，形成了独具一格的徽派建筑风格。粉墙、青瓦、马头墙、砖木石雕以及层楼叠院、高脊飞檐、曲径回廊、亭台楼榭等的和谐组合，构成了徽派建筑的基调（见图2-39）。徽派古民居规模宏伟、结构合理、布局协调、风格清新典雅，尤其是装饰在门罩、窗楣、梁柱、窗扇上的砖、木、石雕，工艺精湛，形式多样，造型逼真，栩栩如生。

· 图2-39 | 徽派建筑风格

徽州民居讲究自然情趣和山水灵气，房屋布局重视与周围环境的协调，自古有"无山无水不成居"之说。徽州古民居大多坐落在青山绿水之间，依山傍水，与亭、台、楼、阁、塔、坊等建筑交相辉映，构成"小桥、流水、人家"的优美境界。徽派民居在室内装饰和摆设方面也极为讲究。正堂挂中堂画，两侧中柱上贴挂楹联。厅内陈设条桌，桌上东边放一花瓶，西边摆一古镜，中间是时钟，寓意徽商在外永远平安。走进徽州，人们可以从众多的古民居中看到东方文化的缩影，著名的古民居村落有西递、宏村、唐模、南屏、呈坎、昌溪等。

4. 岭南建筑

岭南建筑及其装饰是我国建筑之林中的一朵奇葩，千百年来，经过历代建筑匠师的辛勤劳动，充分利用南国的自然资源，结合南国人民的生活特点，形成了风格独特的建筑艺术，在我国建筑之林中占有重要的地位，以其简练、朴素、通透、雅淡的风貌展现在南国大地上。

岭南建筑的特点如下：在功能上具有隔热、遮阳、通风的特点；建筑物的顶部常做成多层斜坡顶；外立面的颜色以深灰色、浅色为主；方形柱的运用。岭南建筑的布局、装饰的格调十分自由和自然。由于气候温和，人们的活动空间向外推移，因而露台、敞廊、敞厅等开放性空间得到了充分的安排，人们从封闭的室内环境中走向了自然，形成岭南建筑装饰空间的自由、流畅、开敞的特点（见图2-40）。

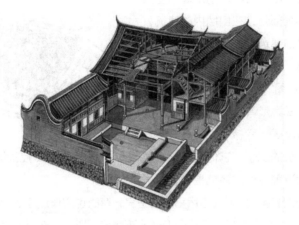

· 图2-40 | 岭南建筑风格

总体来说，古建筑在不同时代有不同的风格和特征，但始终存在着一种共同的特征和气派，其整体特点可概括为以下几点。

（1）普遍采用木结构及其构件，如斗拱和榫铆连结、大屋顶、飞檐、立柱、彩画等。

（2）不仅有实用价值，还注意美观。如高台是为了防潮、大出檐是为了防雨、门窗的棂格图案是为了贴纸采光、屋顶瓦饰本身就是屋瓦的构件，而富有装饰意味的彩画也涂覆油漆以保护木材。

（3）古建筑大多讲究中轴线布局，常把主体建筑布置在中轴线上；主体建筑又按"正殿高大而重院深藏"的原则来设置。

（4）古建筑多数以高墙封闭，皇宫则有更多墙垣及庭院，一般都坐北朝南，通常以居中面南的建筑为尊，东西两者次之，面北者为低。

（5）借助于建筑群体的有机组合与烘托，取得宏伟壮丽的艺术效果。例如常用一系列狭小院落作为先导空间，与开阔舒展的主体院落相对比，烘托主体建筑，通过轴线串联并组成千变万化的建筑群体。这种布局方式使亭、台、楼、阁、榭、轩等单体建筑形成一种建筑的群体美。木结构建筑屋顶的曲线，向上翘起的飞檐使沉重的大屋顶显示出向上飞动的轻快美，配以宽厚的台基，使整个建筑安定踏实，让整体视觉效果和谐、舒适。

在实际游戏场景的设计和制作中，最能体现建筑特点的往往是屋顶的结构。下面介绍一下常见的中国古建筑屋顶结构。我国古代建筑的屋顶式样非常丰富，按照建筑等级来说，等级低者有硬山顶、悬山顶，等级高者有庑殿顶、歇山顶。此外，还有攒尖顶、卷棚顶，以及扇形顶、盔顶、盝顶、勾连搭顶、平顶、穹窿顶、十字顶等特殊的形式。庑殿顶、歇山顶、攒尖顶等又有单檐、重檐之别，攒尖顶则有圆形、方形、六角形、八角形等形式。

1. 硬山式建筑

屋顶仅有前后两坡，左右两侧山墙与屋顶相交，并将檩木梁全部封砌在山墙内的建筑，叫作硬山建筑。硬山建筑是古建筑中最普通的形式，住宅、园林、寺庙等古建筑中都有大量的这类建筑形成（见图2-41）。

• 图2-41 ｜ 硬山式屋顶结构

硬山建筑以小式为最普遍，清《工程做法则例》列举了七檩小式、六檩小式、五檩小式这几种小式硬山建筑的例子，它们也是硬山建筑常见的形式。七檩前后廊式建筑是小式民居中体量最大、地位最显赫的建筑，常用它来做主房，有时也用作过厅。六檩前出廊式用作带廊子的厢房、配房，也可以用作前廊后无廊式的正房或后罩房。五檩无廊式建筑多用于无廊厢房、后罩房、倒座房等。

硬山建筑中也有不少大式的实例，如宫殿、寺庙中的附属用房或配房多取硬山形式。大式硬山建筑有带斗拱和无斗拱两种做法，带斗拱的硬山建筑实例较少。无斗拱大式硬山建筑实例较多。它与小式硬山建筑的区别主要在建筑尺度（如面宽、柱高、进深均大于一般的小式建筑）、屋面做法（如屋面多施青筒瓦，置脊饰吻兽或使用琉璃瓦）、建筑装饰（如梁枋多施油彩画，不似小式建筑装饰简单素雅）等方面。

2. 悬山式建筑

屋面有前后两坡，而且两山屋面悬于山墙或山面屋架之外的建筑，称为悬山（亦称"挑山"）式建筑。悬山建筑梢间的檩木不是包砌在山墙之内，而是挑出山墙之外的，挑出的部分称为"出梢"，这是它区别于硬山的主要之处（见图2-42）。

以建筑外形及屋面的做法来分，悬山建筑可分为大屋脊悬山和卷棚悬山两种。大屋脊悬山前后屋面的相交处有一条正脊，将屋面截然分为两坡。常见者有五檩悬山、七檩悬山以及五檩中柱式、七檩中柱式悬山（后两种多用作门庑）。卷棚悬山屋脊布置双檩，屋面无正脊，前后两坡屋面在脊部形成过陇脊。常见者有四檩卷棚、六檩卷棚、八檩卷棚等。还有一种将两种悬山结合起来、勾连搭接的形式，称为"一殿一卷"，这种形式常用于垂花门。

3. 庑殿建筑

庑殿建筑的屋面有四大坡，前后坡屋面相交形成一条正脊，两山屋面与前后屋面相交形成四条垂脊，故庑殿又称四阿殿、五脊殿（见图2-43）。

• 图2-42 │ 悬山式建筑风格　　　　　• 图2-43 │ 庑殿建筑风格

庑殿建筑是中国古建筑中的最高型制，在等级森严的封建社会，这种建筑形式常用于宫殿、坛庙一类的皇家建筑，是中轴线上的主要建筑最常采取的形式。如故宫午门、太和殿、乾清宫，太庙大戟门、享殿及其后殿，景山寿皇殿、寿皇门，明长陵棱恩殿等，都是庑殿式建筑。在封建社会，除皇家建筑之外，其他官府、衙属、商埠、民宅等是绝不允许采用庑殿这种建筑形式的。庑殿建筑的这种特殊政治地位决定了它用材硕大、体量雄伟、装饰华贵富丽，具有较高的文物价值和艺术价值。

4. 歇山式建筑

在形式多样的古建筑中，歇山建筑是最基本、最常见的一种建筑形式。歇山建筑屋面峻拔陡峭，四角轻盈翘起，玲珑精巧，气势非凡；它既有庑殿建筑雄浑的气势，又有攒尖建筑俏丽的风格。帝王宫阙、王公府邸、城垣、寺庙、园林及商埠铺面等各类建筑，都大量采用歇山这种建筑形式，就连古代十分有名的复合式建筑，如黄鹤楼、滕王阁、故宫角楼等，也都是以歇山为主要形式组合而成的，足见歇山建筑在中国古建筑中的重要地位（见图2-44）。

从外部形象看，歇山建筑是庑殿（或四角攒尖）建筑与悬山建筑的有机结合，仿佛一座悬山屋顶歇栖在一座庑殿顶上，所以，它兼有悬山和庑殿建筑的某些特征。如果以建筑物的下金檩为界将屋面分为上下两段，那么上段具有悬山式建筑的形象和特征，如屋面分为前后两坡，梢间檩子向山面挑出，檩木外端安装博缝板等，下段则有庑殿建筑的形象和特征。无论单檐歇山、重檐歇山、三滴水（即三重檐）歇山、大屋脊歇山、卷棚歇山，都具有这些基本特征。尽管歇山式建筑都具有一定的形象特征，但对构成这种外形的内部架构却有许多特殊的处理方法，因而形成了多种构造形式。这些不同的构造与建筑物自身的柱网分布有直接关系，也与建筑的功能要求及檩架分配有一定关系。

5. 攒尖建筑

　　建筑物的屋面在顶部交汇为一点，形成尖顶，这种建筑叫攒尖建筑（见图2-45）。攒尖建筑在古建筑中大量存在，古典园林中各种不同形式的亭子，如三角、四角、五角、六角、八角、圆亭等都属攒尖建筑。在宫殿、坛庙中也有大量的攒尖建筑，如北京故宫的中和殿、交泰殿，北京国子监的辟雍，北海小西天的观音殿，都是四角攒尖宫殿式建筑。而天坛祈年殿、皇穹宇则是典型的圆形攒尖坛庙建筑。在全国其他地方的坛庙园林中，也有大量攒尖建筑。

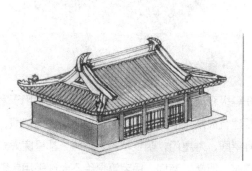

・图2-44│歇山式建筑风格

・图2-45│攒尖建筑风格

2.2.4　对于三维世界的基本认识

　　除了学习素描、色彩、解剖学、人文历史和建筑学的一些基础理论外，在游戏设计中对于三维世界的基本认知是必不可少的，尤其是在当代游戏制作中，三维技术的运用已经成为游戏制作的主流。所以，在学习三维美术设计前，必须学习和了解三维世界的基本概念，这对于日后三维软件的学习会起到十分重要的作用。

　　三维空间是对我们所处空间的一种客观模拟。所谓三维，按大众理论来讲，只是人为规定的互相垂直的三个方向，可以简单理解为前后、上下、左右。我们把这种概念用三维坐标系的方式来进行诠释，这样可以把整个世界任意一点的位置确定下来（见图2-46）。如果把时间也当作一种客观物质的话，在三维空间内加上时间就是四维空间了。

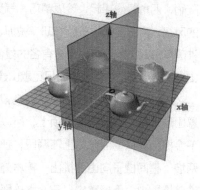

・图2-46│三维空间图示

其实，三维世界或者说三维空间并不是近些年才出现的概念，早在公元前300年，古希腊数学家欧几里得就建立了角和空间中距离之间联系的法则，现在被称为"欧几里得几何"。欧几里得首先开发了处理平面上二维物体的"平面几何"，他接着又分析了三维物体的"立体几何"。所有欧几里得的公理已被编排到叫作二维或三维欧几里得空间的抽象数学空间中。所以，三维空间的概念在两千多年前就被人们发现，如今，我们通过计算机技术可以将三维空间进行更加客观和形象的展现，也就形成了现在的三维图像技术。

我们了解三维空间的目的主要是为日后三维软件的操作和应用打下基础，而学习三维软件中的三维空间要从了解三维坐标系开始。下面我们以3ds Max中的三维视图为例来学习和了解不同三维空间坐标系的概念。在3ds Max软件视图中，当我们选中一个模型物体，可以看到在视图空间中以红、绿、蓝三种颜色轴向组成的坐标系图标（见图2-47）。在软件上方的工具栏中找到坐标系的下拉列表窗口（见图2-48），下拉列表框中包括"视图""屏幕""世界""父对象""局部""万向""栅格""工作""拾取"。下面我们针对一些常用的坐标系进行讲解。

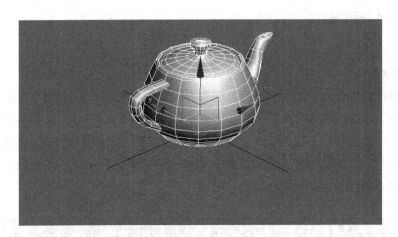

· 图2-47 | 三维软件中的坐标系

· 图2-48 | 工具面板中的坐标系下拉列表

1. 视图坐标系

视图坐标系是3ds Max软件默认的坐标系，它是"世界"和"屏幕"坐标系的混合体。使用"视图"坐标系时，所有正交视图（顶视图、前视图和左视图）都使用"屏幕"坐标系来显示，而透视图则使用"世界"坐标系进行显示。在视图坐标系中，所有选择的正交视图中的X、Y、Z轴都相同：X轴始终朝右，Y轴始终朝上，Z轴始终垂直于屏幕指向用户（见图2-49）。

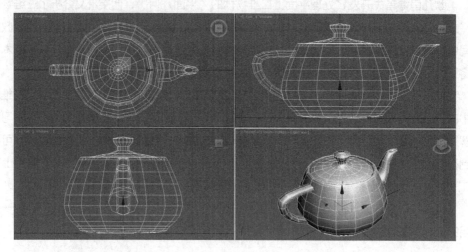

・图2-49 视图坐标系

2. 屏幕坐标系

屏幕坐标系将活动视图用作坐标系。具体为X轴为水平方向，正向朝右；Y轴为垂直方向，正向朝下；Z轴为深度方向，正向指向用户。因为屏幕坐标系模式取决于其他的活动视图，所以非活动视图中的三轴架上的X、Y和Z标签显示当前活动视图的方向。激活该三轴架所在的视图时，三轴架上的标签会发生变化，屏幕坐标系模式下的坐标系始终相对于观察点（见图2-50）。

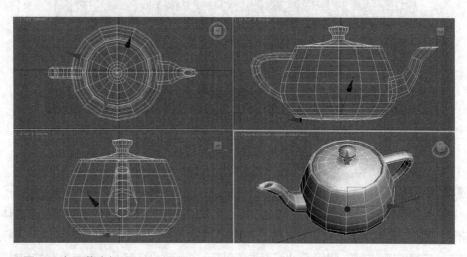

・图2-50 屏幕坐标系

3. 世界坐标系

　　世界坐标系从前视图看，X轴正向朝右，Z轴正向朝上，Y轴正向指向背离用户的方向。在顶视图中X轴正向朝右，Z轴正向朝向用户，Y轴正向朝上。3ds Max软件中的世界坐标系始终是固定不变的。

4. 局部坐标系

　　局部坐标系是以所选定对象的轴心点坐标来作为标准进行的坐标系显示模式。使用"层次"命令面板上的选项，可以相对于对象调整局部坐标系的位置和方向。如果局部坐标系处于活动状态，则"使用变换中心"按钮会处于非活动状态，并且所有变换使用局部轴作为变换中心，在若干个对象的选择集中，每个对象使用其自身中心进行变换，局部坐标系为每个对象使用单独的坐标系（见图2-51）。

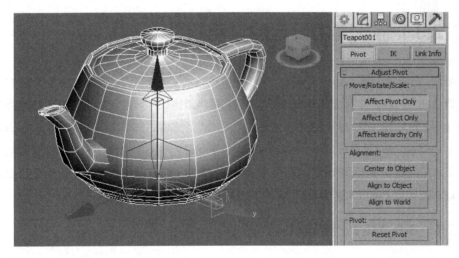

・图2-51│局部坐标系

5. 栅格坐标系

　　栅格坐标系具有普通对象的属性，与视图窗口中的栅格类似，用户可以设置它的长度、宽度和间距、执行"创建"/"辅助对象"/"栅格"命令后就可以像创建其他物体那样在视图窗口中创建一个栅格对象；选择栅格后右键单击，在弹出的菜单中选择"激活栅格"，当用户选择"栅格"坐标系统后，创建的对象将使用与"栅格"对象相同的坐标系统。也就是说，栅格对象的空间位置确定了当前创建物体的坐标系（见图2-52）。

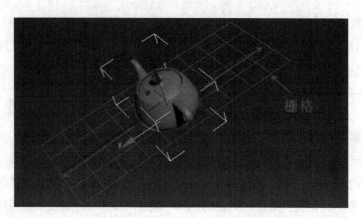

· 图2-52 | 栅格坐标系

2.3 │ 游戏美术设计的常用软件

所谓"工欲善其事，必先利其器"，对于游戏美术设计师来说，熟练掌握各类制作软件与工具是踏入游戏制作领域最基本的条件，只有熟练掌握软件技术，才能将自己的创意和想法淋漓尽致地展现在游戏世界之中。对于游戏美术设计来说，其实常用的软件种类并没有很多。游戏美术设计不同于动画设计，动画制作是要尽可能地发挥软件自身的功能和效果，而游戏美术是需要制作出服务于游戏引擎或者程序的素材元素，最终效果需要在游戏引擎中具体实现。在本节中将带大家学习和了解游戏美术设计常用的软件及工具。

2.3.1 3ds Max三维软件

在当今游戏美术设计领域中，常用的三维制作软件主要为3ds Max和Maya。欧美和日本的三维游戏制作中通常使用Maya软件，而国内大多数游戏制作公司主要使用3ds Max作为三维制作软件，这主要是由游戏引擎技术和程序接口技术所决定的。虽然这两款软件同为Autodesk公司旗下的产品，但在使用上还是有着很大的不同。为适合国情，本书在后面的实例制作内容中也主要针对3ds Max软件在游戏美术制作中的应用来进行讲解。

3D Studio Max，常简称为3ds Max或MAX（见图2-53），是Autodesk公司开发的基于PC系统的三维动画渲染和制作软件。3ds Max软件的前身是基于DOS操作系统的3D Studio系列软件。作为元老级的三维设计软件，3ds Max具有独立完整的设计功能，广泛应用于广告、影视、工业设计、建筑设计、多媒体制作、游戏、辅助教学以及工程可视化等领域。由于其堆栈命令操作简单便捷，加上强大的多边形编辑功能，使得3ds max在游戏三维美术设计方面显示出得天独厚的优势。2005年，Autodesk公司收购了Maya软件的生产商Alias，成为全球最大的三维设计和工程软件公司。在进一步加强Maya整体功能的同时，Autodesk公司并没有停止对3ds max的研究与开发，从3ds max 1.0到经典的3ds max 7.0、8.0、9.0，再到最新的3ds max 2016，每一代的更新都在强化旧有的系统并不断增加强大的新功能，力求让其成为世界上最为专业和强大的三维设计制作软件。

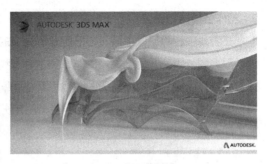

• 图2-53 | 3ds Max2015的启动界面

　　具体到游戏美术制作来说，主要应用3ds Max软件制作各种游戏模型元素，例如场景建筑模型、植物山石模型、角色模型等。另外，游戏中的各种粒子特效和角色动画也要通过3ds Max来制作。各种三维美术元素最终要导入游戏引擎地图编辑器中使用。在一些特殊的场景环境中，3ds Max还要代替地图编辑器来模拟制作各种地表形态。下面我们从不同的方面来了解3ds Max软件在游戏制作中的具体应用。

1. 制作建筑模型和场景道具模型

　　建筑是三维游戏场景的重要组成元素，通过各种单体建筑模型组合而形成的建筑群落是构成游戏场景的主体要素（见图2-54），制作建筑模型是3ds Max在三维游戏场景制作中的重要作用之一。除了游戏中的主城、地下城等大面积纯建筑形式的场景以外，三维游戏场景中的建筑模型还包括以下形式：野外村落及相关附属的场景道具模型；特定地点的建筑模型，例如独立的宅院、野外驿站、寺庙、怪物营地等；各种废弃的建筑群遗迹；野外用于点缀装饰的场景道具模型，如雕像、栅栏、路牌等。

• 图2-54 | 游戏中的主城是由众多单体建筑构成的复杂建筑群落

2. 制作各种植物模型

在游戏中，除了以主城、村落等建筑为主的场景外，游戏地图中的绝大部分场景都是野外场景地图，因此要用到大量的花草树木等植物模型，这些也都是通过3ds Max来制作完成的。将制作完成的植物模型导入游戏引擎地图编辑器中，可以进行"种植"操作，也就是将植物模型植入场景的地表当中。植物的叶片部分还可以做动画处理，让其随风摆动，显得更加生动自然（见图2-55）。

• 图2-55 | 游戏场景中的植物模型

3. 制作山体和岩石模型

在三维游戏的场景制作中，大面积的山体和地表通常是由引擎地图编辑器来生成和编辑的。但这些山体形态往往过于圆滑，缺乏丰富的形态变化和质感，所以，要想得到造型更加丰富、质感更加坚硬的岩体，必须通过3ds Max来制作山石模型（见图2-56）。用3ds Max制作出的山石模型不仅可以用作大面积的山体造型，还可以充当场景道具来点缀游戏场景，丰富场景细节。

• 图2-56 | 游戏场景中的山石模型

4．代替地图编辑器制作地形和地表

在个别情况下，游戏引擎的地图编辑器对于地表环境的编辑可能无法达到预期的效果，这时就需要通过3ds Max来代替地图编辑器制作场景的地形结构。例如图2-57中的悬崖场景，悬崖的形态结构极具特点，同时还要配合悬崖上的建筑和悬崖侧面的木梯栈道，这就需要3ds Max根据具体的场景特点来进行制作，有时还需要3ds Max和引擎编辑器共同配合来完成。

•图2-57│网络游戏中特殊的场景地形

5．制作角色模型和动画

除了游戏场景模型外，在三维游戏中游戏角色模型的制作也是3ds Max的主要制作任务。游戏角色建模完成后，我们还需要对模型进行骨骼绑定和蒙皮设置，通过三维软件中的骨骼系统对模型实现可控的动画调节（见图2-58）。骨骼绑定完成后我们就可以对模型进行动作调节和动画的制作了；最后调节的动作通常需要保存为特定格式的动画文件，然后在游戏引擎中系统和程序根据角色的不同状态对动作文件进行加载和读取，实现角色的动态过程。

•图2-58│3D角色及骨骼动画

6. 制作粒子特效和动画

粒子特效和动画是游戏制作的中后期用于整体修饰和优化的重要手段，其中粒子和动画部分的前期制作是通过3ds Max来完成的，包括角色的技能动画特效以及场景特效等。特效的粒子生成、设置以及特效需要的模型元素都要在3ds Max中进行独立制作，完成后再导入游戏引擎编辑器中（见图2-59）。

• 图2-59 游戏场景中的瀑布效果

3ds Max从最初的3D Studio 1.0到如今的3ds Max 2017，已经经历的十余代版本的更新和发展，从最初简单的模型制作软件发展为现在功能复杂、模块众多的综合型三维设计软件。每一代的版本更新都使得3ds Max软件在功能性和操作的人性化方面有了极大的改进。但对于游戏美术制作来说，我们更多是利用3ds Max来制作游戏模型，所以对于所使用的3ds Max软件版本的选择，并不一定刻意追求最新的软件版本。在考虑软件的功能性的同时，也要兼顾个人计算机的硬件配置和整体的稳定性，要保证软件在当前的个人系统下能够流畅运行，尽量避免低配置计算机使用过高的软件版本而带来频繁死机、系统崩溃的情况。通常来说，3ds Max 2012以后的软件版本在功能性上对于游戏美术制作来说已经足够，我们可以根据游戏项目的要求以及个人计算机的硬件情况来选择合适的软件版本。

2.3.2 Photoshop平面软件

Photoshop如今是一种家喻户晓且历史悠久的图像处理软件，从早期的专业软件发展到现在人人皆用，Photoshop的出现影响和改变了人们的生活，有人将其奉为20世纪人类最伟大的发明之一。Photoshop现在作为图像处理行业的标准，是学习图像类软件的必经之路，也是Adobe公司最大的经济收入来源。然而，Photoshop一开始却是名不见经传的，如果不是Michigan大学的一位研究生延迟毕业答辩，Photoshop或许根本就不可能被开发出来。

1987年秋，Thomes Knoll，美国密歇根大学一名正在攻读博士学位的研究生，一直在努力尝试编写一个程序，使黑白位图监视器能够显示灰阶图像。他把该程序命名为Display。但是Knoll在家里用他的Mac Plus计算机编写这个编码纯粹是为了娱乐，与他的论文并没有直接的关系。他认为它并没有很大的价值，更没想过这个编码会是伟大而神奇的Photoshop的开端，自己的姓名也将永远载入史册（见图2-60）。

· 图2-60 | Thomes Knoll和John Knoll

这个简单的娱乐性编程引起了Thomes的哥哥John的注意。当时John正效劳于《星球大战》的特效制作公司Iindustrial Light Magic（ILM工业光魔）公司，John正在试验利用计算机创造特效。他让Thomas帮他编写一个程序处理数字图像，这正是Display的一个极佳起点，他们的合作也从此开始。诺尔（knoll）两兄弟在此后一年多的时间里，把Display不断修改为功能更为强大的图像编辑程序，其中进行过多次改名。在一个展会上，他们接受了一个观众的建议，把这个程序改名为Photoshop（见图2-61）。

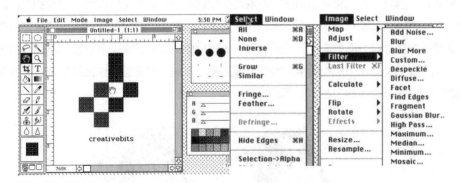

· 图2-61 | 早期Photoshop软件界面

Photoshop早期的版本都是由诺尔兄弟亲自开发的；直到4.0版本以后，Adobe公司才出面收购Photoshop。从诺尔兄弟开发Photoshop到转手卖给Adobe公司前还经历了很多的波折。最初，他们两兄弟把Photoshop交给一个扫描仪公司搭配着卖，名字叫作Barneyscan XP，版本是0.87。然而，两兄弟继续为Photoshop找寻买家，在这个过程中，不少知名的大公司都瞧不起这个软件，拒绝了Photoshop。直到两兄弟找到了Adobe的艺术总监，同时他们还碰上了另一款优秀的设计软件ColorStudio的竞争，最后是Photoshop打败了对方，从此Photoshop才正式成为Adobe家族的重要一员。之后，Adobe公司集中了众多优秀的图像设计及软件编程专家和工程师，使Photoshop开始进入一个快速成长、不断发展的新阶段。1990年Adobe公司正式发布了Photoshop 1.0版本，在接下来的10年内一共卖出了300多万份拷贝（见图2-62）。如今，Photoshop已经发展了27年，历经几十个版本。

· 图2-62 │ Photoshop 1.0软件

Photoshop软件从功能上包括图像编辑、图像合成、校色调色及功能色效制作等。图像编辑是图像处理的基础，可以对图像做各种变换，如放大、缩小、旋转、倾斜、镜像、透视等，也可进行复制、去除斑点、修补、修饰图像的残损等。图像合成则是将几幅图像通过图层操作、工具应用来合成完整的、传达明确意义的图像，这是美术设计的必经之路，该软件提供的绘图工具让外来图像与创意很好地融合。校色调色可以方便快捷地对图像的颜色进行明暗、色偏的调整和校正，也可在不同颜色之间进行切换，以满足图像在不同领域如网页设计、印刷、多媒体等方面的应用。特效制作在该软件中主要由滤镜、通道及工具综合应用完成，包括图像的特效创意和特效字的制作，如油画、浮雕、石膏画、素描等常用的传统美术技巧都可借由该软件特效完成（见图2-63）。

· 图2-63 │ Photoshop的滤镜效果

图2-64为Photoshop软件的界面，主要由标题栏、属性栏、菜单栏、图像编辑窗口、状态栏、工具箱和控制面板几部分组成。标题栏位于主窗口顶端，最左边是Photoshop的标记，右边分别是最小化、最大化/还原和关闭按钮。属性栏，又称工具选项栏，当选中某个工具后，属性栏就会变成相应工具的属性设置选项，可更改相应的选项。菜单栏为整个环境下的所有窗口提供菜单控制，包括文件、编辑、图像、图层、选择、滤镜、视图、窗口和帮助九项。Photoshop中通过两种方式执行所有命令，一是菜单，二是快捷键。软件界面的中间区域是图像编辑窗口，它是Photoshop的主要工作区，用于显示图像文件。图像窗口带有自己的标题栏，提供了打开文件的基本信息，如文件名、缩放比例、颜色模式等。如同时打开两幅图像，可通过单击图像窗口进行切换。软件底部是状态栏，由文本行、缩放栏和预览框三部分组成。工具箱中的工具可用来选择、绘画、编辑以及查看图像。拖曳工具箱的标题栏，可移动工具箱，单击可选中工具或移动光标到该工具上，属性栏会显示该工具的属性。有些工具的右下角有一个小三角形符号，这表示在工具位置上存在一个工具组，其中包括若干个相关工具。控制面板中共有14个面板，可通过"窗口/显示"来显示面板。按Tab键，自动隐藏命令面板、属性栏和工具箱；再次按键，显示以上组件。

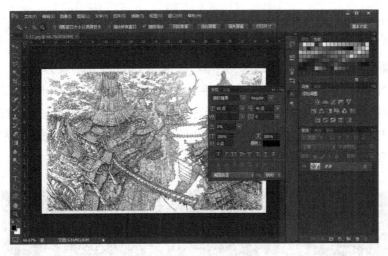

• 图2-64│Photoshop软件界面

对于游戏美术设计来说，Photoshop是最为基础且应用最为广泛的软件。几乎所有的游戏美术设计师都会用到Photoshop，无论是二维美术设计师还是三维美术设计师。游戏原画设计师主要利用Photoshop进行游戏原画的绘制，UI设计师利用Photoshop进行图标和游戏UI界面的制作，对于2D游戏来说几乎所有的游戏美术元素都离不开Photoshop软件的支持。而三维游戏美术设计师主要利用Photoshop进行游戏模型贴图的制作，主要分为写实风格和手绘风格。写实风格的模型贴图主要利用Photoshop的修图功能，而手绘风格的贴图主要是用Photoshop来进行贴图的绘制（见图2-65）。

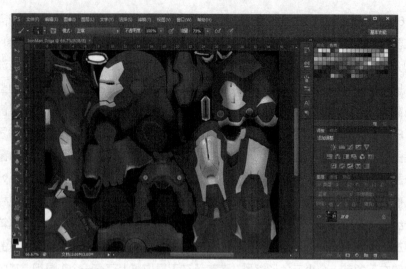

• 图2-65 | 利用Photoshop绘制游戏贴图

▌2.3.3　ZBrush三维雕刻软件

ZBrush是一种数字雕刻和绘画软件，它以强大的功能和直观的工作流程彻底改变了整个三维行业。ZBrush是世界上第一个让艺术家能够无约束自由创作的 3D 设计工具，它的出现完全颠覆了过去传统三维设计工具的工作模式，解放了艺术家们的双手和思维，告别了过去那种依靠鼠标和参数来笨拙创作的模式，完全尊重设计师的创作灵感和传统的工作习惯。在一个简洁界面中，ZBrush为当代数字艺术家提供了世界上最先进的工具。ZBrush以实用的思路开发出的功能组合，在激发艺术家创造力的同时，会使用户在操作时感到非常顺畅。利用ZBrush创作时，限制只取决于的艺术家自身的想象力（见图2-66）。

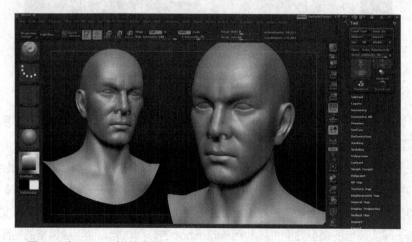

• 图2-66 | ZBrush软件界面

ZBrush是按照世界领先的特效工作室和全世界范围内的游戏设计者的需要，以一种精密的结合方式开发而成的。它提供了极其优秀的功能和特色，可以极大地增强用户的创造力。在建模方面，ZBrush可以说是一个极其高效的建模器。设计师可以通过手写板或鼠标来控制ZBrush的立体笔刷工具，自由自在地随意雕刻自己头脑中的形象。至于拓扑结构、网格分布一类的烦琐问题都交由ZBrush在后台自动完成。往常复杂的建模和贴图工作，变成了像小朋友玩泥巴那样简单有趣（见图2-67）。

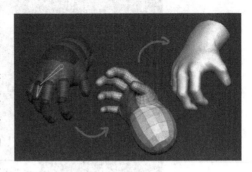

• 图2-67｜ZBrush的建模方式

通过ZBrush细腻的笔刷可以轻易塑造出皱纹、发丝、青春痘、雀斑之类的皮肤细节，包括这些微小细节的凹凸模型和材质。令专业设计师兴奋的是，ZBursh不但可以轻松地塑造出各种数字生物的造型和肌理，还可以把这些复杂的细节导出成法线贴图和展好UV的低分辨率模型。这些法线贴图和低模可以被所有的大型三维软件如Maya、Max、Softimage Xsi、Lightwave等识别和应用。

ZBrush在软件设计上进行了相当大的优化编码改革，并与其独特的建模流程相结合，可以制作出令人惊讶的复杂模型。ZBrush能够雕刻高达 10 亿多边形的模型，无论是中级还是高级分辨率的模型，你的任何雕刻动作都可以瞬间得到回应，还可以实时进行渲染和着色。对于绘制操作，ZBrush增加了新的范围尺度，可以让你给基于像素的作品增加深度、材质、光照和复杂精密的渲染特效，真正实现了2D与3D的结合，模糊了多边形与像素之间的概念界限。ZBrush不但可以做出优秀的静帧CG作品，而且也参与了很多电影特效的制作，同时也是现在次世代游戏制作中所应用的主流软件。

近几年随着次时代引擎技术的飞速发展，以法线贴图技术为主流技术的计算机游戏大行其道，成为未来计算机游戏美术的主要制作方向。所谓的法线贴图是可以应用到3D表面的特殊纹理，不同于以往的纹理只可以用于2D表面。作为凹凸纹理的扩展，它包括了每个像素的高度值，内含许多细节的表面信息，能够在平平无奇的物体上创建出许多种特殊的立体外形（见图2-68）。你可以把法线贴图想象成与原表面垂直的点，所有的点组成另一个不同的表面。对于视觉效果而言，它的效率比原有的表面更高；若在特定位置上应用光源，可以生成精确的光照方向和反射。法线贴图的应用极大地提高了游戏画面的真实性与自然感。

对于次世代3D游戏角色模型的制作，现在通用的方法是利用ZBrush三维雕刻软件深化模型细节，使之成为具有高细节的三维模型；然后通过映射烘焙出法线贴图，并将其添加到低精度模型的法线贴图通道上，使之拥有法线贴图的渲染效果。这样就大大降低了模型的面数，在保证视觉效果的同时尽可能地节省了资源。

• 图2-68 | 利用法线贴图制作的游戏角色模型

2.3.4 模型贴图制作插件

在三维游戏项目的制作中,我们的大多数时间是利用3ds Max制作游戏所需的各种三维模型元素。对于三维模型的制作和编辑来说,如今3ds Max软件的功能已经十分强大,基本不需要其他软件或插件的额外辅助就可以完成所有的模型制作任务。当模型制作完成后,接下来的工作就是根据模型来制作贴图。对于手绘贴图,我们可以直接用Photoshop来进行制作;而对于循环贴图、法线贴图等,仅靠Photoshop软件是无法完成的,这时就需要借助一些插件进行辅助,这样可以极大地提高工作效率。在本节中,将会讲解在三维游戏项目制作中常用的贴图制作插件,包括DDS插件、无缝贴图制作插件以及法线贴图制作插件等。

1. DDS贴图插件

DDS是DirectDraw Surface的缩写,实际上,它是DirectX纹理压缩技术(DirectX Texture Compression,简称DXTC)的产物。DirectDraw是微软发行的DirectX 软件开发工具箱(SDK)中的一部分,微软通过DirectDraw为广大开发者提供了一个比GDI层次更高、功能更强、操作更有效、速度更快的应用程序图像引擎。

DDS作为微软DirectX特有的纹理格式,它是以2的n次方算法存储图片。作为模型贴图来说,传统的bmp、jpg、tga、png等格式图片在打开VRP文件时,需要在显存中进行加载格式转换的处理;DDS格式的图片由于其自身的特性,在打开时可以以极快的速度进行加载,所以在三维网络游戏项目中通常都将DDS作为默认的三维模型贴图格式。同时,DXTC技术还减少了贴图纹理的内存消耗量,比传统技术节省了50%甚至更多。DDS图片有3种DXTC格式可供使用,分别为DXT1、DXT3和DXT5。

一般来说,我们无法直接打开DDS格式的图片文件,也无法通过Photoshop等二维图像处理软件将图片转存为DDS格式;要想实现这些操作,必须安装相关的DDS插件。我们可以通过在网络上搜索"NVIDIA Photoshop Plugins dds"等关键词来获得插件的资源下载。下载的插件资源一般包含三个文件：dds.8bi、NormalMapFilter.8bf和msvcp71.dll。然后将dds.8bi和NormalMapFilter.8bf文件复制到"\Program Files\Adobe\Photoshop CS\增效工具\滤镜"目录下，同时将msvcp71.dll文件复制到Photoshop CS的安装根目下，这样就完成了DDS插件的安装。

当为Photoshop软件安装了DDS插件之后，就可以用Photoshop CS软件来打开DDS格式的图片。选择并打开一张DDS图片，会弹出一个Mip Maps的对话框（见图2-69）。由于Mip-mapping的核心特征是根据物体景深方向位置的变化来选择贴图的显示方式，因此Mip映射根据不同的远近来显示不同大小的材质贴图，比如游戏场景中的建筑模型默认贴图为512×512像素尺寸，当游戏中玩家角色的视角距离建筑模型较远时，模型贴图则会以256×256像素尺寸显示，距离越远，贴图显示的尺寸越小；这样不仅可以产生良好的视觉效果，同时也极大地节约了系统资源。当我们单击Mip Maps对话框的"Yes"按钮时，就可以看到DDS贴图不同尺寸的显示形式（见图2-70）；正常情况下，我们单击"No"按钮即可在Photoshop中打开DDS图片。

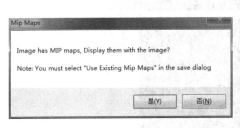

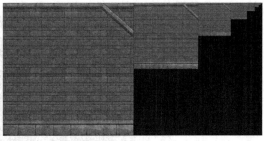

• 图2-69 | Mip Maps对话框　　　　• 图2-70 | DDS贴图的显示形式

接下来我们可以对打开的DDS图片进行修改和编辑，修改完成后可以对其进行存储。此外，其他格式的图片在Photoshop软件中也可以被转存为DDS格式，可以通过【Shift+Ctrl+S】快捷键对图片进行存储，在弹出的存储对话框"图片格式"的下拉列表中选择DDS格式，之后会弹出DDS格式的存储设置窗口（见图2-71）。

在实际操作中，对于这个窗口中的各项参数设置保持默认状态即可。如果贴图不包含Alpha通道，就选择DXT1 RGB格式进行存储。对于包含Alpha通道的图片，我们必须选择DXT1 ARGB、DXT3 ARGB和DXT5 ARGB等格式来进行存储，尤其对于三维植物模型的叶片贴图，选择DXT5 ARGB格式显示效果最好。这里还需要注意的是，由于DDS格式的图片是以2的n次方算法存储的，所以在编辑时还必须保证当前的图片尺寸必须为2的n次方；如果图片的尺寸不是2的n次方，存储图片时对话框里的"Save"按钮将为灰色不可点选的状态。

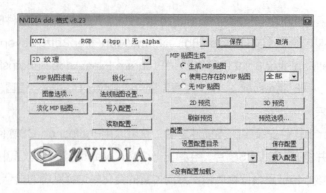

• 图2-71 | DDS格式存储设置窗口

如果想在不打开Photoshop软件的情况下直接查看DDS图片，我们可以通过一些DDS图片浏览器插件来进行查看。这里介绍一款名为"WTV"的DDS查看器，它是一款无需安装、可独立运行的小程序插件，同样可以通过网络搜索来进行下载。我们可以将DDS图片直接拖曳到WTV的窗口中来查看，也可以在DDS图片的图标上通过鼠标右键菜单的"打开方式"选项来进行设置，让所有的DDS格式图片直接关联WTV程序（见图2-72）。

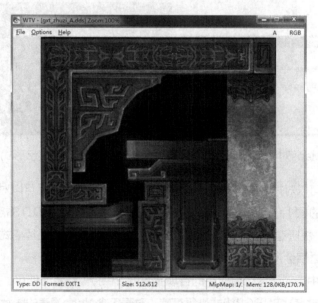

• 图2-72 | WTV图片查看器

2. 无缝贴图制作插件

三维游戏场景模型相对于角色模型来说体积十分巨大，通常一个墙面的高度就超过角色的数倍，如果在制作模型贴图的时候像角色模型那样将模型所有元素的面片全部平展到一张贴图上，那么最后实际游戏中贴图的效果一定会变得模糊不清、缺少细节，所以在制作场景模型的时候就需要用到"无缝贴图"。

　　无缝贴图也被称为循环贴图，是指在3ds Max的Edit UVWs编辑器中贴图边界可以自由连接且不产生接缝的贴图，通常分为二方连续无缝贴图和四方连续无缝贴图。二方连续贴图就是指贴图在平面的上下或者左右一个轴向方向连接时不产生接缝，而四方连续贴图就是贴图在上下、左右两个平面轴向连接时都不产生接缝，让贴图形成可以无限连接的大贴图。

　　图2-73就是四方连续无缝贴图的效果，白线框中是贴图本身，贴图的右边缘与左边缘、左边缘与右边缘、上边缘与下边缘、下边缘与上边缘都可以实现无缝衔接。所以在模型贴图的时候就不用担心模型的UV细分问题，只需根据模型整体的大小调整贴图的比例即可。其实对于无缝贴图，我们完全可以利用Photoshop等二维软件来进行制作和绘制，但是像四方连续这样的无缝贴图，如果想得到良好的图片效果，将会把大量的时间花费在图片细节的修改和编辑上。所以，在实际游戏项目的制作中，我们通常会利用一些插件来进行辅助制作，这样大大节省了时间，提高了工作效率。

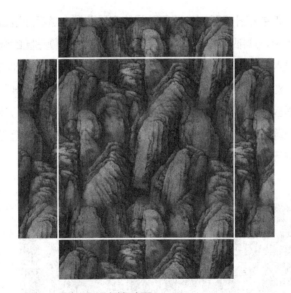

・图2-73｜四方连续贴图

　　首先来介绍一款名为Seamless的无缝贴图制作插件。这款插件全称为Seamless Texture Creator，是一款十分小巧的独立运行应用程序。软件下载后解压即可使用，无需安装。图2-74是软件启动后的程序界面，操作界面整体分为两大部分，即左侧的窗口面板和右侧的参数设置面板。窗口面板可以显示我们导入或输出的贴图图片，参数设置面板可以对导入的原始图片进行设置，最终得到合适的无缝贴图效果。下面就介绍一下利用Seamless制作无缝贴图的流程。

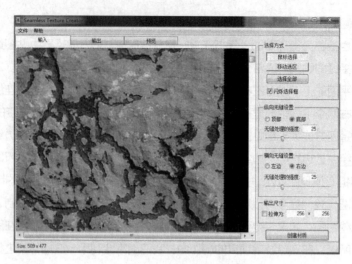

• 图2-74│Seamless无缝贴图制作软件的界面

　　首先，在文件菜单中打开想要制作无缝贴图的素材图片，然后通过右侧的参数面板来进行设置。在参数面板中，顶部的选择方式可以设置想要制作无缝贴图的选区范围，默认是全选状态，也就是将导入的图片整体进行无缝处理。接下来通过面板中部的"横向无缝设置"和"纵向无缝设置"对图片的无缝衔接方式进行设置，"无缝处理强度"可以控制无缝衔接羽化范围的大小。面板下方可以设置无缝贴图的输出尺寸的大小，然后单击"创建材质"按钮就可以直接生成无缝贴图。我们可以切换到窗口面板的预览模式来查看无缝贴图的效果，并可以与原始素材进行对比查看（见图2-75）。

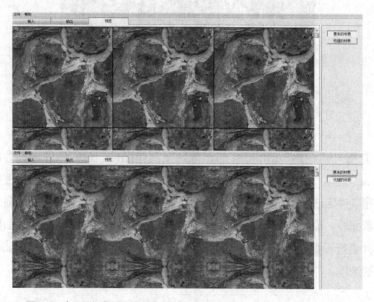

• 图2-75│原始素材与无缝处理后的对比

  Seamless虽然可以快速制作、处理无缝贴图，但其软件的功能过于简单。此外，处理过的图片虽然可以实现基本的无缝衔接，但缺乏一定的自然感和真实度。所以接下来再来介绍一款功能更为强大的无缝贴图处理软件——PixPlant。

  PixPlant相对于Seamless来说，功能最强大的地方在于它不仅可以将一张图片自身处理为无缝衔接效果，还可以在其基础上叠加新的纹理图层，让贴图呈现更加多样、真实和自然的视觉效果。另外，PixPlant还可以将处理生成的贴图直接设置输出为法线贴图，这些功能都让PixPlant在三维场景贴图的制作和处理上极具优势，也是现在网络游戏项目美术制作中常用的插件之一。

  PixPlant软件安装完成后，单击启动软件的操作界面（见图2-76）。从整体来说，PixPlant的操作界面也分为左右两大部分，左侧为基础素材图片的显示窗口，右侧为叠加素材图片的显示窗口和参数设置面板。软件界面上方是菜单栏，包括File（文件）、Edit（编辑）、View（视图）、Seed（种子）和Help（帮助）五个菜单选项。File菜单中主要包括打开素材图片、生成无缝贴图、保存贴图和软件设置等选项；Edit菜单中包括撤销操作、取消撤销和复制纹理到视窗面板等命令；View菜单主要用来设置素材图片在窗口中的显示方式和缩放的大小等；Seed菜单主要用来添加和删除叠加纹理的素材图片；Help菜单中包括软件的相关信息以及软件的使用说明文档等。

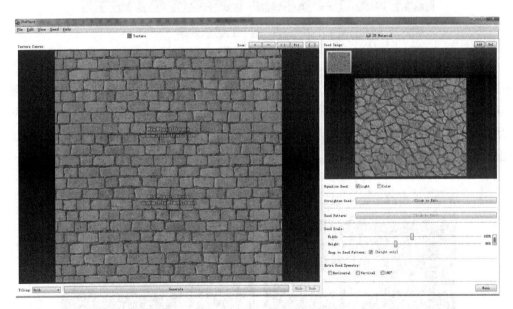

• 图2-76｜PixPlant软件界面

  通过File菜单下的Load Texture，可以将原始素材图片导入软件左侧的贴图面板中，然后通过Seed菜单或Seed Image视图右上角的Add按钮来添加种子图片。所谓"种子图片

"就是额外叠加的纹理素材图片，首先通过Add Seed from Textur Canvas命令将原始素材图片自身作为种子图片添加进来；如果还想叠加其他的纹理素材，可以通过Add Seed from File命令来选择添加。下方参数面板中的Seed Scale还可以设置种子图片横向和纵向的缩放比例，这样可以让生成的贴图更具多样性（见图2-77）。通过下方的Extra Seed Symmetry（附加种子对称性）设置，可以让种子图片叠加得更加自然和真实。接下来可以通过纹理面板左下角的Tiling选项来选择无缝贴图的形式，包括Horizontal（横向二方连续）、Vertical（纵向二方连续）和Both（四方连续）三种形式，然后单击下方的"Generate"按钮就可以生成无缝贴图了。

· 图2-77 │ 种子图片不同缩放比例下的显示效果

除此之外，PixPlant还有一项比较有用的功能，那就是Straighten Seed（矫正种子）命令。如果我们导入的基础素材的纹理并不是特别规则的纹理，则可以通过矫正种子命令对图像进行适度的拉伸变形操作，以得到符合要求的纹理贴图。图2-78左侧是带有透视角度的原始素材图片，我们可以通过Straighten Seed窗口面板中的线框来对其进行矫正操作，得到图2-78右侧的规则纹理贴图效果。

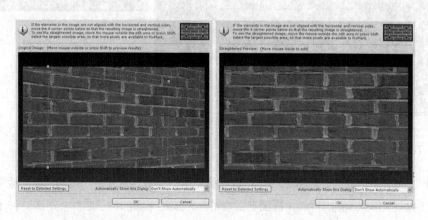

· 图2-78 │ 矫正种子效果

在软件菜单栏的下方，可以通过3D Material标签切换到3D材质界面，这里可以利用详细的参数设置来生成无缝贴图的法线和高光贴图。图2-79是不同贴图叠加到3D材质球上的效果。

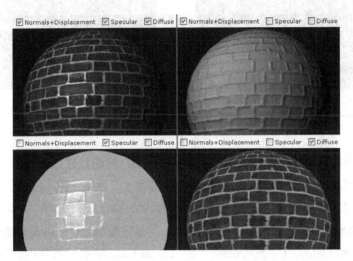

• 图2-79│法线、高光和固有色贴图在材质球上的效果

3. 法线贴图制作插件

在前面内容中讲到制作次世代游戏角色模型通常是利用ZBrush来制作法线贴图，而次世代游戏场景模型所用到的法线贴图，其实制作起来要比角色模型的法线贴图容易得多，由于场景模型贴图的形态大多比较规则，且多以自然纹理为主，所以在制作的时候完全可以通过普通纹理贴图转化来实现。像前面我们讲到的PixPlant无缝贴图处理软件就自带有法线贴图的输出功能。下面再来介绍一款更加专业的法线贴图制作软件——CrazyBump。

CrazyBump是一款体积小巧、操作快捷的法线贴图转换制作软件，其操作步骤十分简单，但却可以获得优秀的法线贴图效果。我们可以从网上下载CrazyBump的安装程序，经过简单的安装步骤后便可以启动软件，图2-80为软件的启动界面。

窗口中间三个选项是用来认证激活软件的，单击窗口左下角的Open按钮可以进入图片选择界面。这里可以选择想要打开的贴图类型，包括普通照片、高光贴图以及法线贴图。如果想要利用普通纹理图片转化制作一张法线贴图就选Open Photograph，如果想要对一张法线贴图来进行修改可以选择Open Normal Map选项。窗口下方的三个按钮用于打开调用内存粘贴板中的图片。这里我们选择Open Photograph按钮。

接下来打开的窗口用来选择法线贴图纹理的凹凸方式，这两种方式互为反向的关系，这里根据自己制作贴图的需要来进行选择（见图2-81）。

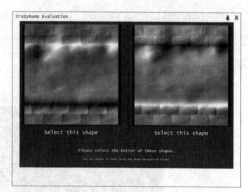

• 图2-80 | CrazyBump的启动界面　　　　• 图2-81 | 选择凹凸方式

　　然后我们将正式进入法线贴图的参数设置窗口，来进行法线贴图的详细设置（见图2-82）。窗口左侧的参数面板包括Intensity（强度），用来设置法线凹凸效果的强度；Sharpen（锐度），用来设置细节的锐化程度；Noise Removal（降噪），用来去除贴图产生的噪点；Shape Recogntiton（形状识别），用来设置凹凸纹理边缘的显示效果；Fine Detail、Medium Detail、Large Detail、Very Large Detail等参数用来设置贴图纹理凹凸的显示细节。

　　单击参数面板上方的Show 3D Preview按钮，可以查看法线贴图在3D材质球上的显示效果（见图2-83）。在法线贴图显示窗口的下方还可以打开置换、高光、固有色贴图设置页面，进行其他贴图类型的设置。最后，单击窗口下方的Save按钮可以对制作完成的贴图进行保存和输出。

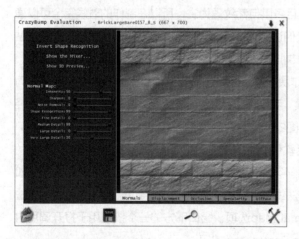

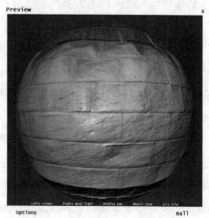

• 图2-82 | 参数设置窗口　　　　　　　• 图2-83 | 3D预览窗口

Chapter 3

2D游戏美术设计

2D 游戏美术设计在现在的游戏项目制作流程中应该分为两种情况：对于2D游戏项目来说，游戏制作中所有的美术内容都可以算作2D游戏美术设计的范畴；而对于3D游戏项目来说，2D游戏美术设计指的是游戏项目中除3D以外的制作内容。在本章中我们就针对以上两种情况来讲解游戏制作中的2D游戏美术设计。

3.1 │ 游戏原画的概念与分类

　　游戏原画是指游戏研发阶段在实际游戏美术元素制作前，由美术团队中的原画设计师根据策划的文案描述进行原画设定的工作。原画设定是对游戏整体美术风格的设定和对游戏中所有美术元素的设计绘图。从类型上来分，游戏原画主要分为概念类原画和制作类原画。概念原画主要包括游戏场景概念原画和游戏特效概念原画，制作类原画包括游戏场景设定原画、游戏角色设定原画和游戏道具设定原画等。

　　概念类游戏原画是指原画设计人员针对游戏策划的文案描述进行整体美术风格和游戏环境基调设计的原画类型。游戏原画师会根据策划人员的构思和设想，对游戏中的环境、场景等进行创意设计和绘制，概念原画不要求绘制十分精细，但要综合游戏的世界观背景、游戏剧情、环境色彩、光影变化等因素，确定游戏整体的风格和基调。相对于制作类原画的精准设计，概念类原画更加笼统，这也是将其命名为概念原画的原因（见图3-1）。

· 图3-1 │ 游戏概念原画

　　除了场景和环境的概念设定外，在游戏制作中还有一类概念原画就是特效概念原画。当游戏角色制作完成后，需要为游戏角色设计相应的技能效果，这些技能往往是由动作和特效来完成的，而特效概念原画就是对这些技能特效进行构思和视觉表现的一种原画设定。在早期游戏制作中并没有特效概念原画的细分，那时游戏中的技能特效都是由游戏特效师自己构思并制作完成的。随着游戏制作技术的提升，玩家对于游戏视觉特效也有了更高的要求，现在大型3D游戏中每一个游戏角色都有着众多的技能特效，不同角色的技能特效也不相同，这就要求游戏特效的设计和制作应该有更加完善的制作体系和流程，所以，现在很多游戏项目中逐渐加入了游戏特效概念原画的设定工作。图3-2就是一张游戏特效概念原画设定图，图中表现了游戏角色技能在不同状态下的视觉效果，游戏特效师可以根据原画进行进一步的特效制作。

• 图3-2│游戏特效概念原画

在概念原画确定之后，游戏基本的美术风格就确立下来了，之后就要进入实际的游戏美术制作阶段，这时就首先需要开始制作类原画的设计和绘制。制作类原画是指对游戏中美术元素的细节进行设计和绘制的原画类型，制作类原画分为场景原画（见图3-3）、角色原画和道具原画，分别负责对游戏场景、游戏角色以及游戏道具的设定。制作类原画不仅要在整体上表现出清晰的物体结构，更要对设计对象的细节进行详细描述，这样才能便于后期美术制作人员进行实际美术元素的制作。

• 图3-3│游戏场景建筑原画设定图

　　图3-4为一张游戏角色原画设定图，图中设计的是一位身穿铠甲的武士，设定图从正面清晰地描绘了游戏角色的体型、身高、面貌以及所穿的服饰和装备。图片中的角色为同一个人物穿着不同的盔甲装备时的形象，每一个细节都绘制得十分详细具体。通过这样的原画设定图，后期的三维制作人员可以很清楚地了解自己要制作的游戏角色的所有细节，这就是游戏原画在游戏研发中的作用和意义。

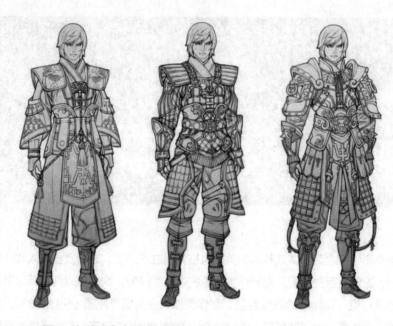

· 图3-4｜游戏角色原画设定图

　　游戏原画美术师需要有扎实的绘画基础和美术表现能力，要具备很强的手绘功底和美术造型能力，同时能熟练运用二维美术软件对文字描述内容进行充分的美术还原和艺术再创造。其次，游戏原画美术师还必须具备丰富的创作想象力，因为游戏原画与传统的美术绘画创作不同，游戏原画要求的并不是对现实事物的客观描绘，它需要在现实元素的基础上进行虚构的创意和设计，所以天马行空的想象力也是游戏原画美术师不可或缺的素质和能力。另外，游戏原画美术师还必须掌握其他相关学科一定的理论知识，比如拿游戏场景原画设计来说，如果要设计一座欧洲中世界哥特风格的建筑，那么就必须要具备一定的建筑学知识和欧洲历史文化背景知识，对于其他类型的原画设计来说也同样如此。

3.2 ｜ 游戏原画绘制实例

　　在如今的一线游戏制作领域，游戏原画是美术师利用计算机软件和数位板进行绘制的，所以游戏原画也可以看作是CG的一种。计算机美术设计软件可以更加方便地实现各种视觉表现效果，同时节省了绘画纸张和颜料等成本，而数位板可以真实模拟现实绘画的笔触和手感，所以CG原画成为了一种主流技术。即便如此，绘画终究是由美术师来完成的艺术创作，无论是CG还是纸上绘画，基本的美术修养和训练是必不可少的，这一点不会因创作方式的不同而改变。所以，CG原画仍然可以看作是传统绘画艺术的延伸，而非对立。在本节内容中，将以实例的形式为大家讲解游戏原画的基本绘制方法，由于绘画艺术的复杂性和篇幅限制，这里主要以绘画的流程讲解为主，希望大家在日后的学习中能够以此为基础举一反三。

▌3.2.1　游戏场景原画的绘制

在游戏项目制作流程中，游戏原画作品的初始概念和思路并不是由原画设计师自发创作的，而是来自于游戏策划的文案内容。比如游戏策划文案中写到"此处场景为热带沙漠中的绿洲"，游戏原画设计师就要抓住文案中的"沙漠""绿洲"等关键词来进行创作和设计，之后需要在绘画的画面中构建基本的画面轮廓，为后面的具体绘制做准备。接下来我们将以"孤山上城堡的残垣断壁"为策划文案来进行游戏场景原画的实例绘制。

首先，我们根据策划文案进行绘画立意，确定画幅大小和画面布局，然后用最简略的笔触绘制出文案中的基本画面元素，包括孤山、城堡断壁等（见图3-5）。

接下来开始原画的正式绘制，首先在画面中填充背景色。这里填充一个渐变色，上部浅蓝色为天空和背景大气的基本色调，下部褐色为山石的基调（见图3-6）。

・图3-5｜确定画面布局绘制画面元素

・图3-6｜填充背景色

在绘图软件中选择合适的笔刷，绘制画面下方山体的基本轮廓。对于场景原画的绘制，在初始绘制阶段通常选择带有一定透明度的笔刷，这样通过笔刷叠加可以很好地绘制出明暗表现效果，同时还可以让画面表现得更为通透，让景物跟背景更好地融合在一起。图3-7左侧为绘制的山体轮廓，这里同时也要绘制基本的明暗色调，按照图3-5中的方向光设定，画面左侧应该为暗部，右侧为高光区域。图3-7右侧为绘制所选择的笔刷效果。

· 图3-7 | 绘制山体轮廓

　　继续选择合适的笔刷来绘制背景氛围，这里笔刷颜色要选择与背景浅蓝色相近的颜色，绘制出场景的空间感与背景的过渡衔接（见图3-8）。

· 图3-8 | 绘制背景氛围

　　接下来利用笔刷继续绘制背景大气和山体效果，利用多层笔刷绘制做好画面间的过渡衔接，同时绘制出背景中渐隐到大气中的远山效果。在场景原画的绘制中必须要交代出远景和近景的虚实变化，这样可以增强画面的空间感和真实感。然后利用绘图软件的色阶调整工具，整体调节画面的明暗对比度（见图3-9）。在原画绘制过程中，利用软件工具整体调整画面明度、色调、对比度等方法，可以实现画面的快速调整，是十分常用的方法和技巧。

· 图3-9 | 画面细节的绘制

画面的山体和背景绘制完成后需要开始绘制山顶的城堡残壁，这里可以利用笔刷绘制的方法。除此以外，还有另外一种场景原画中常用的绘制方法。由于策划文案中只是写明了"城堡的残垣断壁"，但并没有过多的描述和限制，所以我们可以找现实中的照片素材作为绘画参考。图3-10为我们所找的照片素材，照片中山体顶部的残壁是我们需要的，可以将其剪切出来并移动到我们所绘制的场景原画中，这样可以更加方便地进行之后的原画绘制（见图3-11）。

• 图3-10｜照片素材

• 图3-11｜将照片素材剪切移动到原画中

对剪切过来的照片素材的大小和透明度进行调整，使其与原画更加融合（见图3-12）。接下来将素材中多余的画面色块擦除，同时针对素材进行详细的细节绘制，刻画出残壁的高光、暗部以及画面细节。尤其要处理好残壁与周围山体岩石的衔接关系，在衔接处可以通过绘制碎石和草木等进行处理（见图3-13）。

• 图3-12｜调整素材透明度

• 图3-13｜绘制细节

然后我们需要进一步刻画场景环境光的氛围效果。让画面的明暗对比更加明显，主要方法是利用笔刷绘制背景和前景的大气效果，在前景中也加入一些雾效，让画面更加缥缈，最后用简单的笔触绘制几只飞鸟，增强画面的氛围和视觉效果，这样就完成了整幅场景原画的绘制（见图3-14）。

• 图3-14 ｜ 最后绘制完成的场景原画

以上实例主要是利用笔刷来绘制场景画面的整体氛围和色调，重在表现画面空间感的营造和色块的衔接处理，这种绘画和表现方法更多适用于场景概念原画的创作。其实对于细节更加丰富的场景原画来说，也基本遵循这样的整体绘制流程，只是在细节绘制的时候需要更多的时间和精力，下面我们再来简单讲解一个实例。

第一步仍然是需要确定画幅，绘制画面的背景色。对于画面细节丰富的场景原画来说，可以在这里利用大面积的色块来进行铺色处理，为后面每一块细节画面奠定基本的色调（见图3-15）。

• 图3-15 ｜ 绘制画面色块

接下来需要在画面大色块的基础上，针对每一处画面进行进一步的刻画。但这里仍然是以大笔触的绘制为主，勾勒出基本的明暗部关系，同时要注意与背景以及整体画面的衔接处理（见图3-16）。

· 图3-16 | 绘制明暗关系

然后按照由近到远，由主体到客体的基本顺序来绘制画面细节，选择合适的笔刷进行细化，让笔触变得更加规矩。此时画面中央的山体和瀑布细节已经被基本刻画出，远处的山体仍然是以大色块绘制为主，但这时的画面相对于之前已经不再杂乱无章，画面中的所有主体已经基本被刻画和表现出来（见图3-17）。

· 图3-17 | 绘制画面细节

利用同样的绘制方法扩大画面细节的刻画范围，深入地刻画每一处山体的细节效果（见图3-18）。最后绘制出山峰顶部的场景建筑和桥梁，修饰刻画近景和远景的细节，最终完成全部场景原画的绘制（见图3-19）。

· 图3-18｜深入刻画

· 图3-19｜最后完成的场景原画

▌3.2.2　游戏角色原画的绘制

在游戏项目制作中，除了游戏场景原画外还有游戏角色原画，这两种原画工作分属不同的原画设计人员。对比来看，场景原画和角色原画所涉及的外延学科领域完全不同，绘制场景原画需要掌握建筑学、自然学甚至摄影等方面的知识，而绘制角色原画需要了解生物学、解剖学等知识。但从绘画的流程和方法上来看，两种原画又殊途同归，角色原画与场景原画一样都是从构图、铺色开始的，然后一步一步刻画细节。所以，在本节的实例中我们仍然按照这样一种流程来进行讲解。

在本节实例中我们以"精灵与娜迦怪的战斗场景"为主题进行原画的创作，首先根据主题立意进行画面构图，与场景原画一样，在正式绘制前可以草绘确定基本画面。图3-20为草绘的三幅原画构图，这里最后我们选择了第一幅，舍弃了后两幅的构图，因为后面两幅中主角都是背对画面的，无法更多展现角色的细节，从原画角度来看并不合格。

· 图3-20│草绘画面构图

　　画面构图确定以后我们需要利用笔刷对画面中的角色进行粗略的勾线处理，勾勒出角色的基本形态结构。这一步与场景原画的绘制不同，场景原画通常是以色块进行初始画面的整体布局，而角色原画一般是用勾线的方式来完成的（见图3-21）。

· 图3-21│粗略勾线表现角色基本形态

　　勾线完成后需要对画面进行铺色，用最简单的单色填充画面中的角色和场景，这里的铺色也是确定画面整体色调和氛围基调的过程（见图3-22）。

· 图3-22│画面铺色

从绘制开始到上一步为止都属于画面粗略绘制的过程。之所以说是粗略绘制，是因为在初始阶段画面还需要不断调整，比如角色的透视、动作、表情以及周围的环境和场景等，并不能最终确定下来，所以在这个阶段绘制的重点应该放在画面的调整上，为后面深入绘制打下良好的基础。

这里我们整体调整画面的透视角度，整体构图也同步调整，首先以画面中央的主角为中心调整画面的透视平面，确定角色基本的透视关系，然后用勾线的方式绘制角色的形体结构，再进一步绘制身体外面的服装、铠甲和武器等元素（见图3-23）。

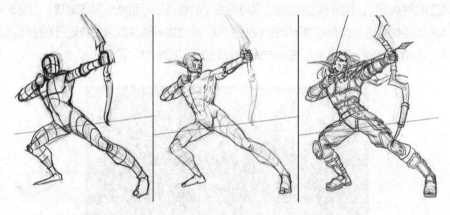

• 图3-23 | 绘制角色透视关系和形体结构

接下来利用同样的方法，以主角的透视关系为基准，完成周围角色和场景的勾线绘制。这里我们将近景的娜迦怪确定为四个，远景处一个，这样的构图充实了画面的近景、中景和远景，同时近景处着重凸显一个娜迦怪，方便后期的模型制作（见图3-24）。

• 图3-24 | 重新确定画面构图并勾线

　　勾线完成后重新进行铺色，仍然是以单色填充为主，但这里的铺色和初始阶段的粗略绘制不同，从这里开始已经进入了正式绘制的过程，勾线和铺色都要格外仔细（见图3-25）。接下来进一步绘制画面颜色，利用颜色表现画面的明暗关系，刻画角色身体的高光细节。高光是角色质感的重要表现方式，不同的高光反射决定了画面中物体的材质，比如金属、皮肤等（见图3-26）。

・图3-25│填充画面颜色

・图3-26│绘制画面明暗关系

　　下面进一步刻画角色细节，绘制和刻画角色的面部表情（见图3-27）。然后利用颜色笔刷进一步刻画和修饰画面，让画面更加精细，刻画角色更多的细节，比如主角铠甲的纹理和娜迦怪身体的鳞片等（见图3-28）。最后，利用绘图软件工具整体调整画面的明度、色调和对比度等，同时进一步增强画面中的高光细节，绘制箭矢的光芒、娜迦怪身上的斑痕等（见图3-29）。

· 图3-27 ｜ 绘制角色面部表情

· 图3-28 ｜ 刻画细节

· 图3-29 ｜ 最终完成的原画

以上的实例以角色原画绘制的整体流程讲解为主，下面再简单介绍一下如何进行细节的刻画和绘制，我们以角色的肩部铠甲为例。首先以草绘的形式勾勒出铠甲的大致轮廓，整理线条进一步绘制出肩甲的结构，确定出线稿，然后在线稿内填充一个基本颜色（见图3-30）。

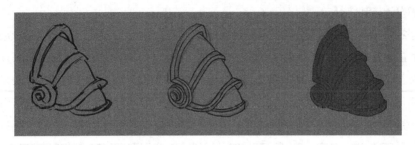

· 图3-30│初步绘制线稿

利用绘图软件中的高光提亮工具为肩甲绘制一个基本的明暗关系，让其具备一定的立体感。利用颜色笔刷进一步绘制肩甲的明暗关系，确定暗部的阴影。利用笔刷绘制肩甲主体的高光，刻画细节表现金属感（见图3-31）。

· 图3-31│绘制明暗关系

如果此时觉得肩甲的造型过于普通，轮廓过于简单，可以增添各种不同的配件装饰，如皮毛、金属扣饰等，丰富画面细节。然后进一步刻画高光区域，增强立体感和金属感，同时利用纹理笔刷绘制出肩甲上的划痕和磨损效果，让画面细节更加真实（见图3-32）。

· 图3-32│修改肩甲造型

🎯 3.3 | 2D游戏场景设计与制作

在前面的内容中我们讲到游戏制作中的2D设计不仅指游戏原画设计，在2D游戏项目中所有制作内容都能算作2D设计的范畴，在本节内容中就带领大家学习2D游戏项目中关于游戏场景的设计与制作。

说起2D游戏制作我们首先需要清楚什么是2D游戏，界定2D游戏与3D游戏最核心的依据是游戏的最终呈现方式，具体来说就是在游戏项目制作中所应用的游戏引擎，如果所制作的美术资源最终是导入3D引擎中，那么就可以说这是一款3D（或2.5D）游戏。如果游戏美术资源最终是导入2D游戏引擎中，那么就可以判断这是一款2D游戏。这里我们之所以强调判别方式，是因为很多人会进入一种误区，认为2D软件制作的游戏就是2D游戏，而三维软件制作的则是3D游戏。其实，在游戏产品的研发过程中会用到各种软件的辅助和支持，2D游戏也会用到三维软件来提高工作效率，而3D游戏的制作也必定离不开二维软件，所以仅凭制作软件来判断是非常片面的（见图3-33）。

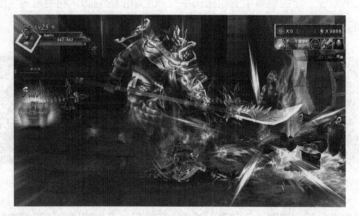

• 图3-33 | 很多2D游戏特效也是用三维特效软件制作出来的

2D游戏最早都是由像素游戏发展过来的，早期的2D游戏受硬件机能和制作技术的限制只能表现为由像素色块点绘所构成的图形画面，这也就是我们所说的像素游戏。在计算机游戏和电子游戏发展初期，有相当长的一段时间都是像素游戏的时代，只是随着硬件机能的提升，像素画面变得越来越精细，但对于游戏制作来说其整体流程都是一样的，游戏美术设计师大多数时间都是面对计算机进行像素图形的绘制（见图3-34）。

早期的游戏美术设计师绘制像素图形是在一个完全充满计算机屏幕的网格面板上来进行的。网格面板中的每一个小格就是一个像素，利用鼠标单击可以为其填充颜色，通过一个像素一个像素的点绘来完成所需要的游戏场景或游戏角色元素（见图3-35）。可以说那时的游戏美术设计师还是十分辛苦的，而一个游戏项目的制作相比今天也困难得多。后来，随着硬件和技术的发展进步，尤其像Photoshop这类二维软件的出现让像素绘制变得简单，我们可以在画布上随意绘制想要的像素图形，而且还可以自由缩放其大小比例等（见图3-36）。

· 图3-34 │ 2D游戏画面

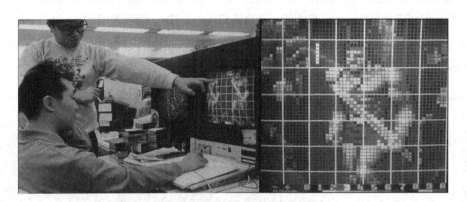

· 图3-35 │ 美术设计师在PC98计算机上进行像素画绘制

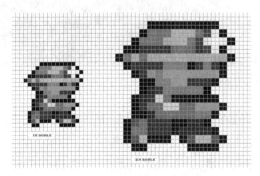

· 图3-36 │ 在平面软件上进行像素画绘制

对于像素图形来说，画面的分辨率决定了像素显示的效果，画面分辨率越高，像素图形越精细，像素的锯齿感越弱。相反，画面分辨率越低，像素图形越粗糙，像素点状化和锯齿感越明显（见图3-37）。

· 图3-37 │ 画面分辨率与像素图形的关系

了解了像素图形的基本内容后，我们开始学习2D像素游戏场景的制作。要进行2D像素游戏场景制作必须要知道的核心知识点就是Tile，所谓的Tile是指我们将游戏场景在画面上划分为若干等面积的方格区域，其中每一个小格将其称为Tile。通常2D像素游戏场景的Tile分为正方形和菱形两种，正方形的Tile象征俯视角的游戏画面，而菱形Tile代表斜45°视角的游戏画面，Tile是2D像素游戏场景的核心构成，也是最为基础的场景单位（见图3-38）。

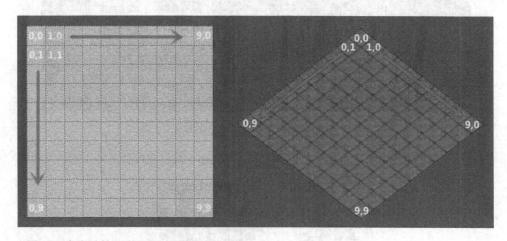

· 图3-38 │ 常见的两种Tile形式

为什么2D像素游戏场景要利用Tile的形式进行制作呢？Tile的意义在于将游戏画面（也可以说是游戏的场景画面）划分为完全等同的面积单位，这样在制作的时候可以利用相同面积单位的像素图案对场景进行填充，而美术设计师只需要设计不同图案的Tile元素即可。之后在游戏场景编辑器中美术师可以将不同的Tile进行拼接，这如同拼积木一般的场景制作方式极大地简化了游戏制作的难度,提高了工作效率(见图3-39)。

在实际游戏项目的制作中,游戏美术设计师通常会将同一游戏场景下的Tile元素拼成一张贴图,然后将贴图导入游戏场景编辑器中,编辑器可以自动分割贴图中的Tile元素,方便后期游戏场景的制作和编辑(见图3-40)。拼合的Tile贴图要注意尽量不要有重复元素和空缺,这样才能充分利用游戏贴图的美术资源。

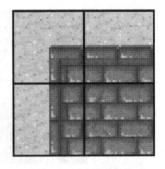

• 图3-39 │ Tile的拼接方式

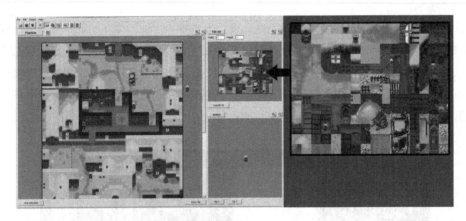

• 图3-40 │ 将Tile贴图导入游戏场景编辑器

在早期的像素游戏场景制作中,Tile的拼接方式是十分生硬的,每一个Tile都是相对独立的美术元素,Tile元素之间没有衔接和过渡,游戏场景画面并不美观和协调。图3-41左侧是游戏的实际画面效果,如果将游戏画面以像素的方式进行概括就得到了右图中的效果。后来随着硬件机能的提升,游戏制作人员开始尝试在不同的Tile元素之间通过绘制达到衔接过渡的效果。图3-42右侧为加入了衔接绘制的效果,在Tile内通过绘制更多的像素点使画面产生了衔接与过渡效果,最终游戏的实际画面为图中左侧的效果。

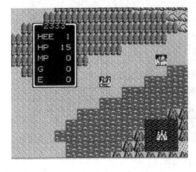

• 图3-41 │ 生硬的Tile衔接

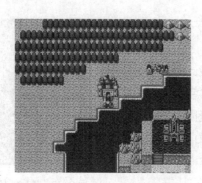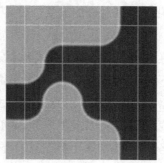

• 图3-42 | Tile之间的衔接过渡

　　这种Tile衔接过渡的原理就跟拼图一样，将一块Tile元素按照一定的外轮廓图案进行裁切（见图3-43），这样裁切后的每一块Tile都可以根据外轮廓的边缘线与其他Tile进行自由拼接和组合，形成了自然的过渡效果（见图3-44）。现在很多2D像素游戏编辑器都具备自动裁切的功能，美术师只需要导入完整的Tile图片，然后软件就可以按照图3-43的原理进行自动裁切，方便后期的场景编辑和使用（见图3-45）。

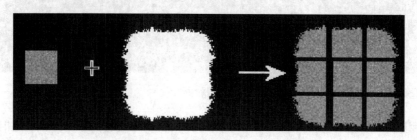

• 图3-43 | Tile的裁切原理

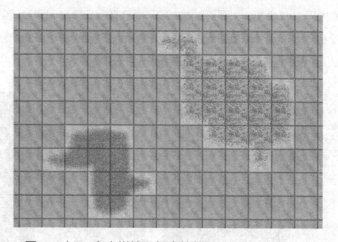

• 图3-44 | Tile自由拼接和组合的效果

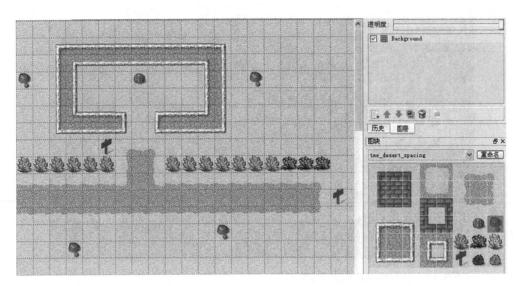

• 图3-45 | 2D像素游戏场景编辑器

　　最初的像素游戏画面只是受限于当时计算机的硬件处理水平，而如今计算机硬件性能大幅度提升，对于图像的处理已经不再限于简单的像素点所构成的画面，现在的2D游戏引擎可以直接导入Photoshop等平面软件绘制的精细2D图像元素，下面我们就以实例的形式来讲解2D游戏场景中美术元素的制作。

　　本节我们来制作一个在2D游戏场景中用到的中国古代风格的Q版建筑，图3-46为建筑的原画草稿。我们需要在Photoshop中按照原画进行制作，首先在软件中创建新的图层，这里要创建三个大的图层：最底层要绘制网格线，作为游戏引擎中Tile的参照，方便对绘制对象透视关系的把握；中间一层要绘制Q版建筑的草线稿；最上面才是正式绘制的Q版建筑图像元素。在正式绘制前可以在旁边新建一个图层，先绘制一个小的色彩草稿，这个草稿主要是用来设计颜色的搭配，如果画到一半发现颜色不合适再改就麻烦了。实例要制作的是一个中式的书院建筑，所以这里我们选择白墙青瓦的色彩搭配（见图3-47）。

• 图3-46 | 原画草图

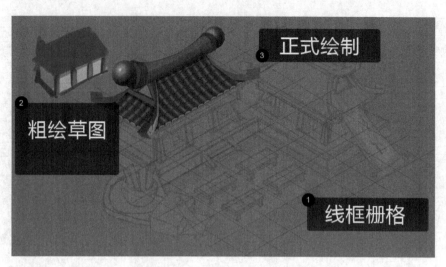

• 图3-47 | 绘制线框和色彩草稿

接下来开始正式绘制建筑，从屋顶开始先画屋脊和瓦片。作为斜45°的场景，屋顶和瓦片在视图中占的面积较大，所以在绘制的时候应该格外仔细，尤其是每一片瓦都要细心绘制。往下继续绘制墙体、立柱和门窗，在绘制的时候要注意光源的方向，根据光源把握绘制过程中的明暗关系，对于斜45°场景来说，光源一般默认设定在视图的右上角。对于相同的建筑结构（如窗户）一般采用复制的方式，这样可以节省工作时间（见图3-48）。

• 图3-48 | 绘制建筑细节

将绘制完成的建筑图层整体复制一份，执行Photoshop的水平镜像命令，将新复制出的建筑移动到主建筑旁边。为了分清主次结构，我们对新复制建筑的屋顶主脊进行修改，同时删去了门上的装饰字样。复制是2D绘图中的常用方法，对于同样结构的图像，复制可以极大地节省制作时间，提升工作效率（见图3-49）。

·图3-49｜复制建筑并修改

绘制建筑前的台阶，然后绘制建筑前方的书桌，书桌只需要绘制一个，其他利用复制来完成即可，但是要对书桌上的物件进行修改，这样就避免了图像元素的重复（见图3-50）。

·图3-50｜绘制台阶和书桌

接下来在建筑旁边绘制一些书卷场景道具，主要是为了增加场景的氛围和细节。我们可以将这类场景道具画得大一些，这也是Q版场景中的常用手法，这样做一方面可以增加Q版设计感，同时还可以凸显建筑的属性（见图3-51）。

· 图3-51 | 绘制书卷场景道具

可以继续绘制一些场景道具元素，如书架、书本和卷轴字画等，同样要多利用复制命令来提高效率。场景道具元素在摆放的时候要离建筑近一些，要形成一种紧凑感，因为我们绘制的所有元素最终是作为一个整体被应用到游戏场景中的，所以要时刻把握建筑元素之间的整体感（见图3-52）。

· 图3-52 | 绘制书籍、书架和卷轴字画

到这里我们可以隐藏掉线框网格，并在所绘制图层的底部填充一个白色背景层，然后在背景层上绘制建筑所处的草地环境。这里的绘制主要是为了起到参考作用，方便查看建筑的最终效果（见图3-53）。

• 图3-53｜绘制草地背景层

接下来为整个建筑场景绘制大的明暗细节关系和投影。明暗交界线可以刻画得明确一些，这样可以凸显整体效果（见图3-54）。暗部画完后再来绘制高光细节，这里要绘制得仔细一些，尤其是屋顶和瓦片的高光效果（见图3-55）。

• 图3-54｜绘制暗部和阴影

· 图3-55 | 绘制高光

这样基本的场景效果就绘制完成了，如果不满意可以再进行调整，最后再绘制屋顶两侧的装饰以及门前的石塔，图3-56为最终完成的场景效果。在实际导入到游戏场景编辑器前，我们需要在Photoshop中删除白色和草地背景层，之前所绘制的网格和线稿层也要删除，然后将所有图层合并，储存为带Alpha通道的图片格式，这样才能用于后面的场景编辑和制作。

· 图3-56 | 最终完成的场景效果

🎯 3.4 | 2D游戏角色设计与制作

上一节我们主要讲解了2D游戏场景的制作，本节主要来学习2D游戏角色的制作。关于

2D游戏美术内容的设计与制作，我们仍然将讲解的重点放在像素图形的制作上。虽然当下的游戏画面是以3D为主，但2D风格仍受大家喜爱，尤其近几年来复古像素风格又重新流行起来，那些由简单像素点所构成的画面似乎永不过时，究其原因主要由以下三点。

首先，像素风格是一种很独特的画面风格，在3D化大行其道的今天，像素画面显得格外与众不同。现在3A级游戏的大趋势就是画面追求极致的逼真，甚至出现了《超凡双生》《教团1886》这样游戏性短板，画面却极致出众的游戏。与3A游戏相比，像素风游戏在画面上不求精致，只求独特，然后在游戏性上取胜，这既是独立游戏的生存之道，也是反叛千篇一律的商业模式的精神追求。

其次，不少玩家和独立游戏制作人都有怀旧情怀，像素游戏能让许多从FC时代走过来的玩家产生格外的亲切感，让人们仿佛重回那单纯、简单的游戏岁月。

另外，像素绘画学习成本低，就算是零基础的人，经过较短时间的学习，也能画出能用的像素画。很多独立游戏制作者都是既当程序员又兼职美工，在没有专业美工的情况下，选择门槛较低的像素风格也不失为一种好方法。当然，想要画出优秀的像素画也需要一定的美术基础和长时间的学习。

同时，像素风画面并不一定意味着画面简陋，比如图3-57中《拳皇13》游戏中的不知火舞角色站立图，图中利用五层明暗度的光影来表现人体结构的立体感，而这种做到极致的像素画面尺寸才只有200×200像素。

下面我们就以实例的形式来讲解像素游戏角色的绘制方法和流程。其实，绘制像素图像并不需要复杂的软件和工具，虽然有很多专门绘制像素图的软件，例如Pro Motion，还有Mac平台上的pixen，但其实计算机内置的画图工具可能就已经足够了。在下面的实例中，我们还是使用Photoshop来进行绘制。

· 图3-57│立体感极强的像素图像

使用Photoshop绘制像素图像主要利用铅笔工具，而不是画笔。铅笔可以让你填充单独的像素，而不含任何抗锯齿处理（见图3-58）。另外两个会用得上的工具是选框（快捷键【M】）和魔术棒（快捷键【W】），用于选择、拖放或复制、粘贴。记住一点，选择的同时按住【Shift】键或【Alt】键，即可以将对象从当前选区中添加或减去，这可以方便选取不规则的四边形区域。除此以外，使用吸管工具（快捷键【I】）可以选取颜色，在像素图中"颜色维持"很重要，所以你会经常选取相同的颜色重复利用。

像素本质上是一个小的颜色块，我们需要学习的第一件事就是如何有效地利用这些色块来绘

· 图3-58│Photoshop中的铅笔工具

制想要的线条，下面我们介绍两种最基本的线段类型——直线和曲线。如果是水平和垂直的直线不会存在任何问题，但除此以外的直线我们要极力避免出现"锯齿"问题。锯齿就是指一条线上断裂的部分，它让线条看起来不平坦，当线上某一处的像素不协调，就会出现锯齿（见图3-59）。

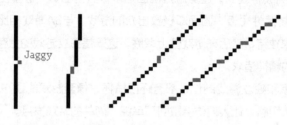

·图3-59│直线锯齿

曲线也同样存在这个问题，要确保曲率在下降或上升时保持一致。图3-60中，我们将曲线划分为若干线段并标明序号，正确的像素曲线应该是6 > 3 > 2 > 1，而有锯齿的曲线则是3 > 1 < 3。

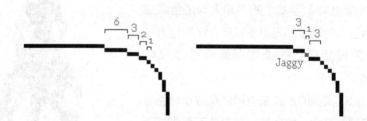

·图3-60│曲线的变化

然而有些情况下锯齿几乎是不可避免的，在固定的图像大小下，经常会出现无法修改的锯齿。比如图3-61圆圈中的地方，这个锯齿是无法解决的，我们为了不让这块肌肉整体都变形，就只能容忍这个锯齿。像素越少的图像不可避免的锯齿就会越多，我们能做的仅仅是减少那些可避免的锯齿，对

·图3-61│无法避免的锯齿

于无法避免的锯齿也不用过多计较，当然，在放弃修正某个锯齿前，你最好先多试试。

下面我们开始正式绘制。首先使用鼠标或数位板勾勒出角色的粗略轮廓，不过对于线条也不要太粗略，它应该跟你想要的最终效果差不多（见图3-62）。然后，放大轮廓图6倍或8倍，方便我们看清每一个像素。接下来修改轮廓，尤其需要修剪掉离散的像素（轮廓线应该只有一个像素宽度），同时要去除所有锯齿，并添加在第一步里没有描绘的细节（见

图3-63）。一般来说，像素游戏角色的图像尺寸不会超过200×200像素，"以少成多"在像素图里再正确不过了，慢慢我们会发现用极少的像素仍能表现极多的不同。

· 图3-62｜粗绘轮廓

· 图3-63｜修改轮廓

随着轮廓线的完成，我们有了一幅空白的填色图，然后我们需要利用PS里的油漆桶和其他填充工具来进行上色。我们还可以通过魔棒工具（快捷键W）选中想要填色的空白区域，然后用快捷键【Alt+Del】填充前景色，或者用快捷键【Ctrl+Del】填充背景色（见图3-64）。

初步填色完成后我们需要再绘制阴影，让图像更有立体感。首先，我们要设置一个光源。如果所绘制的角色是在一个大场景里，可能会有很多局部光照在它上面（像灯光、火光、叠加光等），这些光源会混合成一种很复杂的情况。不过大部分情况中，选择一个远光源（比如太阳）是一个通用的做法，这样可以让角色能适用于尽可能多的场景。这里我们选择在角色上方偏前位置设置一个远光源，这样角色顶部和前部会被照亮，而其他部分会在阴影中，这种光照下的角色看起也比较自然（见图3-65）。

· 图3-64｜填充色块

· 图3-65｜设置远光源

我们定义了虚拟光源后，先用深色填充离光源最远的区域，我们选取的前上位置灯光模型限定了头的边缘、手臂、脚等部位是在阴影中的（见图3-66）。对于阴影的绘制要注意四点：一、不要使用渐变工具。这是新手最容易犯的错误，渐变看起来跟真实光照完全不一样。二、不要使用"枕形阴影"。枕形阴影是内轮廓的阴影，它之所以叫枕形阴影是因为像个枕头而且没有专业定义，图3-67左侧就是枕形阴影，右侧是正确的阴影形式。三、不要使用太多的阴影。人们很容易认为"越多的颜色意味着越真实"，但实际上，我们倾向于在大块的光影中观察物体。通常在基础色上，我们最多使用两种阴影（浅阴影和深阴影）和两种亮面（浅亮面和高亮）就足够了。四、不要使用太过相似的颜色。不要在一个物体上使用两种太相似的颜色，这样会让所绘制的角色模糊不清。

· 图3-66│绘制阴影

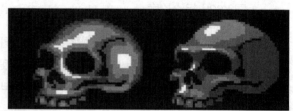

· 图3-67│正确的阴影绘制方式

　　阴影绘制完成后，接下来就是绘制角色的高光区域。被光源直接照射的地方就会出现高光效果，高光应该适度使用（比暗面少得多），因为频繁使用高光会分散观看者的注意力。先绘制完阴影再画高光会容易很多，如果没有用阴影填充好区域，你上高光的时候就可能会画得偏大。

　　"颜色维持"是像素美术师必须考虑的事情。有一种方法能让你使用较少的颜色得到更多的阴影层次，这种方法叫作"抖动网点（Dithering）"。类似传统绘画中的"交叉影线"和"点绘"，把两种颜色交错起来，为的就是得到它们的中间色。图3-68中通过运用抖动网点技巧，用两个颜色制作出了4种不同的明暗效果。

· 图3-68│抖动网点的原理

　　图3-69中上面的图片是用PS的渐变工具做的，下面那张图片是用3种颜色通过抖动网点制作的，注意创建中间色的不同模式，尝试使用不同的模式来创建新的纹理。抖动网点能给绘制的角色带来复古的感觉，因为许多早期的游戏严重依赖抖动网点，靠抖动网点充分利用有

· 图3-69│渐变跟抖动网点的对比

限的色板来获得更多的图像细节。图3-70是加入了抖动网点后的角色效果。

颜色绘制完成后我们还需要重新调整角色的轮廓线，这一步也叫"选择输出"，是一种描绘轮廓的方式。直到这一步前，我们一直保持着轮廓线是黑色的，黑色轮廓线可以让角色和周围的环境分开，但一直使用黑色会让角色显得过于卡通，"选择输出"是一种避免这种现象的好方法。选择输出是让我们使用一种更接近角色原色的颜色来绘制轮廓，而不是完全使用黑色。此外，我们改变边缘轮廓线的亮度，让光源决定我们该使用什么颜色。选择输出还可以软化角色的肌肉纹理，让角色看起来像个连贯的整体而不是一堆单独的片段（见图3-71）。

· 图3-70│利用抖动网点绘制颜色层次　　　　· 图3-71│利用选择输出调整角色轮廓线

以上所有步骤都完成后，最后我们需要对绘制的像素进行抗锯齿处理。抗锯齿的工作原理是：添加中间色到扭结的线条上，来让线条变得平滑。例如，有一条黑色的线在白色背景上，则可以在线的边缘添加灰色的像素来使线条显得平滑。一般来说，应该在线条断裂、参差不齐的地方加上中间色来过渡，如果线条仍然看起来很不平坦，那么就沿着曲线的方向，再添加一个比中间色更亮的像素层（见图3-72）。

· 图3-72│像素抗锯齿处理

这里需要注意的是要谨慎使用抗锯齿，特别是对于图像小、像素少的图最好不用，不然中间色太明显了会让角色看起来朦朦胧胧的，而且经过这种抗锯齿处理后的图像是不能在所有场景中通用的，每一次背景色改变，就意味着采用的抗锯齿中间色也要跟着改变。

3.5 | 游戏UI美术设计与制作

虚拟游戏作为一个程序软件，必须与操作者进行人机交互。对于计算机硬件部分来说，人机交互是通过键盘、鼠标、游戏控制手柄等设备来实现的，而软件部分能起到这个作用的就是游戏的UI界面。

游戏UI即游戏程序用户界面，英文为Game User Interface（简称GUI），游戏画面中的各种界面、窗口、图标、角色头像、游戏字体等美术元素都属于GUI的范畴（见图3-73）。好的UI设计不仅要让游戏画面变得有个性、有风格、有品位，更要让游戏的操作和人机交互过程变得舒适、简单、自由和流畅，这就需要设计者了解目标用户的喜好、使用习惯、同类产品设计方案等，游戏UI的设计要和用户紧密结合。

· 图3-73 | 游戏UI美术元素

实际上在国际游戏设计领域中，游戏UI代表着一个系统，它应当包含三大部分：视觉设计、交互设计和用户体验。我们上面所提到的游戏图形界面、图标等美术元素是属于游戏UI中视觉设计的部分；交互设计主要是指游戏UI中页面跳转、层级关系、操作手势、菜单树和动效体现等内容；用户体验（简称UE）是一种纯主观的在用户使用一个产品（服务）的过程中建立起来的心理感受。因为它是纯主观的，就带有一定的不确定因素。个体差异也决定了每个用户的真实体验是无法通过其他途径来完全模拟或再现的，但是针对一个界定明确的用户群体来讲，其用户体验的共性是能够经由良好设计的实验来认识到的。计算机技术和互联网的发展，使技术创新形态正在发生转变，以用户为中心、以人为本越来越得到重视，用户体验也因此被称作创新2.0模式的精髓。

现在对于国内游戏设计领域来说，游戏UI设计师其实大多数只是指UI视觉设计师，在游戏项目制作中游戏UI视觉设计占的比重非常大，所以游戏公司也都非常注重UI的视觉设计，但随着游戏UI设计整体发展的越来越成熟，相信在不久的将来游戏UI设计也会越来越细分，综合性更强的专业UI设计人员或者细分技能更加高级的能力者将更有竞争力。

游戏UI从整体制作方向来分类，可分为2D GUI和3D GUI。2D GUI以平面制作为主，更多的是通过2D图像方式去实现一切UI的制作和展现，无需3D软件配合。2D GUI虽然没有3D GUI的灵活性，但它却是游戏UI发展史上最广泛使用的制作方法。在交互动效表现上比3D GUI会差一些感觉，但可以凭借高超的美术设计功力将图像制作得美轮美奂。

3D GUI是利用3D元素来设计和制作的游戏UI图像界面（见图3-74）。3D GUI的优势就是可以完全和场景完美地融为一体，无障碍地翻转动势表现力，以及3D华丽特效的表现力，这都是2D很难达到的真实程度。3D GUI也最适合做重交互的游戏体验，让人沉浸其中无法自拔达到心流体验的感觉，因为国内很多游戏的UI设计总是会让人感觉在玩UI而不是在体验游戏本身的乐趣，而优秀的游戏UI设计师在制作UI时总是在向与游戏场景完美合一的境界去努力。

• 图3-74｜3D游戏UI

近几年随着独立游戏的兴起，出现了很多特立独行的游戏，这些游戏不仅在画面设计和玩法上十分新颖，而对于游戏UI设计来说也出现了一个新兴的门类——无UI设计。所谓的无UI设计是指游戏中没有任何UI的图像元素，游戏玩家直接通过硬件操作与游戏进行互动。虽然游戏没有任何UI界面，但游戏设计师非常巧妙地设计了视觉和听觉的结合，让玩家沉迷于深度体验游戏的过程，通过最直接的感官体验实现了人机互动，代表作有《地狱边境》《见证者》等（见图3-75）。前文提到了游戏UI的三大部分，而这里的无UI设计其实只不过就是弱化了游戏视觉设计，通过增强UI交互设计和用户体验来完美实现了人机交互的过程。所以，从这个角度来看更加证明了视觉设计并非是游戏UI的唯一内容，视觉设计、交互设计和用户体验都是游戏UI系统中不可分割的重要组成部分。

· 图3-75 │《地狱边境》的游戏画面风格

在实际游戏项目制作中，游戏UI的制作一般是通过Photoshop来完成的，虽然有一些专门的UI制作软件，但通常都是将它们作为插件来使用的，最为通用并且功能最强大的软件仍然是Photoshop。在设计和制作游戏UI界面的时候，我们要以游戏程序所支持的最大分辨率来确定我们所制作的美术元素尺寸。比如手机游戏一般都是以1920×1080或1080×1920的尺寸制作，画面分辨率设置72就足够了（见图3-76）。

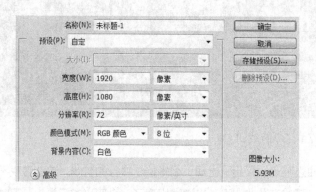

· 图3-76 │ Photoshop中的画面设置

下面我们通过实例来讲解一下游戏UI界面的基本制作流程。开始尝试做一个界面练习时，需要做的第一步是搞清楚将要制作的这个界面到底是什么样的，它都包含了哪些功能和元素，其中哪些是重要的，哪些是次要的，哪些是不必要的。在本节实例中我们选择制作一个欧美风格的手机游戏UI子界面。首先我们需要收集一些同类游戏的界面作品，多看多观察，提炼出它们共同的元素点，参考借鉴同类游戏的布局（见图3-77）。

· 图3-77 | 搜集素材参考

当头脑中有一个基本框架的时候，我们在Photoshop中创建一个新的文件页面，设置合适的尺寸和分辨率。新建一个图层，然后根据实际需要进行排版，粗略绘制出界面布局草稿线框图（见图3-78）。这一阶段关注的重点要以玩家体验为首要，了解玩家的操作习惯，尽可能方便玩家操作，帮助玩家快速了解游戏的相关功能和重要信息内容。

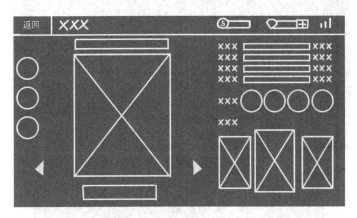

· 图3-78 | 绘制界面布局草稿

在交互稿确认后我们开始进入风格确定阶段。这一阶段需要大量收集参考图片，选择对自己有启发点的图片或作品，可考虑各种跨界图片的收集，不仅限于游戏类。可从色彩搭配、材质表现、造型等多个纬度去进行收集（见图3-79）。欧美风的游戏作品具有狂野奔放、硬朗夸张等特点。UI材质表现丰富、有重量感，包括石材、木材、布料、皮革、金属等。欧洲国家的绘画作品，配色大多喜欢使用低纯度的暖色系色彩组合，而其中北欧则喜欢鲜蓝鲜绿等色彩。

・图3-79｜搜集制作素材图片

收集工作完成后就是着手制作风格稿的阶段了。这是一个会反复推翻重来的阶段，在做项目的时候想要一稿定乾坤可以说是不大可能的，需要做多种尝试，找出最为符合项目整体需求的方案。首先要选择合适的背景图片和角色图片，然后将角色剪切放置在背景图片上，调整角色在背景中的位置，同时修整背景图让角色与背景完全融合（见图3-80）。

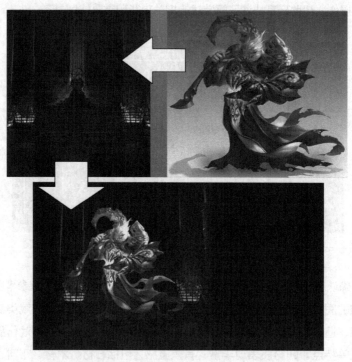

・图3-80｜制作角色和背景图

接下来将最初绘制的交互布局相框草稿放置于背景画面的顶层（见图3-81），利用我们之前收集的素材，根据布局草图中布置的各种图标、图片等元素快速粗略地拼出初稿。这里主要是确定整体的界面局部感觉和美术元素风格色彩的搭配，要反复多次尝试几种不同的风格和感觉（见图3-82）。尽量避免在这一阶段抠细节和用纯手绘稿刻画效果，以免浪费时间成本。

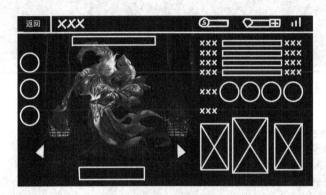

• 图3-81│将布局草图放置在背景画面上

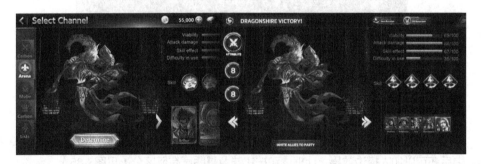

• 图3-82│尝试不同的界面设计风格和搭配

风格方案确定后剩下的就是绘制细节的阶段。这个阶段开始集中精力反复打磨和刻画各种细节，刻画表现的方法为纯手绘制作和矢量制作两者结合。本阶段需注意：不可太过夸大突出UI本身的装饰物件，避免喧宾夺主。另外，尽量考虑美术元素的共用，避免大面积特殊装饰物，便于减少输出时的切图大小，节约游戏美术资源。图3-83是最终制作完成的游戏界面效果。

讲解完游戏UI界面的整体制作流程后，下面我们再来看一下界面中按钮、头像和各种窗口等美术元素的制作方法。首先，在Photoshop中创建合适尺寸的文件，新建图层。构思交互界面框架格局，要考虑到按钮和框体的大小适不适合。然后利用选区工具简单填充色块，确定大概的框体和按钮位置（见图3-84）。

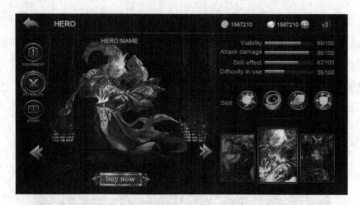

· 图3-83｜最终完成的游戏界面效果

· 图3-84｜确定框体和按钮位置

利用PhotoShop中的渐变工具，将刚制作好的框体和按钮图层进行填充，制作出立体感，之后还可以加入描边效果，让框体和按钮与背景图层有所区分（见图3-85）。

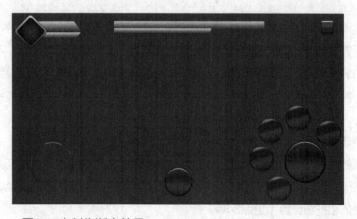

· 图3-85｜制作渐变效果

　　继续细化，在顶部框体内部填充颜色作为主角和敌方角色的属性条。利用PhotoShop中的高光提亮工具制作框体和按钮上的高光细节（见图3-86）。

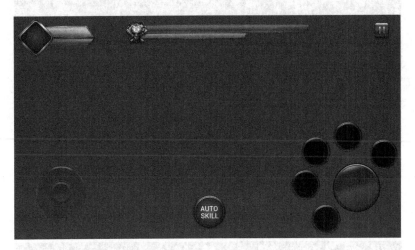

・图3-86｜制作高光效果

　　在按钮和框体外围添加装饰细节效果，然后选择一张合适的游戏画面图片添加到UI底部作为背景层，制作出角色的头像图标。接下来根据场景和画面中的角色进行调整和细化，这是非常烦琐的阶段，要耐心的调整才能制作出好的视觉效果（见图3-87）。

・图3-87｜添加背景图和细节

　　调整得差不多了，就可以把自己绘制的角色技能图标添加到按钮框体内部（见图3-88）。最后一步就是加入战斗效果和功能需求，这样整体就全部完成了（见图3-89）。

· 图3-88 │ 添加技能图标

· 图3-89 │ 最终完成的效果

Chapter 4

3D模型与贴图技术

◎ 4.1 | 3ds Max软件视图的基本操作

单击图标启动软件，展开的窗口就是3ds Max的操作主界面，3ds Max的界面从整体来看主要分为菜单栏、快捷按钮区、快捷工具菜单、工具命令面板区、动画与视图操作区以及视图区六大部分（见图4-1）。

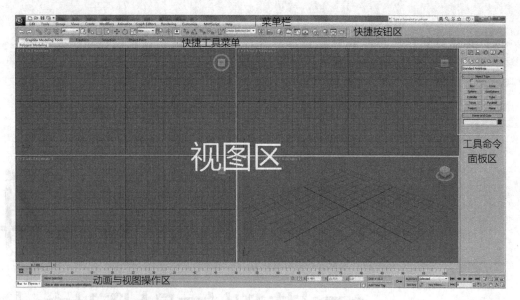

• 图4-1 | 3ds Max的软件主界面

其中快捷工具菜单，也叫"石墨"工具栏，是在3ds Max 2010版本才加入的。在3ds Max 2010版本发布的时候，Autodesk公司同时宣布启动一项名为"Excalibur"的全新发展计划，简称"XBR神剑计划"。这是Autodesk对于3ds Max软件的一项全新的发展重建计划，主要针对3ds Max的整体软件内核效能、UI交互界面以及软件工作流程等进行重大的改进发展与变革，计划通过三个阶段来实施完成，而3ds Max 2010就是第一阶段的开始。

3ds Max 2010版本以后，软件在建模、材质、动画、场景管理以及渲染方面较之前都有了大幅度的变化和提升。其中窗口及UI界面较之前的软件版本变化很大，但大多数功能对于三维游戏场景建模来说并不是十分必要的，而基本的多边形编辑功能并没有很大的变化，只是在界面和操作方式上做了一定的改动。所以在软件版本的选择上并不一定要用新版，还是要综合考虑个人计算机的配置，实现性能和稳定性的良好协调。

对于三维游戏场景美术制作来说，主界面中最为常用的是快捷按钮区、工具命令面板区以及视图区。菜单栏虽然包含众多的命令，但实际建模操作中用到的很少，菜单栏中常用的几个命令也基本包括在快捷按钮区中，只有File（文件）和Group（组）菜单比较常用。

视图作为3ds Max软件中的可视化操作窗口，是三维制作中最主要的工作区域，熟练掌握3ds Max视图操作是日后进行游戏三维美术设计制作最基础的能力，而操作的熟练程度也直接影响着项目的工作效率和进度。

在3ds Max软件界面的右下角就是视图操作按钮，按钮不多却涵盖了几乎所有的视图基本操作，但其实在实际制作当中这些按钮的实用性并不大，因为如果仅靠按钮来完成视图操作那么整体制作效率将大大降低。在实际三维设计和制作中更多的是用每个按钮相应的快捷键来代替单击按钮操作，能熟练运用快捷键来操作3ds Max软件也是游戏三维美术师的基本标准之一。

3ds Max视图操作从宏观来概括主要包括以下几个方面：视图选择与切换、单视图窗口的基本操作以及视图中右键菜单的操作，下面针对这几个方面做详细讲解。

1. 视图选择与快速切换

3ds Max软件中视图默认的经典模式是"四视图"，即顶视图、正视图、侧视图和透视图。但这种四视图的模式并不是唯一、不可变的，单击视图左上角"+"菜单中的最后一项Configuration Viewports会出现视图设置窗口，在Layout（布局）标签栏下就可以针对自己喜欢的视图样式进行选择（见图4-2）。

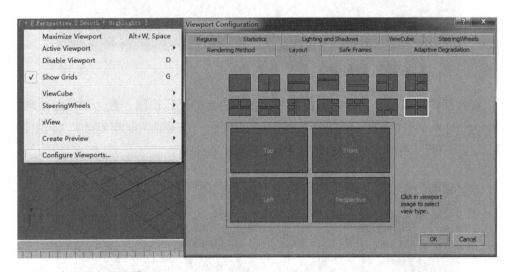

· 图4-2│视图布局设置

在游戏场景制作中，最为常用的多视图格式还是经典四视图模式，因为在这种模式下不仅能显示透视或用户视图窗口，还能显示Top、Front、Left等不同视角的视图窗口，让模型的操作更加便捷、精确。在选定好的多视图模式中，把鼠标移动到视图框体边缘可以自由拖曳调整各视图之间的大小，如果想要恢复原来的设置，只需要把鼠标移动到所有分视图框体交接处，在出现移动符号后，右键单击Reset Layout（重置布局）即可。

下面简单介绍一下不同的视图角度：经典四视图中的Top视图是指从模型顶部正上方俯视的视角，也称为顶视图；Front视图是指从模型正前方观察的视角，也称为正视图；Left视图是指从模型正侧面观察的视角，也称为侧视图；Perspective视图也就是透视图，是以透视角度来观察模型的视角（见图4-3）。除此以外，常见的视图还包括Bottom（底视图）、Back（背视图）、Right（右视图）等，分别是顶视图、正视图和侧视图的反向视图。

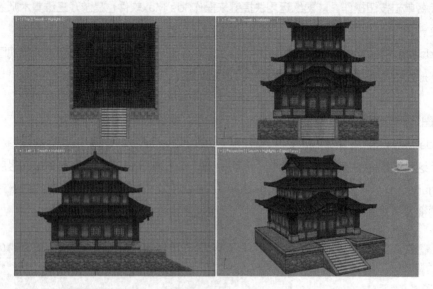

· 图4-3 | 经典四视图模式

在实际的模型制作当中，透视图并不是最适合的显示视图，最为常用的通常为Orthographic（用户视图），它与透视图最大的区别是，用户视图中的模型物体没有透视关系，这样更利于在编辑和制作模型时对物体的观察（见图4-4）。

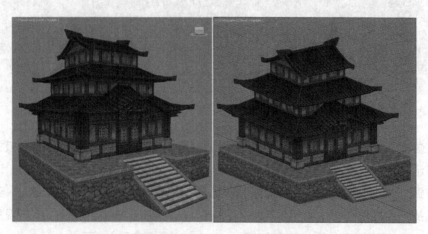

· 图4-4 | 透视图与用户视图的对比

在视图左上角"+"右侧有两个选项，用鼠标单击可以显示菜单选项（见图4-5）。图4-5左侧的菜单是视图模式菜单，主要用来设置当前视图窗口的模式，包括摄像机视图、透视图、用户视图、顶视图、底视图、正视图、背视图、左视图、右视图等，分别对应的快捷键为【P】、【U】、【T】、【B】、【F】、【无】、【L】、【无】。在选中的当前视图下或者单视图模式下，都可以直接通过快捷键来快速切换不同角度的视图。进行多视图和单视图切换的默认快捷键为【Alt+W】，当然，所有的快捷键都是可以设置的，编者本人更愿意把这个快捷键设定为【space】空格键。

在多视图模式下想要选择不同角度的视图，只需要单击相应视图即可，被选中的视图周围出现黄色边框。这里涉及一个实用技巧：在复杂的包含众多模型的场景文件中，假设当前选择了一个模型物体，而同时想要切换视图角度，如果直接左键单击其他视图，在视图被选中的同时也会丢失对模型的选择。如何避免这个问题？其实很简单，只需要右键单击想要选择的视图即可，这样既不会丢失模型的选择状态，同时还能激活想要切换的视图窗口，这是在实际软件操作中经常用到的一个技巧。

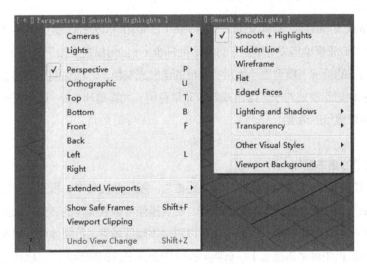

• 图4-5 | 视图模式菜单和视图显示模式菜单

图4-5右侧的菜单是视图显示模式菜单，主要用来切换当前视窗模型物体的显示方式，包括5种显示模式：光滑高光模式（Smooth + Highlights）、屏蔽线框模式（Hidden Line）、线框模式（Wireframe）、自发光模式（Flat）以及线面模式（Edged Faces）。

Smooth + Highlights模式是模型物体的默认标准显示方式，在这种模式下模型受3ds Max场景中内置灯光的光影影响；在Smooth + Highlights模式下可以同步激活Edged Faces模式，这样可以同时显示模型的线框；Wireframe模式就是隐藏模型实体，只显示模型线框的显示模式。不同模式可以通过快捷键来进行切换，【F3】键可以切换到"线框模式"，

【F4】键可以激活"线面模式"。通过合理的显示模式的切换与选择，可以更加方便模型的制作。图4-6分别为这三种模式的显示方式。

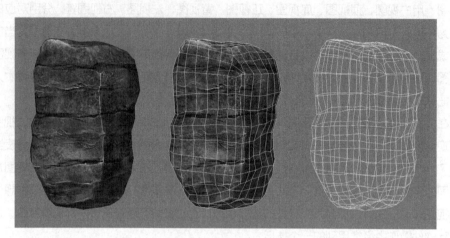

• 图4-6│光滑高光模式、线面模式和线框模式

在3ds Max 9.0以后，软件又加入了Hidden Line和Flat模式，这是两种特殊的显示模式。Flat模式类似于模型自发光的显示效果，而Hidden Line模式类似于叠加了线框的Flat模式，在没有贴图的情况下模型显示为带有线框的自发光灰色，添加贴图后同时显示贴图与模型线框。这两种显示模式对于三维游戏制作非常有用，尤其是Hidden Line模式可以极大地提高即时渲染和显示的速度。

2. 单视图窗口的基本操作

单视图窗口的基本操作主要包括视图焦距推拉、视图角度转变、视图平移操作等。视图焦距推拉主要用于视图整体操作与精确操作、宏观操作与微观操作的转变；视图推进可以进行更加精细的模型调整和制作；视图拉出可以对整体模型场景进行整体调整和操作，快捷键为【Ctrl+Alt+鼠标中键单击拖曳】，在实际操作中更为快捷的操作方式可以用鼠标滚轮来实现，滚轮往前滚动为视图推进，滚轮往后滚动为视图拉出。

视图角度转变主要用于模型制作时进行不同角度的视图旋转，方便从各个角度和方位对模型进行操作。具体操作方法为同时按住键盘上的【Alt】键与鼠标中键，然后滑动鼠标进行不同方向的转动操作。右下角的视图操作按钮中还可以设置不同轴向基点的旋转，最为常用的是Arc Rotate Subobject，是以选中的物体为旋转轴向基点进行视图旋转。

视图平移操作方便在视图中进行不同模型间的查看与选择，按住鼠标中键就可以进行上、下、左、右不同方位的平移操作。在3ds Max右下角的视图操作按钮中按住Pan View按钮可以切换为Walk Through（穿行模式），这是3ds Max 8.0后增加的功能，这个功能对于游戏制作尤其是三维场景制作十分有用。将制作好的三维游戏场景切换到透视图，然后通过穿行模式可以以第一人称视角的方式身临其境地感受游戏场景的整体氛围，从而进一步发现场景制作中存在的问题以方便之后的修改。在切换为穿行模式后鼠标指针会变为圆形目标符号，通过【W】和【S】键可以控制前后移动，【A】和【D】键控制左右移动，【E】和【C】键控制上下移动，转动鼠标可以查看周围场景，通过【Q】键可以切换行动速度快慢。

这里还要介绍一个小技巧：在一个大型复杂的场景制作文件中，当我们选定一个模型后要进行视图平移操作，或者通过模型选择列表选择了一个模型物体，想快速将所选的模型归位到视图中央时，我们可以通过一个操作来实现视图中模型物体的快速归位，那就是快捷键【Z】。无论当前视图窗口与所选的模型物体出于怎样的位置关系，只要敲击键盘上的【Z】键，都可以让被选模型物体在第一时间迅速移动到当前视图窗口的中间位置。如果当前视图窗口中没有被选择的物体，这时按【Z】键会将整个场景中的所有物体作为整体显示在视图屏幕的中间位置。

在3ds Max 2009版本后软件加入了一个有趣的新工具——ViewCube（视图盒），这是一个显示在视图右上角的工具图标，它以三维立方体的形式显示，并可以进行各种角度的旋转操作（见图4-7）。盒子的不同面代表了不同的视图模式，通过鼠标单击可以快速切换各种角度的视图，单击盒子左上角的房屋图标可以将视图重置到透视图坐标原点的位置。

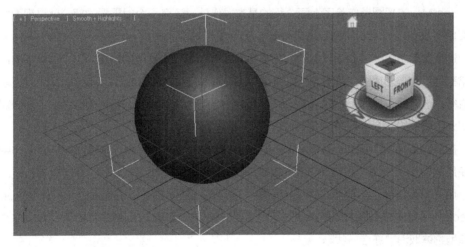

• 图4-7 | ViewCube视图盒

另外，在单视图和多视图切换时，特别是切换到用户视图后，再切回透视图经常会发现透视角度发生了改变。这里的视野角度是可以设定的，在视图左上角"＋"菜单下的Configuration Viewports选项中Rendering Method标签栏的右下角可以用具体数值来设定视野角度，通常默认的标准角度为45°（见图4-8）。

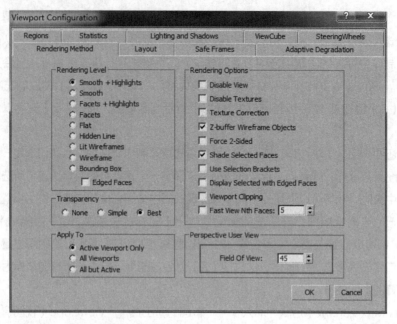

· 图4-8│视野透视程度的设定

3. 视图中右键菜单的操作

3ds Max的视图操作除了上面介绍的基本操作外，还有一个很重要的部分就是视图中右键菜单的操作。在3ds Max视图中任意位置用鼠标右键单击都会出现一个灰色的多命令菜单，这个菜单中的许多命令设置对于三维模型的制作也有着重要的作用。这个菜单中的命令通常都是针对被选择的物体对象，如果场景中没有被选择的物体模型，那这些命令将无法独立执行。这个菜单包括上下两大部分：Display（显示）和Transform（变形），下面针对这两部分中重要的命令进行详细讲解。

在Display菜单中最重要就是"冻结"和"隐藏"这两组命令，这是游戏场景制作中经常使用的命令。所谓"冻结"就是将3ds Max中的模型物体锁定为不可操作状态，被"冻结"后的模型物体仍然显示在视图窗口中，但用户无法对其进行任何命令和操作。Freeze selection是指将被选择的模型物体进行"冻结"操作。Unfreeze All是指将所有被"冻结"的模型物体取消"冻结"状态。

通常被"冻结"的模型物体都会变为灰色并且会隐藏贴图显示，由于灰色与视图背景色相同，经常会造成制作上的不便。这里其实是可以设置的，在3ds Max右侧Display显示面板下的Display Properties显示属性一栏中有一个选项"Show Frozen in Gray"，只需要取消这个选项便会避免被"冻结"的模型物体变为灰色状态（见图4-9）。

· 图4-9│视图右键菜单与取消冻结灰色状态的设置

所谓"隐藏"就是让3ds Max中的模型物体在视图窗口处于暂时消失不可见的状态，"隐藏"不等于"删除"，被隐藏的模型物体只是处于不可见状态，但并没有根本上从场景文件中消失，在执行相关操作后可以取消其隐藏状态。隐藏命令在游戏场景制作中是最常用的命令之一，因为在复杂的三维模型场景文件中，经常在制作某个模型的时候会被其他模型阻挡视线，尤其是包含众多模型物体的大型场景文件，而隐藏命令恰恰避免了这些问题，让模型制作变得更加方便。

Hide Selection是指将被选择的模型物体进行隐藏操作；Hide Unselected是指将被选择模型以外的所有物体进行隐藏操作；Unhide All是指将场景中的所有模型物体取消隐藏状态；Unhide by Name是指通过模型名称选择列表将模型物体取消隐藏状态。

这里还要介绍一个小技巧，在场景制作中如果有其他模型物体阻挡操作视线，除了刚刚介绍的隐藏命令外还有一种方法能避免此种情况：选中阻挡视线的模型物体，按快捷键【Alt+X】，被选中的模型就会变为半透明状态，这样不仅不会影响模型的制作，还能观察到前后模型之间的关系（见图4-10）。

· 图4-10│将模型以透明状态显示

在Transform菜单中除了包含移动、旋转、缩放、选择、克隆等基本的模型操作外，还包括物体属性、曲线编辑、动画编辑、关联设置、塌陷等一些高级命令设置。模型物体的移动、旋转、缩放、选择前面都已经讲解过，这里着重了解一下Clone（克隆）命令。所谓"克隆"就是指将一个模型物体复制为多个个体的过程，快捷键为【Ctrl+V】。对被选择的模型物体单纯的单击"Clone"命令或者按【Ctrl+V】是将该模型进行原地克隆操作，而选择模型物体后按住【Shift】键并用鼠标移动、选择、缩放该模型，则是对该模型进行等单位的克隆操作，在拖曳鼠标松开鼠标左键后会弹出设置窗口（见图4-11）。

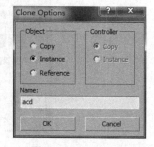

• 图4-11 | 克隆设置窗口

克隆后的对象物体与被克隆物体之间存在三种关系：Copy（复制）、Instance（实例）和Reference（参考）。Copy是指克隆物体和被克隆物体间没有任何关联关系，改变其中任何一方对另一方都没有影响；Instance是指克隆操作后，改变克隆物体的设置参数，被克隆物体也随之改变，反之亦然；Reference是指克隆操作后，通过改变被克隆物体的设置参数可以影响克隆物体，反之则不成立。这三种关系是3ds Max中模型之间常见的基本关系，在很多命令设置或窗口中都经常能看到。在下方的Name这里可以输入克隆的序列名称。图4-12场景中的大量帐篷模型都是通过复制实现的，这样可以节省大量的制作时间，提高工作效率。

• 图4-12 | 利用克隆命令制作的场景

⊙ 4.2 | 3ds Max模型的创建与编辑

建模是3ds Max软件的基础和核心功能，三维制作的各项工作任务都是在所创建模型的基础上完成的，无论在动画还是游戏制作领域，想要完成最终作品首先需要解决的问题就是建模。具体到三维网络游戏制作来说，建模更是游戏项目美术制作部分的核心工作内容，尤其是三维场景美术设计师，每天最主要的工作内容就是与模型打交道，无论多么宏大壮观的场景，都是一砖一瓦从基础的模型搭建开始的，所以，走向游戏美术师之路的第一步就是学习建模。

在三维游戏场景制作中建模的主要内容包括制作单体建筑模型、复合建筑模型、场景道具模型、雕塑模型、自然植物模型、山石模型、自然地理环境模型等。场景模型的制作方式与生物类角色建模有所不同，游戏场景中的大多数模型不需要严格按照模型一体化的原则来创建。在场景建模中允许不同多边形模型物体之间相互交叉，就是这个"交叉"的概念让游戏场景建模变得更加灵活多变，在结构表现上不会受多边形编辑的限制，可以自由组合、搭配与衔接（见图4-13）。

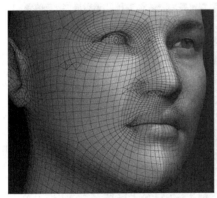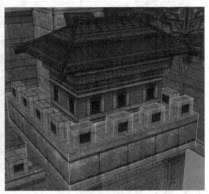

· 图4-13 │ 场景建模允许模型面间的穿插

场景建模与生物建模的区别很大，一部分原因是受贴图方式的影响。生物模型之所以要遵循模型一体化创建的原则，是因为在游戏制作中生物模型必须要保证用尽量少的贴图张数，在贴图赋予模型之前调整UV分布的时候，就必须要把整个模型的UV线均匀平展在一张贴图内，这样才能保证最终模型贴图的准确。而场景建模则恰恰相反，场景模型的贴图大多是利用循环贴图，不需要把UV都平展到一张贴图中，每一部分结构或每一块几何体都可以选择不同的贴图来赋予，所以无论模型怎样穿插衔接都不会有太大的影响。

3ds Max的建模技术博大精深、内容繁杂，这里我们没有必要面面俱到，而是有选择性地着重讲解与三维游戏场景制作相关的建模知识，从基本操作入手，循序渐进地学习三维游戏场景模型的制作。

4.2.1　几何体模型的创建

在3ds Max右侧的工具命令面板中，Create创建面板下的第一项Geometry就是用来创建几何体模型的命令面板，其下拉菜单中的第一项Standard Primitives用来创建基础几何体模型，表4-1中就是3ds Max所能创建的十种基本几何体模型（见图4-14）。

· 表4-1　3ds Max所创建的几何体模型

Box	立方体	Cone	圆锥体
Sphere	球体	Geosphere	三角面球体
Cylinder	圆柱体	Tube	管状体
Torus	圆环体	Pyramid	角锥体
Teapot	茶壶	Plane	平面

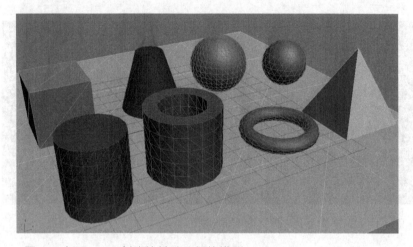

· 图4-14｜3ds Max创建的基础几何体模型

　　鼠标单击选择想要创建的几何体，在视图中用鼠标拖曳就可以完成模型的创建，在拖曳过程中单击鼠标右键可以随时取消创建。创建完成后切换到工具命令面板的Modify修改面板，可以对创建出的几何模型进行参数设置，包括长、宽、高、半径、角度、分段数等。在修改面板和创建面板中都能对几何体模型的名称进行修改，名称后面的色块用来设置几何体的边框颜色。

　　在Geometry面板下拉菜单中的第二项是Extended Primitives，用来创建扩展几何体模型，扩展几何体模型的结构相对复杂，可调参数也更多（见图4-15）。其实大多数情况下扩展几何体模型使用的机会比较少，因为这些模型都可以通过基础几何体进行多边形编辑所得到。这里只介绍几个常用的扩展几何体模型：ChamferBox（倒角立方体）、ChamferCylinder（倒角圆柱体）、L-Ext和C-Ext，尤其是L-Ext和C-Ext对于场景建筑模型的墙体制作十分快捷方便，可以在短时间内创建出各种不同形态的墙体模型。

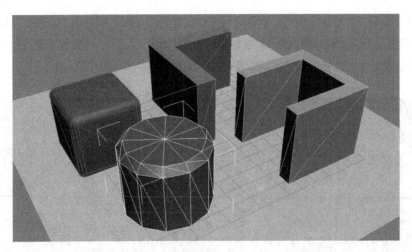

• 图4-15｜常用的扩展几何体模型

　　另外，这里还要特别介绍一组模型，那就是Geometry面板下拉菜单中的最后一项Stair（楼梯）。在Stair面板中能够创建四种不同形态类型的楼梯结构，分别为L Type Stair（L型楼梯）、Spiral Stair（螺旋楼梯）、Straight Stair（直楼梯）以及U Type Stair（U型楼梯），这些模型对于三维游戏场景中阶梯的制作能起到很大的帮助（见图4-16）。

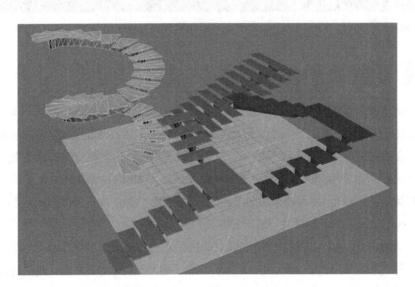

• 图4-16｜各种楼梯模型结构

　　与几何体模型的创建相同，选择相应的楼梯类型，用鼠标在视图窗口中拖曳就可以创建出楼梯模型，然后在修改面板中可以对其高矮、宽窄、楼梯步幅、楼梯阶数等参数进行详细设置和修改，这些参数设置只要经过简单尝试便可掌握。这里着重介绍下楼梯参数中Type（类型）参数的设置，在Type面板框中有三种模式可以选择，分别为Open（开放式）、

Closed（闭合式）和Box（盒式）。同一种楼梯结构模型通过不同类型的设置又可以变化为三种不同的形态，在游戏场景制作中最为常用的是Box类型，在这种模式下通过多边形编辑可以制作出游戏场景需要的各种基础阶梯结构（见图4-17）。

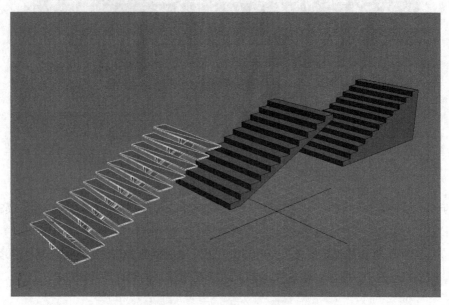

· 图4-17 | Open、Closed和Box三种不同类型的楼梯结构

4.2.2 多边形模型的编辑

在3ds Max中创建基础几何体模型，这对于真正的模型制作来说仅仅是第一步，不同形态的基础几何体模型为模型制作提供了一个良好的基础，之后要通过模型的多边形编辑才能完成对模型最终的制作。在3ds Max 6.0以前的版本中，几何体模型的编辑主要是靠Edit Mesh（编辑网格）命令来完成的，在3ds Max 6.0之后Autodesk公司研发出了更加强大的多边形编辑命令Edit Poly（编辑多边形），并在之后的软件版本中不断增强和完善该命令，到3ds Max 8.0时，Edit Poly命令已经十分完善。

Edit Mesh与Edit Poly这两个模型编辑命令的不同之处在于，利用Edit Mesh编辑模型时是以三角面作为编辑基础的，模型物体的所有编辑面最后都转化为三角面；而在用Edit Poly编辑多边形命令处理几何模型物体时，编辑面是以四边形面作为编辑基础的，在最后也无法自动转化为三角形面。在早期的计算机游戏制作过程中，大多数的游戏引擎技术支持的模型都为三角面模型，而随着技术的发展，Edit Mesh已经不能满足游戏三维制作中对于模型编辑的需要，之后逐渐被强大的Edit Poly编辑多边形命令所代替，而且Edit Poly物体还可以和Edit Mesh进行自由转换，以应对各种不同的需要。

要将模型物体转换为编辑多边形模式，可以通过以下三种方法。

（1）在视图窗口中对模型物体单击鼠标右键，在弹出的视图菜单中选择Convert to Editable Poly（塌陷为可编辑的多边形）命令，即可将模型物体转换为Edit Poly。

（2）在3ds Max界面右侧修改面板的堆栈窗口中对需要的模型物体单击右键，同样选择Convert to Editable Poly命令，也可将模型物体转换为Edit Poly。

（3）在堆栈窗口中可以对想要编辑的模型直接添加Edit Poly命令，也可以让模型物体进入多边形编辑模式。这种方式相对前面两种来说有所不同：添加Edit Poly命令后的模型在编辑的时候还可以返回上一级的模型参数设置界面，而上面两种方法则不可以，所以第三种方法相对来说更有一定的灵活性。

在多边形编辑模式下共分为五个层级，分别是Vertex（点）、Edge（线）、Border（边界）、Polygon（面）和Element（元素）。每个多边形从"点""线""面"到整体互相配合，共同为多边形编辑而服务，通过不同层级的操作最终完成模型整体的搭建制作。

在进入每个层级后，菜单窗口会出现不同层级的专属面板，同时所有层级还共享统一的多边形编辑面板。图4-18就是编辑多边形的命令面板，包括以下几部分：Selection（选择）、Soft Selection（软选择）、Edit Geometry（编辑几何体）、Subdivision Surface（细分表面）、Subdivision Displacement（细分位移）和Paint Deformation（绘制变型），下面我们将针对每个层级详细讲解模型编辑中常用的命令。

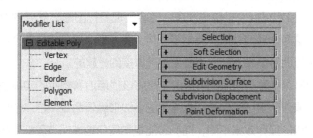

• 图4-18 ｜ 多边形编辑中的层级和各种命令面板

1. Vertex点层级

点层级下的Selection选择面板中，有一个重要的命令选项Ignore backfacing（忽略背面），当单击这个选项并在视图中选择了模型可编辑点的时候，将会忽略所有当前视图背面的点，此选项命令在其他层级中也同样适用。

Edit Vertices（编辑顶点）命令面板是点层级下独有的命令面板，其中大多数命令都是常用的编辑多边形命令（见图4-19）。

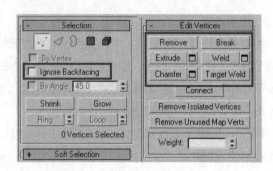

• 图4-19 | Edit Vertices面板中的常用命令

Remove（移除）：当模型物体上有需要移除的顶点时，可选中顶点执行此命令。Remove（移除）不等于Delete（删除），当移除顶点后该模型顶点周围的面还将存在，而删除命令则是将选中的顶点连同顶点周围的面一起删除。

Break（打散）：选中顶点执行此命令后该顶点会被打散为多个顶点，打散的顶点个数与打散前该顶点链接的边数有关。

Extrude（挤压）：挤压是多边形编辑中常用的编辑命令，而对于点层级的挤压简单来说就是将该顶点以突出的方式挤出到模型以外。

Weld（焊接）：这个命令与打散命令刚好相反，是将不同的顶点结合在一起的操作，选中想要焊接的顶点，设定焊接的范围然后单击焊接命令，这样不同的顶点就被结合到了一起。

Target weld（目标焊接）：单击此命令后会出现鼠标图形，然后依次用鼠标单击想要焊接的顶点，这样这两个顶点就被焊接到了一起。要注意的是，焊接的顶点之间必须有边相连接，而类似四边形面对角线上的顶点是无法被焊接到一起的。

Chamfer（倒角）：对于顶点倒角来说就是将该顶点沿着相应的实线边以分散的方式形成新的多边形面的操作。挤压和倒角都是常用的多边形编辑命令，在多个层级下都包含这两个命令，但每个层级的操作效果不同，图4-20能更加具象地表现点层级下挤压、焊接和倒角命令的作用效果。

• 图4-20 | 点层级下挤压、倒角和焊接的效果

Connect（连接）：选中两个没有边连接的顶点，单击此命令则会在两个顶点之间形成新的实线边。在挤压、焊接、倒角命令按钮后面都有一个方块按钮，这表示该命令存在子级菜单可以对相应的参数进行设置，选中需要操作的顶点后单击此方块按钮，就可以通过参数设置的方式对相应的顶点进行设置。

2. Edge边层级

在Edit Edges（编辑边）层级面板中（见图4-21），常用的命令主要有以下几个。

Remove（移除）：这是将被选中的边从模型物体上移除的操作。与前面讲过的相同，移除命令并不会将边周围的面删除。

Extrude（挤压）：在边层级下挤压命令操作效果几乎等同于点层级下的挤压命令。

Chamfer（倒角）：对于边的倒角来说就是将选中的边沿相应的线面扩散为多条平行边的操作，线边的倒角才是我们通常意义上的多边形倒角，通过边的倒角可以让模型物体面与面之间形成圆滑的转折关系。

Connect（连接）：对于边的连接来说就是在选中的边线之间形成多条平行的边线，边层级下的倒角和连接命令也是多边形模型物体常用的布线命令之一。图4-22中更加具象地表现了边层级下挤压、倒角和连接命令的具体操作效果。

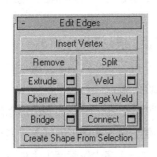

• 图4-21｜Edit Edges层级面板

• 图4-22｜边层级下挤压、倒角和焊接的效果

Insert vertex（插入顶点）：在边层级下可以通过此命令在任意模型物体的实线边上插入一个顶点，这个命令与之后要讲的共用编辑菜单下的Cut（切割）命令一样，都是多边形模型物体加点添线的重要手段。

3. Border边界层级

所谓的模型Border主要是指在可编辑的多边形模型物体中那些没有完全处于多边形面之间的实线边。通常来说Border层级菜单较少应用，菜单里面只有一个命令需要讲解，那就是Cap（封盖）命令。这个命令主要用于给模型中的Border封闭加面，通常在执行此命令后还要对新加的模型面进行重新布线和编辑（见图4-23）。

4. Polygon多边形面层级

Polygon层级面板中的大多数命令也是多边形模型编辑中最常用的编辑命令（见图4-24）。

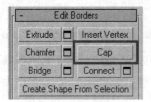

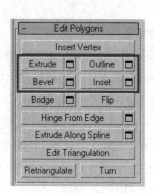

· 图4-23｜Border面板
中最常用的Cap命令

· 图4-24｜Edit Polygons
层级面板

Extrude（挤压）：在多边形面层级中的挤压就是将面沿一定方向挤出的操作。单击后面的方块按钮，在弹出的菜单中可以设定挤出的方向，分为三种类型：Group整体挤出、Local Normal沿自身法线方向整体挤出、By Polygon按照不同的多边形面分别挤出。这三种操作方法在3ds Max的很多操作中都经常能看到。

Outline（轮廓）：是指将选中的多边形面沿着它所在的平面扩展或收缩的操作。

Bevel（倒角）：这个命令是多边形面的倒角命令，具体是将多边形面挤出后进行缩放操作，后面的方块按钮可以设置具体挤出的操作类型和缩放操作的参数。

Inset（插入）：指将选中的多边形面按照所在平面向内收缩产生一个新的多边形面的操作。后面的方块按钮可以设定插入操作的方式是整体插入还是分别按多边形面插入，通常插入命令要配合挤压和倒角命令一起使用。图4-25更加直观地表示了多边形面层级中挤压、轮廓、倒角和插入命令的效果。

Flip（翻转）：指将选中的多边形面进行翻转法线的操作。在3ds Max中法线是指物体在视图窗口中可见性的方向指示，物体法线朝向用户则代表该物体在视图中为可见，相反为不可见。

另外，这个层级的菜单中还需要介绍的是Turn（反转）命令，这个命令不同于刚才介绍的Flip命令。虽然在多边形编辑模式中是以四边形的面作为编辑基础，但其实每一个四边形的面仍

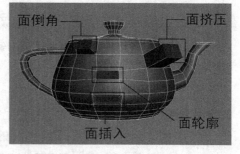

· 图4-25｜面层级下挤压、轮廓、倒角和插入的效果

然是由两个三角形面所组成，但划分三角形面的边是作为虚线边隐藏存在的，当我们调整顶点时这条虚线边也恰恰作为隐藏的转折边。当用鼠标单击Turn（反转）命令时，所有隐藏的虚线边都会显示出来，然后用鼠标单击虚线边就会使之反转方向，对于有些模型物体，特别是游戏场景中的低精度模型来说，Turn（反转）命令也是常用的命令之一。

在多边形面层级下还有一个十分重要的命令面板——Polygon Properties（多边形属性）面板，这也是多边形面层级下独有的设置面板，主要用来设定每个多边形面的材质序号和光滑组序号（见图4-26）。其中，Set ID用来设置当前选择的多边形面的材质序号；Select ID是通过选择材质序号来选择该序号材质所对应的多边形面；Smoothing Groups窗口中的数字方块按钮用来设定当前选择的多边形面的光滑组序号（见图4-27）。

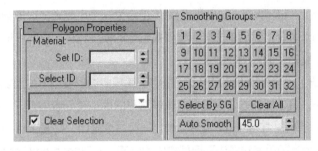

· 图4-26 ｜ Polygon Properties面板

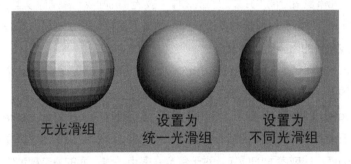

· 图4-27 ｜ 模型光滑组的不同设置效果

编辑多边形中的第五个层级面板为Element元素层级，这个层级主要用来整体选取被编辑的多边形模型物体，此层级面板中的命令在游戏场景制作中较少用到，所以这里不做详细讲解。以上就是对多边形编辑模式下所有层级独立面板的详细讲解，下面来介绍下所有层级都共用的Edit Geometry（编辑几何体）面板（见图4-28）。这个命令面板看似复杂，但其实在游戏场景模型制作中常用的命令并不是很多，下面讲解一下编辑几何体面板中常用的命令。

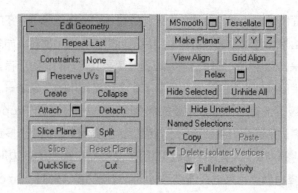

• 图4-28 | Edit Geometry面板

Attach（结合）：将不同的多边形模型物体结合为一个可编辑多边形物体的操作，具体操作为先单击Attach命令，然后单击选择想要被结合的模型物体，这样被选择的模型物体就被结合到之前的可编辑多边形的模型下。

Detach（分离）：与Attach恰好相反，是将可编辑多边形模型下的面或者元素分离成独立模型物体的操作，具体操作方法为进入编辑多边形的面或者元素层级下，选择想要分离的面或元素，然后鼠标单击"Detach"命令会弹出一个命令窗口，勾选Detach to Element是将被选择的面分离成为当前可编辑多边形模型物体的元素，而Detach as Clone是指将被选择的面或元素克隆分离为独立的模型物体（被选择的面或元素保持不变），如果什么都不勾选则将被选择的面或元素直接分离为独立的模型物体（被选择的面或元素从原模型上删除）。

Cut（切割）：是指在可编辑的多边形模型物体上直接切割绘制新的实线边的操作，这是模型重新布线编辑的重要操作手段。

Make Planar X/Y/Z：在可编辑多边形的点、线、面层级下通过单击这个命令，可以实现模型被选中的点、线或者面在X、Y、Z三个不同轴向上的对齐。

Hide Selected（隐藏被选择）、Unhide All（显示所有）、Hide Unselected（隐藏被选择以外）这三个命令同之前视图窗口右键菜单中的完全一样，只不过这里是用来隐藏或显示不同层级下的点、线或者面的操作。对于包含众多点、线、面的复杂模型物体，有时往往需要用隐藏和显示命令让模型制作更加方便快捷。

最后再来介绍一下模型制作中即时查看模型面数的方法和技巧，一共有两种方法。第一种方法是利用Polygon Counter（多边形统计）工具来查看，在3ds Max命令面板最后一项的工具面板中可以通过Configure Button Sets（快捷工具按钮设定）来找到Polygon Counter工具。Polygon Counter是一个非常好用的多边形面数计数工具，其中 Selected Objects显示当前所选择的多边形面数，All Objects显示场景文件中所有模型的多边形面数。下面的Count Triangles和Count Polygons用来切换显示多边形的三角面和四边面。第二种方法是在当前激活的视图中启动Statistics计数统计工具，快捷键为【7】（见图4-29）。

Statistics可以即时对场景中模型的点、线、面进行计数统计，但这种即时运算统计非常占用资源，所以通常不建议在视图中一直处于开启状态。

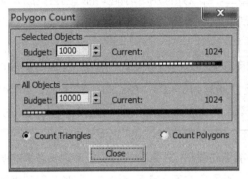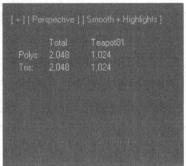

· 图4-29｜两种统计模型面数的方法

三维游戏场景的最大特点就是真实性，所谓的真实性就是指在三维游戏中，玩家可以从各个角度去观察游戏场景中的模型和各种美术元素。三维引擎为我们营造了一个360°的真实感官世界，在模型制作的过程中，我们要时刻记住这个概念，保证模型各个角度都要具备模型结构和贴图细节的完整度，在制作中要通过视图多方位旋转观察模型，避免漏洞和错误的产生。

另外，在游戏模型制作初期最容易出现的问题就是模型中会存在大量"废面"，要善于利用多边形计数工具，及时查看模型的面数，随时提醒自己不断修改和整理模型，保证模型面数的精简。游戏中玩家视角以外的模型面，尤其是模型底部或者紧贴在一起的内侧的模型面都可以进行删除。

除了模型面数的简化外，在多边形模型的编辑和制作时还要注意避免产生四边形以上的模型面，尤其是在切割和添加边线的时候，要及时利用Connect命令连接顶点。对于游戏模型来说，自身的多边形面可以是三角面或者四边面，但如果出现四边以上的多边形面，在导入游戏引擎后会出现模型的错误问题，所以要极力避免这种情况的发生。

4.3 ｜ 游戏模型贴图的基础知识

对于三维游戏美术师来说，仅利用3ds Max完成模型的制作是远远不够的，三维模型的制作只是开始，是之后工作流程的基础。如果把三维制作比喻为绘画的话，那么模型的制作只相当于绘画的初步线稿，后面还要为作品增加颜色，而在三维设计制作过程中上色的部分就是UV、材质及贴图环节的工作内容。

在三维游戏场景制作中，贴图比模型显得更加重要，由于游戏引擎显示及硬件负载的限制，游戏场景模型对于模型面数的要求十分严格，模型在不能增加面数的前提下还要尽可能地展现物体的结构和细节，这就必须依靠贴图来表现。由于场景建筑模型不同于生物模型，不可能把所有的UV网格都平展到一张贴图上，那么如何用尽可能少的贴图去完成大面积模型的整体贴图工作，这就需要三维美术师来把握和控制了，这种能力也是三维美术师必须具备的职业水平。

虽然三维动画和游戏制作中都会经常用到贴图，但相对来说，游戏贴图具有更多的要求和限制，在三维游戏制作中，贴图的尺寸通常为8×8、16×16、32×32、64×64、128×128、512×512、1024×1024等，一般来说常用的贴图尺寸是512×512和1024×1024，可能在一些次时代游戏中还会用到2048×2048的超大尺寸贴图。贴图尺寸的限定是源于游戏引擎的限制，游戏贴图不能像动画制作中那样去建立任意边长像素的图片，有时候为了压缩图片尺寸、减少硬件负荷，贴图尺寸不一定是等边的，竖长方形和横长方形也是可以的，例如128×512、1024×512等。

三维游戏的制作其实可以概括为一个"收缩"的过程，考虑到引擎能力、硬件负荷、网络带宽等很多因素，都迫使我们在游戏制作中必须要尽可能地节省资源。游戏模型不仅要制作成低模，而且在最后导入游戏引擎前还要再进一步地删减模型面数，游戏贴图也是如此，作为游戏美术师要尽一切可能让贴图尺寸降到最低，把贴图中的所有元素尽可能地堆积到一起，并且还要尽量减少模型所应用的贴图张数（见图4-30）。总之，在导入引擎前，所有美术元素都要尽量精练，这就是我所定义的"收缩"。虽然现在的游戏引擎技术飞速发展，可能对于资源的限制有所放宽，但节约资源却是成熟游戏美术师的基本原则和能力。

· 图4-30 | 充分利用贴图面积

在讲完游戏贴图的尺寸限制后再来看一下游戏贴图的格式，现在大多数计算机游戏公司，尤其是3D网络游戏制作公司，最常用的游戏贴图格式为DDS贴图，这种格式的贴图在游戏引擎中可以随着玩家操控角色与其他模型物体间的距离来改变贴图自身尺寸。当场景中的模型距离玩家越近，自身显示的贴图尺寸会越大，相反，越远则越小。其原理就是，这种贴图在绘制完成后最终保存的时候会自动储存为若干小尺寸的贴图（见图4-31）。

· 图4-31 | DDS贴图的储存方式

不同的游戏引擎和不同的游戏制作公司，在贴图格式和命名上都有各自的具体要求，这里无法一一具体介绍，如果是在日常的练习或个人作品中，其实贴图格式储存为TGA、JPG或PNG就可以了，下面来介绍几种常用的贴图形式。

图4-32是游戏场景中雕塑模型的贴图，在模型制作完成后需要将模型的全部UV坐标平展到一张贴图上，然后导入Photoshop中来绘制贴图，通常一张1024×1024尺寸的贴图就足够。但对于体积过于庞大、细节过于复杂的模型，也可以将模型根据不同部分进行拆分，并将UV平展到多张贴图上。

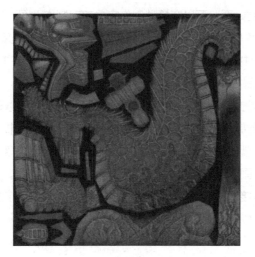

· 图4-32 | 场景雕塑模型贴图

在游戏场景制作中，对于一些特殊的建筑结构模型，也需要将其UV单独编辑，并根据UV绘制贴图，这些结构大多为不规则形状，通常会尽可能地将多个结构拼接到一张贴图上（见图4-33）。

· 图4-33│场景建筑屋脊结构的贴图

在游戏场景制作中更为常用的是循环贴图，也被称为连续贴图。尤其是在建筑模型中，不需要将UV平展后绘制贴图，可以在模型制作完成前就制作贴图，然后用模型中的不同面的UV坐标去对应贴图中的结构。相对于前面介绍的两种贴图，它更加不受贴图自身的限制，可以重复利用贴图中的元素，对于建筑墙体、地面等结构简单的模型具有更大优势，下面就具体讲解一下循环贴图的相关知识。

如果场景建筑模型的规模较大，像图4-34中的贴图那样，将场景建筑中所有元素都拼到一张贴图上，最后实际游戏中的贴图会变得相当模糊不清、缺少细节，这里就需要用到循环贴图。所谓循环贴图，就是指在3ds Max软件中的Edit UVWs编辑器中贴图边界可以自由连接并且不产生接缝的贴图，通常分为二方连续贴图和四方连续贴图。二方连续贴图就是贴图在左右或上下单方向连接时不产生接缝，而四方连续贴图就是在上下左右四个方向连接时都不产生接缝，让贴图形成可以无限连接的大贴图。

· 图4-34│场景建筑拼接贴图

　　图4-35就是四方连续的贴图效果。白线框中是贴图本身，贴图的右边缘与左边缘，左边缘与右边缘，上边缘与下边缘，下边缘与上边缘都可以实现无缝连接，这样在模型贴图的时候就不用担心模型的UV细分问题，只需要根据模型整体调整大小比例即可。

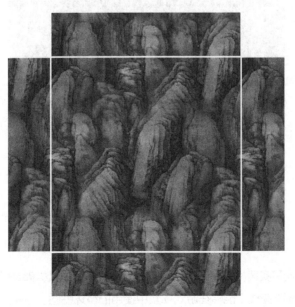

· 图4-35│四方连续贴图

对于循环贴图的制作也比较简单，无非就是考验使用Photoshop的修图能力。在实际的3D游戏场景制作中，循环贴图的应用能达到80%以上，是最为主要的贴图方式，只有利用循环贴图才能实现宏大场景中的精细贴图，也只有循环贴图才能用尽可能小的贴图尺寸得到更多的细节效果。循环贴图中结构元素的布局和划分，往往能看出制作者能力的高低，这也是3D游戏场景美术师必须要具备的能力和技术。

最后再来谈一下游戏贴图的风格，一般来说游戏贴图风格主要分为写实风格和手绘风格。写实风格的贴图一般都是用真实的照片来进行修改，而手绘风格的贴图主要是靠制作者的美术功底来进行手绘。其实贴图的美术风格并没有十分严格的界定，只能看是侧重于哪一方面，是偏写实或者是偏手绘，写实风格主要用于真实背景的游戏当中，手绘风格主要用在Q版卡通游戏中，当然一些游戏为了标榜独特的视觉效果，也采用偏写实的手绘贴图。其实贴图的风格并不能真正决定一款游戏的好坏，重要的还是制作的品质，这里只是进行简单介绍，以让大家了解贴图不同的美术风格。

图4-36为手绘风格的游戏贴图，其中墙面、木门以及各种纹饰等全部由手绘完成，整体风格偏卡通，适合用于Q版游戏当中。手绘贴图的优点：整体都是用颜色绘制，色块面积比较大，而且过渡柔和，在贴图放大后不会出现明显的贴图拉伸痕迹。但缺点是贴图整体性比较强，局部缺少细节。

• 图4-36 | 手绘风格的场景贴图

图4-37就是完全写实风格的贴图了，图片中大多数元素的素材都是取自真实照片，通过Photoshop的编辑修改变成了能够在游戏场景中使用的循环贴图。写实贴图的优缺点与上面

介绍的手绘贴图刚好相反，当模型被放大后贴图拉伸会比较严重，但在使用贴图局部元素时却会显得比较自然。

• 图4-37 | 写实风格的场景贴图

4.4 | 3D模型UVW贴图坐标技术

在3ds Max中默认状态下的模型物体，想要正确显示贴图材质，必须先对其"贴图坐标（UVW Coordinates）"进行设置。所谓的"贴图坐标"就是模型物体确定自身贴图位置关系的一种参数，通过正确的设定让模型和贴图之间建立相应的关联关系，保证贴图材质正确地投射到模型物体表面。

模型在3ds Max中的三维坐标用X、Y、Z来表示，而贴图坐标则使用U、V、W与其对应，如果把位图的垂直方向设定为V，水平方向设定为U，那么它的贴图像素坐标就可以用U和V来确定在模型物体表面的位置。在3ds Max的创建面板中建立基本几何体模型，在创建的时候系统会为其自动生成相应的贴图坐标关系，例如当我们创建一个BOX模型并为其添加一张位图的时候，它的六个面会自动显示出这张位图。但对于一些模型，尤其是利用Edit Poly编辑制作的多边形模型，其自身不具备正确的贴图坐标参数，这就需要我们为其设置和修改UVW贴图坐标。

关于模型贴图坐标的设置和修改，通常会用到两个关键的命令：UVW Map和Unwrap UVW，这两条命令都可以在堆栈命令下拉列表里找到。这个看似简单的功能需要我们花费相当多的时间和精力，并且需要在平时的实际制作中不断总结经验和技巧，下面我们来详细学习UVW Map和Unwrap UVW这两个修改器的具体参数设置和操作方法。

UVW Map修改器的界面基本参数设置包括：Mapping（投影方式）、Channel（通道）、Alignment（调整）和Display（显示）四部分，其中最为常用的是Mapping和Alignment。在堆栈窗口中添加UVW Map修改器后，可以用鼠标单击前面的"+"展开Gizmo分支，进入Gizmo层级后可以对其进行移动、旋转、缩放等调整，对Gizmo线框的编辑操作同样会影响模型贴图坐标的位置关系和贴图的投射方式。

在Mapping面板中包含了贴图对于模型物体的7种投射方式和相关参数设置（见图4-38），这7种投影类型分别是：Planar（平面）、Cylindrical（圆柱）、Spherical（球形）、Shrink Wrap（收缩包裹）、Box（立方体）、Face（面贴图）以及XYZ to UVW。下面的参数用来调节Gizmo的尺寸和贴图的平铺次数，在实际制作中并不常用。

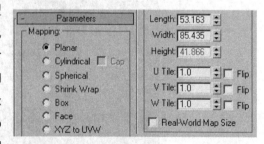

• 图4-38 | Mapping面板中的7种投影方式

这里需要掌握的是能够根据不同形态的模型物体选择出合适的贴图投射方式，以方便之后展开贴图坐标的操作。下面针对每种投影方式来了解其原理和具体应用方法。

Planar平面贴图：将贴图以平面的方式映射到模型物体表面，它的投影平面就是Gizmo的平面，所以通过调整Gizmo平面就能确定贴图在模型上的贴图坐标位置。平面映射适用于纵向位移较小的平面模型物体，在游戏场景制作中这是最常用的贴图投射方式，一般是在可编辑多边形的面层级下选择想要贴图的表面，然后添加UVW Mapping修改器选择平面投影方式，并在Unwrap UVW修改器中调整贴图位置（见图4-39左图）。

Cylindrical圆柱贴图：将贴图沿着圆柱体侧面映射到模型物体表面，贴图沿着圆柱的四周进行包裹，最终圆柱立面左侧边界和右侧边界相交在一起。相交的这个贴图接缝也是可以控制的，单击进入Gizmo层级可以看到Gizmo线框上有一条绿线，这就是控制贴图接缝的标记，通过旋转Gizmo线框可以控制接缝在模型上的位置。Cylindrical后面有一个Cap选项，如果激活则圆柱的顶面和底面将分别使用Planar的投影方式。在游戏场景制作中，大多数建筑模型的柱子或者类似的柱形结构的贴图坐标方式都是用Cylindrical来实现的（见图4-39中图）。

Spherical球面贴图：将贴图沿球体内表面映射到模型物体表面，其实球面贴图与柱形贴图类型相似，贴图的左端和右端同样在模型物体表面形成一个接缝，同时贴图上下边界分别在球体两极收缩成两个点，与地球仪十分类似。为角色脸部模型贴图时，通常使用球面贴图（见图4-39右图）。

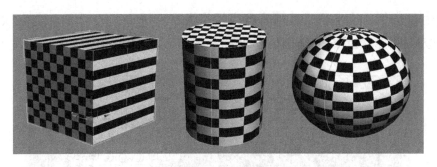

· 图4-39│Planar、Cylindrical和Spherical贴图方式

Shrink Wrap收缩包裹贴图：将贴图包裹在模型物体表面，并且将所有的角拉到一个点上，这是唯一一种不会产生贴图接缝的投影类型，也正因为这样，模型表面的大部分贴图会产生比较严重的拉伸和变形（见图4-40）。由于这种局限性，多数情况下使用它的物体只能显示贴图形变较小的那部分，而"极点"那一端必须要被隐藏起来。在游戏场景制作中，包裹贴图有时还是相当有用的，例如制作石头这类模型的时候，使用别的贴图投影类型都会产生接缝或者一个以上的极点，而使用收缩包裹投影类型就完全解决了这个问题，即使存在一个相交的"极点"，只要把它隐藏在石头的底部就可以了。

· 图4-40│Shrink Wrap收缩包裹贴图方式

Box立方体贴图：按六个垂直空间平面将贴图分别映射到模型物体表面，对于规则的几何模型物体来说，这种贴图投影类型会十分方便快捷，比如场景模型中的墙面、方形柱子或者类似的盒式结构的模型（见图4-41左图）。

Face面贴图：为模型物体的所有几何面同时应用平面贴图，这种贴图投影方式与材质编辑器Shader Basic Parameters参数中的Face Map作用相同（见图4-41右图）。XYZ to UVW这种贴图投射类型在游戏场景制作中较少使用，所以在这里不作过多讲解。

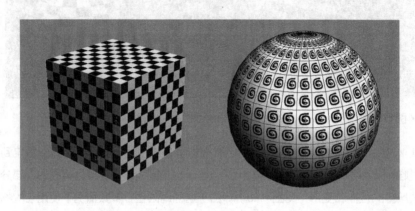

· 图4-41 │ Box和Face贴图方式

Alignment（调整）工具面板中提供了8个工具，用来调整贴图在模型物体上的位置关系，正确合理地使用这些工具在实际制作中往往能起到事半功倍的作用（见图4-42）。面板顶部的X、Y、Z用于控制Gizmo的方向，这里所指的方向是物体的自身坐标方向，也就是Local Coordinate System（自身坐标系统）模式下物体的坐标方向，通过X、Y、Z之间的切换能够快速改变贴图的投射方向。

· 图4-42 │ Alignment
调整工具面板

Fit（适配）：自动调整Gizmo的大小，使其尺寸与模型物体相匹配。

Center（置中）：将Gizmo的位置对齐到模型物体的中心。这里的"中心"是指模型物体的几何中心，而不是它的Pivot（轴心）。

Bitmap Fit（位图适配）：将Gizmo的长宽比例调整为指定位图的长宽比例。使用Planar投影类型的时候，经常碰到位图没有按照原始比例显示的情况，如果靠调节Gizmo的尺寸则比较麻烦，这时可以使用这个工具，只要选中已使用的位图，Gizmo就会自动改变长宽比例与其匹配。

Normal Align（法线对齐）：将Gizmo与指定面的法线垂直，也就是与指定面平行。

View Align（视图对齐）：将Gizmo平面与当前的视图平行对齐。

Region Fit（范围适配）：在视图上拉出一个范围来确定贴图坐标。

Reset（复位）：恢复贴图坐标的初始设置。

Acquire（获取）：将其他物体的贴图坐标设置引入当前模型物体中。

在了解了UVW贴图坐标的相关知识后，我们可以用UVW Map修改器来为模型物体指定基本的贴图映射方式，这对于模型的贴图工作来说还只是第一步。UVW Map修改器定义的贴图投射方式只能从整体上为模型赋予贴图坐标，对于更加精确的贴图坐标的修改却无能为力，要想解决这个问题必须通过Unwrap UVW展开贴图坐标修改器来实现。

Unwrap UVW修改器是3ds Max中内置的一个功能强大的模型贴图坐标编辑系统，通过这个修改器可以更加精确地编辑多边形模型点线面的贴图坐标分布，尤其是对于生物体模型和场景雕塑模型等结构较为复杂的多边形模型，必须要用到Unwrap UVW修改器。

在3ds Max修改面板的堆栈菜单列表中可以找到Unwrap UVW修改器，Unwrap UVW修改器的参数窗口主要包括：Selection Parameters（选择参数）、Parameters（参数）和Map Parameters（贴图参数）三部分，在Parameters面板下还包括一个Edit UVWs编辑器。总体来看Unwrap UVW修改器十分复杂，它包含众多的命令和编辑面板，初学者操作起来会有一定的困难。其实对于游戏三维制作来说，只需要掌握修改器中一些重要的命令参数即可，不需要做到全盘精通。

Parameters参数面板最主要的是用来打开UV编辑器，同时还可以对已经设置完成的模型UV进行存储（见图4-43）。

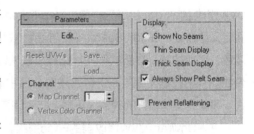

Edit编辑：用来打开Edit UVWs编辑窗口，关于其具体的参数设置下面将会讲到。

Reset UVWs重置UVW：放弃已经编辑好

• 图4-43｜Parameters参数面板

的UVW，使其回到初始状态，这也就意味着之前的全部操作都将丢失，所以一般不使用这个按钮。

Save保存：将当前编辑的UVW保存为".UVW"格式的文件，对于复制的模型物体可以通过载入文件来直接完成对UVW的编辑。其实在游戏场景的制作中我们通常会选择另外一种方式来操作，单击模型堆栈窗口中的Unwrap UVW修改器，然后按住鼠标左键直接拖曳这个修改器到视图窗口中复制出的模型物体上，松开鼠标左键即可完成操作，这种拖曳修改器的操作方式在其他很多地方都会用到。

Load载入：载入".UVW"格式的文件，如果两个模型物体不同，则此命令无效。

Channel通道：包括Map channel（贴图通道）与Vertex color channel（顶点色通道）两个选项，在游戏场景制作中并不常用。

Display显示：使用Unwrap UVW修改器后，模型物体的贴图坐标表面会出现一条绿色的线，这就是展开贴图坐标的缝合线，这里的选项就是用来设置缝合线的显示方式，从上到下依次为不显示缝合线、显示较细的缝合线、显示较粗的缝合线、始终显示缝合线。

Map Parameters贴图参数面板看似十分复杂，但其实常用的命令并不多（见图4-44）。在面板上半部分的按钮中包括5种贴图映射方式和7种贴图坐标对齐方式，由于这些命令操作大多在UVW Map修改器中都可以完成，所以这里较少用到。

这里需要着重讲到的是Pelt（剥皮）工具，这个工具常用在游戏场景雕塑模型和生物模型的制作中。Pelt的含义就是指把模型物体的表面剥开，并将其贴图坐标平展的一种贴图映射方式。这是UVW Map修改器中没有的一种贴图映射方式，相较其他的贴图映射方式来说相对复杂，更适合结构复杂的模型物体，下面来具体讲解其操作流程。

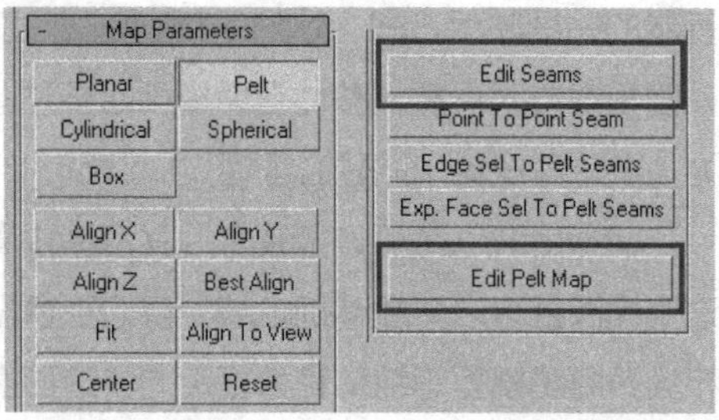

• 图4-44 | Map Parameters贴图参数面板

总体来说Pelt平展贴图坐标的流程分为三大步：一、重新定义编辑缝合线；二、选择想要编辑的模型物体或者模型面，单击"Pelt"按钮，选择合适的平展对齐方式；三、单击Edit Pelt Map按钮，对选择对象进行平展操作。

图4-45中的模型为一个场景石柱模型，模型上的绿线为原始的缝合线，进入Unwrap UVW修改器的Edge层级后，单击Map Parameters面板中的Edit Seams按钮就可以对模型重新定义缝合线。在Edit Seams按钮激活状态下，用鼠标单击模型物体上的边线就会使之变为蓝色，蓝色的线就是新的缝合线路经，按住键盘上的【Ctrl】键再单击边线就是取消蓝色缝合线。我们在定义编辑新的缝合线时，通常会在Parameters参数设置中选择隐藏绿色缝合线，重新定义编辑好的缝合线见图4-45中间模型的蓝线。

进入Unwrap UVW修改器的Face层级，选择想要平展的模型物体或者模型面，然后单击Pelt按钮，会出现类似于UVW Map修改器中的Gizmo平面，这时选择Map Parameters面板中合适的展开对齐方式，见图4-45右侧所示。

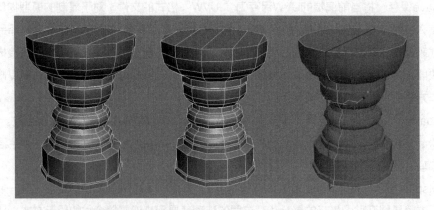

• 图4-45 | 重新定义缝合线并选择展开平面

然后单击Edit Pelt Map按钮会弹出Edit UVWs窗口，从模型UV坐标的每一个点上都会引申出一条虚线，对于这里密密麻麻的各种点和线不需要精确调整，只需要遵循一条原则：尽可能地让这些虚线不相互交叉，这样可以使之后的UV平展更加便捷。

单击Edit Pelt Map按钮后，同时会弹出平展操作的命令窗口，这个命令窗口中包含许多工具和命令，但对于平时一般制作来说很少用到，只需要单击右下角的Simulate Pelt Pulling（模拟拉皮）按钮就可以继续下一步的平展操作。接下来整个模型的贴图坐标将会按照一定的力度和方向进行平展操作，具体原理就是相当于模型的每一个UV顶点将沿着引申出来的虚线方向进行均匀的拉拽，从而形成贴图坐标分布网格（见图4-46）。

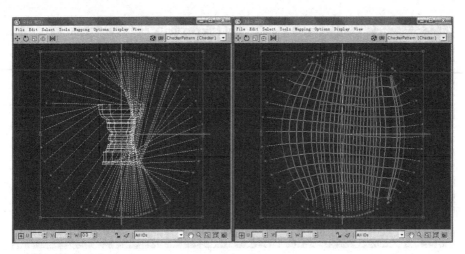

• 图4-46｜利用Pelt命令展平模型UV

之后我们需要对UV网格进行顶点的调整和编辑，编辑的原则就是让网格尽量均匀地分布，这样最后当贴图添加到模型物体表面时才不会出现较大的拉伸和撕裂现象。我们可以单击UV编辑器视图窗口上方的棋盘格显示按钮来查看模型UV的分布状况，当黑白色方格在模型表面均匀分布且没有较大变形和拉伸时就说明模型的UV是均匀分布的（见图4-47）。

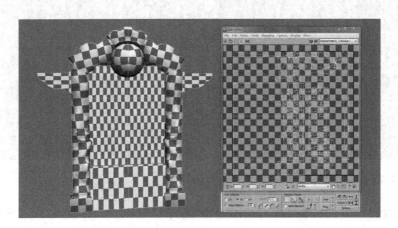

• 图4-47｜利用黑白棋盘格来查看UV分布

4.5 | 游戏模型贴图实例制作

下面我们通过一张金属元素贴图的制作实例来学习模型贴图的基本绘制流程和方法。首先，在Photoshop中创建新的图层，根据模型UV网格绘制出贴图的底色，铺垫基本的整体明暗关系（见图4-48）。然后，在底色的基础上，绘制贴图的纹饰和结构部分（见图4-49）。

· 图4-48 | 绘制贴图底色

· 图4-49 | 绘制纹饰和结构

接下来绘制结构的基本阴影，同时调整整体的明度和对比度（见图4-50）。选用一些肌理丰富的照片材质进行底纹叠加，可以叠加多张不同的材质。图层的叠加方式可以选择Overlay、Multiply或者Softlight，强度可以通过图层透明度来控制（见图4-51）。通过叠加纹理增强了贴图的真实感和细节，这样制作出来的贴图就是偏写实风格贴图。

• 图4-50｜绘制阴影

• 图4-51｜叠加纹理

　　然后绘制金属的倒角结构，同时提亮贴图的高光部分（见图4-52）。金属材质的边缘部分会有些细小的倒角，可以单独在一个图层内用亮色绘制，图层的叠加方式可以是Overlay或者Colordodge，强度可以通过图层透明度来控制。接下来利用色阶或曲线工具，整体调整贴图的对比度，增强金属质感（见图4-53）。最后，可以用一些特殊的笔刷纹理在金属表面一些平时不容易被摩擦到的地方绘制污迹或者类似金属氧化的痕迹，以增强贴图的细节和真实感，这样就完成了贴图的绘制（见图4-54）。

• 图4-52│绘制高光

• 图4-53│调整对比度

• 图4-54│绘制污渍

Chapter 5

3D游戏场景美术设计

游戏场景是指在游戏作品中除角色以外的周围一切空间、环境、物件的集合。就如同话剧表演中演员的舞台，竞赛中选手的赛场，动画片中角色的背景，游戏场景在整个游戏作品中起到了十分重要的作用，相对于舞台、赛场和背景来说，游戏场景的作用更有过之而无不及。在虚拟的游戏世界中，制作细腻精致的游戏场景不仅可以提升游戏整体的视觉效果，让游戏在第一时间抓住玩家的眼球，将玩家快速带入游戏设定的情景当中，同时优秀的游戏场景设计还可以传递出制作者所想表达的游戏内涵和游戏文化，提升游戏整体的艺术层次。

从早期的单机游戏到现在的网络游戏，游戏画面从抽象发展到具象的2D图形化界面，再发展为如今全3D的画面效果，游戏的视觉效果在不断进化与变革。如今3D游戏场景在三维游戏中占有十分重要的地位和作用，在本章中就来为大家讲解关于3D游戏场景的美术设计与制作。

5.1 | 3D游戏场景模型元素

5.1.1 场景建筑模型

建筑模型是三维游戏制作的主要内容之一，它是游戏场景主体构成中十分重要的一环，无论是网络游戏还是单机游戏，场景建筑模型都是其中必不可少的，对于三维建筑模型的熟练制作也是场景美术设计师必须掌握的基本能力。

其实，在游戏制作公司中，三维游戏场景设计师有相当多的时间都是在设计和制作场景建筑，从项目开始就要忙于制作场景实验所必需的各种单体建筑模型，随着项目的深入逐渐扩展到复合建筑模型，再到后期主城、地下城等整体建筑群的制作，所以以对于建筑模型制作的能力以及建筑学知识的掌握是游戏制作公司对于场景美术师评价的最基本标准。新人进入游戏公司后，最先接触的就是场景建筑模型，因为建筑模型大多方正有序、结构明显，只需掌握3ds Max最基础的建模功能就可以进行制作，所以这也是场景制作中最易于上手的部分。

在学习场景建筑模型制作之前，需要了解游戏中不同风格的建筑分类，这主要根据游戏的整体美术风格而言。首先要确立基本的建筑风格，然后抓住其风格特点，这样制作出的模型才能生动贴切，符合游戏所需。

现在市面上不同类型的游戏，从游戏题材上可以分为历史、现代和幻想。历史就是以古代为题材的游戏，如国内目标公司的《傲视三国》《秦殇》系列，法国育碧公司的《刺客信条》系列；现代就是贴近我们生活的当代背景下的游戏，比如美国EA公司的《模拟人生》系列，RockStar公司的《侠盗飞车》系列；幻想就是以虚拟构建出的背景为题材的游戏，比如日本SE公司的《最终幻想》系列。

如果按照游戏的美术风格来分，又可以分为写实和卡通。写实类的场景建筑就是按照真实生活中人与物的比例来制作的建筑模型，而卡通风格就是我们通常所说的Q版风格，比如韩国NEXON公司的《跑跑卡丁车》、网易公司的《梦幻西游》等。

另外，如果按照游戏的地域风格来分，又可以分为东方和西方。东方主要指中国古代风格的游戏，国内大多数MMORPG游戏都属于这个风格，西方主要就是指欧美风格的游戏。

综合以上各种不同的游戏分类，我们可以把游戏场景建筑风格分为以下几种类型，下面让我们通过图片来进一步认识不同风格的游戏场景建筑。

1. 中国古典建筑（见图5-1）

· 图5-1｜《古剑奇谭》中的中国古典建筑主城

2. 西方古典建筑（见图5-2）

· 图5-2｜《七大奇迹》中古代希腊风格的神殿

3. Q版中式建筑（见图5-3）

· 图5-3│Q版中式建筑民居

4. Q版西式建筑（见图5-4）

· 图5-4│《龙之谷》中的Q版西式建筑城堡

5. 幻想风格建筑（见图5-5）

· 图5-5│《TERA》中的西方幻想风格建筑

6. 现代写实建筑（见图5-6）

• 图5-6 │ 游戏中的现代写实风格建筑

　　除了游戏场景和建筑的风格外，从专业的游戏美术制作角度来看，游戏场景建筑模型主要分为单体建筑模型和复合式建筑模型。单体建筑模型是指在三维游戏中用于构成复合场景的独立建筑模型，它与场景道具模型一样也是构成游戏场景的基础模型单位，单体建筑模型除了具备独立性以外还具有兼容性。这里所谓的兼容性是指，不同的单体建筑模型之间可以通过衔接结构相互连接，进而组成复合式的建筑模型。图5-7中分别为单体建筑模型和复合建筑模型。

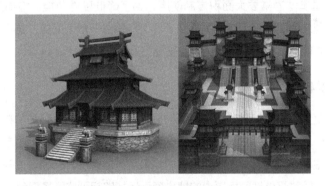

• 图5-7 │ 单体和复合式场景建筑模型

　　学习单体建筑模型的制作是每位游戏场景设计师必修的基本功课，对其掌握的程度也直接决定和影响日后制作复合建筑模型以及大型三维游戏场景的能力，所以对本章节内容的学习一定要遵循从精、从细的原则，扎实掌握每一个制作细节，同时要加强日常练习，为以后大型场景的制作打下基础。

5.1.2　场景道具模型

　　场景道具模型是指在游戏场景中用于辅助装饰场景的独立模型物件，场景道具模型是构成游戏场景最基本的美术元素之一。比如室内场景中的桌椅板凳、大型城市场景中的雕塑、道边护栏、照明灯具、美化装饰等，这些都属于游戏场景道具模型。场景道具模型的特点：小巧精致带有设计感并且可以不断复制循环利用。

　　场景道具模型在游戏场景中虽然不能作为场景主体模型，但却发挥着不可或缺的作用。比如当我们制作一个酒馆或驿站的场景，就必须为其搭配制作相关的桌椅板凳等场景道具；再如当我们制作一个城市场景，花坛、路灯、雕塑、护栏等也是必不可少。在场景中制作添加适当的场景道具模型，不仅可以增加场景整体的精细程度，而且还可以让场景变得更加真实自然，符合历史和人文的特征（见图5-8）。

· 图5-8│细节丰富的游戏场景道具模型

　　由于场景道具模型通常要大面积复制使用，为了降低硬件负担，增加游戏整体的流畅度，场景道具模型必须要在保证结构的基础上尽可能地降低模型面数，结构细节主要通过贴图来表现，这样才能保证模型在游戏场景中被充分利用。

▌5.1.3　场景植物模型

　　自然生态场景是三维网络游戏中的重要构成部分，游戏中的野外场景在大多数情况下就是在营造自然的环境氛围，除去天空、远山这些在游戏中距离玩家较远的自然元素外，在地表生态环境中最主要的表现元素就是植物。植物模型可以解决野外场景过于空旷、缺少主体表现元素的弱点，同时野外地图场景中的植物模型还能够起到修饰场景色彩的作用。

　　在早期的三维游戏中，游戏场景基本设定在室内，很少有野外场景的出现，即使是野外场景也很难见到植物模型，只有在远景才会出现植物的影子，因为早期的三维技术还很难解决自然环境中植物模型的制作问题。在3D加速显卡出现后，伴随计算机硬件的支持，三维技术有了较大的进步和发展，这时的很多游戏都有了野外场景的出现，同时玩家也可以看到越来越多的三维植物模型，但这些模型与现在相比仍然十分简陋，直到后期不透明贴图技术的出现才从真正意义上解决了三维游戏中植物模型的制作问题（见图5-9）。

　　在如今的游戏研发领域中，植物模型的制作仍然是三维场景美术师需要不断研究的课题，在业内有一句话："盖好十座楼，不如插好一棵树"，由此便能看出植物模型对于三维制作人员技术和能力的要求。在许多大型游戏制作公司的应聘考试中,制作植物模型成为经常出现的考题,往往通过简单的"一棵树"就能够清楚地看出应聘者能力水平的高低。

• 图5-9 │ 游戏场景中利用Alpha贴图技术制作的植物模型

要想将三维场景植物模型制作得生动自然,我们就必须要抓住植物模型的特点。对于场景植物模型来说,其特点主要从结构和形态两方面来看,所谓结构主要指自然植物的共性结构特征,而形态就是指不同植物在不同环境下所表现出的独特生长姿态,只要抓住植物这两方面的特点,我们就能将自然界千姿万态的花草树木植入虚拟世界中。

我们以自然界中的树木为例来看植物的结构特征,从图5-10左侧图中我们可以看出,树木作为自然界中的木本植物主要由两大部分构成:树干和树叶,而树干又可以细分为主干、枝干和根系。以树木所在的地平面为基点,向下延伸出植物的根系,向上延伸出植物的主干,随着主干的延伸逐渐细分出主枝干,主枝干继续延伸细出更细的枝干,在这些枝干末端生长出树叶,这就是自然界中树木的基本结构特征。

图5-10右图是一棵树木的高精度模型,从主干到枝干,包括每一片树叶都是多边形模型实体,显然这样的模型面数根本无法应用于游戏场景中,即使除去叶片只制作主干和枝干,这样的工作量也是无法完成的,何况游戏野外场景中要用到大量的植物模型,所以要利用多边形建模的方式来制作植物模型是不现实的。现在游戏场景中植物模型的主流制作方法是利用Alpha贴图来制作植物的枝干和叶片,在专业领域中我们称之为"插片法"。

除了植物的结构特征我们还必须要掌握植物的形态特征。植物形态就是指不同植物在不同环境下所表现出的独特生长姿态,例如,就绿叶植物来说,温带地区和热带地区的植物在形态上有很大的区别;拿热带地区来说,生长在水域附近的植物与沙漠中的植物形态更是各异;而对比热带和寒带地区,其植物的形态差异则更大。以上所说都属于区域植物间的形态差异,而处于同一地区,甚至于相邻的两棵植物也都可能会具有各自的形态。作为三维游戏场景美术师我们必须要掌握植物的形态特征,只有这样才能让虚拟的植物模型散发出自然的生机。下面我们就来总结一下在三维游戏场景中常见的植物模型类型(见表5-1)。

· 图5-10│自然界中的树木与高精度树木模型

· 表5-1　游戏场景中常见的植物模型种类

普通树木，在自然场景中应用最广，可根据不同风格的场景改变树叶的颜色，如红枫、银杏等（见图5-11）	 · 图5-11│普通树木
各种花草植物，大量应用在地表上（见图5-12）	 · 图5-12│花草植物
灌木，与花草模型穿插使用，也可作为地表低矮植物模型（见图5-13）	 · 图5-13│灌木

续表

松树，应用在高原或高山场景中（见图5-14）	 • 图5-14 | 松树
竹子，特殊植物，主要用于大面积竹林的制作（见图5-15）	 • 图5-15 | 竹子
柳树，多用于江南场景的制作中（见图5-16）	 • 图5-16 | 柳树
花树，在野外场景中与普通树木穿插，也可以用来制作大面积的花树林，在游戏中较常见的是桃花、梅花等（见图5-17）	 • 图5-17 | 花树

热带植物，多用于热带场景的制作，主要为棕榈科的植物（见图5-18）	 · 图5-18 | 热带植物
巨型树木，通常在标志性场景或独立场景中作为场景主体出现（见图5-19）	 · 图5-19 | 巨型树木
沙漠植物，用于沙漠场景中，常见的有仙人掌、骆驼刺等（见图5-20）	 · 图5-20 | 沙漠植物
雪景植物，覆雪场景中使用的植物模型，主要以雪松为主（见图5-21）	 · 图5-21 | 雪景植物

续表

枯木，多用于荒凉场景或恐怖场景（见图5-22）	 · 图5-22 | 枯木

5.1.4　场景山石模型

　　游戏场景中的山石实际上包含两个概念——山和石，山是指游戏场景中的山体模型，石是指游戏场景中独立存在的岩石模型。游戏场景中的山石模型在整个三维网络游戏场景设计和制作范畴中是极为重要的一个门类和课题，尤其是在游戏野外场景的制作中，山石模型更是发挥着重要的作用，它与三维植物模型一样都属于野外场景中的常见模型元素。

　　图5-23中远处的高山就是山体模型，而近景处的则是我们所指的岩石模型，山体模型在大多数游戏场景中分为两类：一类是作为场景中的远景模型，与引擎编辑器中的地表配合使用，作为整个场景的地形山脉而存在，这类山体模型通常不会与玩家发生互动关系，简单来说就是玩家不可攀登；另一类则恰恰相反，需要建立与玩家间的互动关系，此时的山体模型在某种意义上也充当了地表的作用。这两类山体模型并不是对立存在的，往往需要相互配合使用，才能让游戏场景呈现出更加完美的效果。

· 图5-23 \| 游戏场景中的山体和岩石模型

　　游戏场景中的岩石模型也可以分为两类：一类是自然场景中的天然岩石模型；另一类是

经过人工处理的岩石模型，如石雕、石刻、雕塑等。前者主要用于游戏野外场景当中，后者多用于建筑场景当中。其实从模型作用效果来看，游戏场景岩石模型也属于游戏场景道具模型的范畴，只不过形式和门类比较特殊，所以我们将其单独分类来学习。

　　山石模型在游戏场景中相对于建筑模型和植物模型来说可能并不起眼，有时甚至只会存在于边边角角，但山石模型对于游戏场景中整体氛围的烘托功不可没，尤其在游戏野外场景中，一块岩石的制作水平，甚至摆放位置都能直接影响场景的真实性。下面我们针对游戏场景中常用的山石模型结合图片进行分类介绍。

1. 用于构建场景地形的远景山体模型（见图5-24）

· 图5-24 ｜ 远景山体模型

2. 作为另类地表的交互山体模型（见图5-25）

· 图5-25 ｜ 地表山体模型

3. 野外场景中散布在地表地图中的单体或成组岩石模型（见图5-26）

· 图5-26│单体岩石模型

4. 用于城市或园林建筑群中的假山观赏石模型（见图5-27）

· 图5-27│园林假山模型

5. 带有特殊雕刻的场景装饰岩石模型（见图5-28）

· 图5-28│雕刻岩石模型

6. 制作洞穴场景

岩石模型还有一个特殊应用，就是被用来制作洞窟、地穴等场景。由于这些场景的特殊性决定了场景整体都要用岩石模型来制作，很多游戏中大型的地下城与副本都是通过这种形式来表现的（见图5-29）。

· 图5-29 | 利用岩石模型制作的洞穴场景

5.2 3D游戏场景的制作流程

5.2.1 确定场景规模

在游戏企划部门给出基本的策划方案和文字设定后，第一步要做的并不是根据策划案来进行场景美术的设定工作。在此之前，首要的任务就是先确定场景的大小，这里所说的大小主要指场景地图的规模及尺寸。所谓"地图"的概念就是不同场景之间的地域区划，如果把游戏中所有的场景看作一个世界体系，那么这个世界中必然包含不同的区域，其中每一块区域我们将其称作游戏世界的一块"地图"，地图与地图之间通过程序相连接，玩家可以在地图之间自由行动、切换（见图5-30）。

通过游戏企划部门提供的场景文字设定资料，我们可以得知场景中所包含的内容以及玩家在这个场景中的活动范围，这样就可以基本确定场景的大小，不同类型游戏中场景地图的制作方法也有所不同。在像素或2D类型的游戏中，游戏场景地图是由一定数量的图块（Tile）拼接而成的，其原理类似于铺地板，每一块Tile中包含不同的像素图形，通过不同Tile的自由组合拼接就构成了画面中不同的美术元素。通常来说，平视或俯视2D游戏中的Tile是矩形的，2.5D的游戏中Tile是菱形的，但最终计算机程序都会按照矩形图块来处理运算，这种原理也是二维地图编辑器的制作原理（见图5-31）。

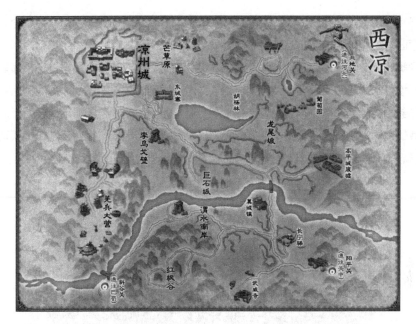

• 图5-30│网络游戏中的游戏地图

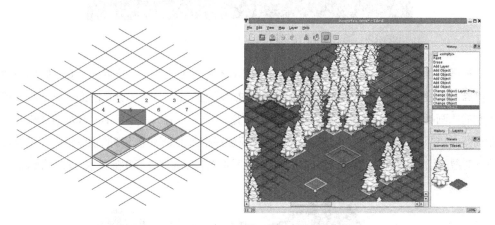

• 图5-31│2D游戏地图的制作原理

在三维游戏中场景地图是通过引擎地图编辑器制作生成的，在引擎编辑器中可以设定地图区块的大小，通过地形编辑功能制作出地图中的地表形态，然后可以导入之前制作完成的三维模型元素，通过排布、编辑、整合最终完成整个场景地图的制作。

5.2.2 场景原画设定

当游戏场景地图的大小确定下来之后，接下来就需要游戏美术原画设计师根据策划文案的描述来进行场景原画的设定和绘制了。场景原画设定是对游戏场景整体美术风格的设定和对游戏场景中所有美术元素的设计绘图，从类型上来分，游戏场景原画又分为概念类原画和制作类原画。

概念类场景原画是指原画设计师针对游戏策划的文案描述对游戏场景进行整体美术风格和游戏环境基调设计的原画类型（见图5-32）。游戏原画师会根据策划人员的构思和设想，对游戏场景中的环境风格进行创意设计和绘制，概念原画不要求绘制得十分精细，但要综合考虑游戏的世界观背景、游戏剧情、环境色彩、光影变化等因素。相对于制作类原画的精准设计，概念类原画更加笼统，这也是将其命名为概念原画的原因。

• 图5-32 | 游戏场景概念原画

在概念原画确定之后，游戏场景基本的美术风格就确立下来了，之后就需要开始场景制作类原画的设计和绘制。场景制作类原画是指对游戏场景中具体美术元素的细节进行设计和绘制的原画类型。这也是通常意义上我们所说的游戏场景原画，其中包括游戏场景建筑原画和场景道具原画（见图5-33）。制作类原画不仅要在整体上表现出清晰的物体结构，更要对设计对象的细节进行详细描述，这样才能便于后期美术制作人员进行实际美术元素的制作。

• 图5-33 | 游戏场景建筑原画

5.2.3 制作场景元素

在场景地图确定之后就要开始制作场景地图中所需的美术元素了，包括场景道具、场景建筑、场景装饰、山石水系、花草树木等。这些美术元素是构成游戏场景的基础元素，制作的质量直接关系到整个游戏场景的优劣，所以这部分是游戏制作公司中美术部门所要做的工作量最大的一个环节。

在传统像素和2D游戏中的美术元素都是通过Tile拼接组合而成的，而对于现在高精细度的2D或2.5D游戏，其中的美术元素大多是通过三维建模，然后渲染输出成二维图片再通过2D软件编辑修饰，最终才能制作成游戏场景中所需的美术元素图层。三维游戏中的美术元素基本都是由3ds Max软件制作出的三维模型（见图5-34）。

以一款三维网络游戏来说，其场景制作最主要的工作就是对三维场景模型的设计制作，包括场景建筑模型、山石树木模型及各种场景道具模型等。除了在制作的前期需要基础三维模型提供给Demo的制作，在中后期更需要大量的三维模型来充实和完善整个游戏场景和环境，所以在三维网络游戏项目中，需要大量的三维美术师。

三维美术设计师要求具备较高的专业技能，不仅要熟练掌握各种复杂的高端三维制作软件，更要有极强的美术塑形能力。在国外，专业的游戏三维美术师大多都是美术雕塑系或建筑系出身，除此之外，游戏三维美术设计师还需要具备大量的相关学科知识，例如建筑学、物理学、生物学、历史学等。

· 图5-34 | 三维场景建筑模型

5.2.4 场景的构建与整合

场景地图有了，所需的美术元素也有了，剩下的工作就是要把美术元素导入场景地图中，通过拼接整合最终得到完整的游戏场景。这一部分的工作要根据企划的文字设定资料来进行，在大地图中根据资料设定的地点、场景依次制作，包括山体、地形、村落、城市、道路及其他特定区域的制作。2D游戏中这部分工作是靠二维地图编辑器制作完成的，而3D游戏中是靠游戏引擎编辑器制作完成。

在成熟化的三维游戏商业引擎普及之前，早期的三维网络游戏开发中，游戏场景中所有美术资源的制作都是在三维软件中完成的，除了场景道具、场景建筑模型以外，甚至包括游戏中的地形山脉都是利用模型来制作的。而一个完整的三维游戏场景包括众多的美术资源，所以用这样的方法来制作的游戏场景模型会产生数量巨大的多边形面数，不仅导入游戏中的过程十分烦琐，而且制作过程中三维软件本身就承担了巨大的负载，经常会出现系统崩溃、软件跳出的现象。

随着技术的发展，在进入游戏引擎时代以后，以上所有的问题都得到了完美的解决，游戏引擎编辑器不仅可以帮助我们制作出地形和山脉的效果，除此之外，水面、天空、大气、光效等很难利用三维软件制作的元素都可以通过游戏引擎来完成。尤其是野外游戏场景的制作，我们只需要利用三维软件来制作独立的模型元素，其余80%的场景工作任务都可以通过游戏引擎地图编辑器来整合和制作（见图5-35），利用游戏引擎地图编辑器制作游戏地图场景主要包括以下几方面的内容。

（1）场景地形地表的编辑和制作。

（2）场景模型元素的添加和导入。

（3）游戏场景环境效果的设置，包括日光、大气、天空、水面等方面。

（4）游戏场景灯光效果的添加和设置。

（5）游戏场景特效的添加与设置。

（6）游戏场景物体效果的设置。

• 图5-35 │ 利用引擎地图编辑器编辑场景

其中，大量的工作时间都集中在游戏场景地形地表的编辑制作上。利用引擎地图编辑器制作地形的原理是将地表平面划分为若干分段的网格模型，然后利用笔刷进行控制，实现垂直拉高形成的山体效果或者塌陷形成的盆地效果，然后再通过类似于Photoshop的笔刷绘制方法来对地表进行贴图材质的绘制，最终实现自然的场景地形效果。

5.2.5　场景的优化与渲染

以上工作都完成以后其实整个场景就基本制作完成了，最后要对场景进行整体的优化和完善，为场景进一步添加装饰道具，精减多余的美术元素，除此以外，还要为场景添加各种粒子特效和动画等（见图5-36）。

•图5-36│游戏场景特效

三维游戏特效的制作，首先要利用3ds Max等三维制作软件创建出粒子系统，然后将事先制作好的三维特效模型绑定到粒子系统上，还要针对粒子系统进行贴图的绘制，贴图通常要制作为带有镂空效果的Alpha贴图，有时还要制作贴图的序列帧动画，之后要将制作完成的素材导入游戏引擎特效编辑器中，对特效进行整合和细节调整。

对于游戏特效美术师来说，他们在游戏美术制作团队中有一定的特殊性，既难将其归类于二维美术设计人员，也难将其归类于三维美术设计人员。游戏特效美术师不仅要掌握三维制作软件的操作技能，还要对三维粒子系统有深入研究，同时还要具备良好的绘画功底、修图能力和动画设计制作能力。所以，游戏特效美术师是一个具有复杂性和综合性的游戏美术设计岗位，是游戏开发中必不可少的职位，同时入门门槛也比较高，需要从业者具备高水平的专业能力。在一线的游戏研发公司中，游戏特效美术师通常都是具有多年制作经验的资深从业人员，相应所得到的薪水待遇也高于其他游戏美术设计人员。

5.3 | 常见3D游戏场景的概念与分类

5.3.1 野外场景

在三维游戏制作领域中，我们所说的野外场景其实是一个很笼统的综合概念，它是指三维游戏场景地图中所有美术元素的集合。之所以要将其称为野外场景，主要是为了与封闭式场景进行区别。封闭式场景是指三维游戏中利用三维软件独立制作的地图场景，比如主城场景、洞穴场景、地下城场景等，而对于野外场景来说不仅要利用三维软件，还必须要借助游戏引擎和编辑器才能完成，所以从这个角度来看，野外场景和封闭式场景最主要的区别就是实际制作方式的不同。

三维游戏野外场景包含的内容十分广泛，大到整个场景地图的地形、山脉，地图场景中的村落、城镇、遗迹、宫殿，小到地图场景中的花花草草、山石树木、道边点缀的场景道具等，甚至可以说我们制作的所有场景模型都可以作为野外场景中的美术元素。如果要系统地加以分类，那么三维游戏野外场景主要包括以下几部分内容。

1. 场景地图中的建筑群落

这主要指的是除去游戏中主城、地下城等大面积封闭场景以外的建筑集合，比如野外村落、山寨、驿站、寺庙、怪物营地、各种废弃的建筑群遗迹等（见图5-37）。

• 图5-37 | 野外场景中的建筑群

2. 场景地图中的自然元素

这里指的是游戏中除去人文建筑以外的所有自然环境及其相关元素，例如场景地形、山脉、花草树木、山石水系，甚至与游戏引擎相关的日光、天气效果、环境粒子效果等，这都属于场景自然元素的范畴。

3. 场景地图中的场景道具

这主要是指场景地图中一切相关的场景道具模型，比如各种雕塑、雕刻、栅栏、路牌、路灯、石阶等。

野外场景在当下的MMORPG游戏中作为重点的制作内容，也是花费时间最长的制作内容，那么它在游戏中究竟扮演着怎样的角色？它的作用是什么？我们以著名的欧美MMORPG游戏《魔兽世界》为例来说明。在《魔兽世界》的游戏场景中包含了各个种族的主城、玩家PK竞技场、地下城和副本，除此之外还包括连接各主城的大陆和野外场景，如果说我们将所有野外场景从游戏中全部移除，只剩下游戏中的主城、竞技场和地下城副本区域，而其他的游戏系统保持不变，那么我们来看这个游戏是否还能保持其完整度。

如果是仅仅移除游戏中的野外场景地图，乍看之下游戏本身似乎并没有受到太大影响，游戏中主要的经济系统、玩家PK竞技系统、地下城关卡攻略系统都没有丝毫影响，受牵连的只有任务和升级系统，如果我们把任务和升级系统移到地下城和副本当中，似乎一切又都可以完美解决。

如上所述，仅从游戏系统和游戏规则的角度来看，游戏野外场景在实际游戏中仅仅是作为玩家升级和完成任务的载体，将其移除并不会影响游戏的其他系统和环节。但其实我们却忽略了一个重要的问题，那就是野外场景在游戏中起到的更高层次的作用。游戏场景的首要作用就是交代游戏的世界观，而游戏野外场景恰恰就是这个作用最主要的承载者。玩家在游戏野外场景中领取和完成任务，这不仅是为了角色升级的需要，同时也是利用升级的过程让玩家体会完整的游戏剧情，另外野外场景所构建的虚拟世界也进一步完善了游戏的整体世界观体系，让玩家在MMO游戏中实现了真正意义上的VR（Virtual Reality，即虚拟现实）体验，这便是野外场景在游戏中的真正意义。

三维游戏野外场景和建筑场景虽然都属于游戏场景的范畴，但无论在实际内容还是制作流程上两者都有很大的区别。在一般的游戏制作公司中，建筑场景的制作更适合新人入门上手，但在后期高级场景的实际制作中，两者都具有各自的难度特点和专业方向性，下面我们就从内容和制作两个方面来具体了解三维游戏野外场景与建筑场景的区别。

首先从内容上来说，野外场景在实际游戏中就是场景地图，它是一切场景美术元素的承载者，所以在制作规模上野外场景要比建筑场景大得多，游戏野外场景的地图尺寸往往要根据游戏内容和升级路线来决定。建筑场景更侧重于局部细节的构建和处理，即使在方寸之地也要能够显露宏伟的气势，而大气之处却又不失玲珑细节（见图5-38）。

· 图5-38 | 野外场景与建筑场景

　　野外场景包含更多自然元素，例如地形山脉、花草树木、山石水系，甚至游戏中的日光、天气效果、环境粒子效果等。建筑场景主要以人文元素为主，其中蕴含的更多是时代脉络和历史的气息。三维游戏野外场景的风格性更强，比如连绵起伏的群山、风沙弥漫的沙漠、琼堆玉积的雪山，这都需要更多的技术手段来完善整体效果。建筑场景基本都是利用三维软件完成的，后期主要是靠贴图去增强局部的细节和效果（见图5-39）。

· 图5-39 | 野外场景的自然风光

　　从制作上来说，三维游戏野外场景的制作更加复杂，工作量大，需要引擎编辑器和三维模型共同配合来完成；从整体来说，野外场景的制作需要有更强的全局观念，必须时刻遵循由大及小、先整后零的原则，即使在局部细节制作的同时也不能忽视对于场景整体的把握。三维游戏野外场景的制作需要使用各种技术手段来完善整体的效果，这就需要多个制作部门之间的协调配合，模型制作、动画特效制作、角色制作甚至游戏企划人员都要加入野外场景地图的整体设计制作中。

5.3.2 室内场景

对于三维游戏场景来说，除了野外场景和建筑场景，还有另外一个大的分类，那就是游戏室内场景。在三维游戏尤其是网络游戏当中，对于一般的场景建筑仅仅是需要它的外观去营造场景氛围，通常不会制作出建筑模型的室内部分，但对于一些场景中的重要建筑和特殊建筑，有时需要为其制作内部结构，这就是我们所说的室内场景部分。那么究竟室外建筑和室内场景在制作上有什么区别呢？

我们首先来看制作的对象和内容。室外建筑模型主要是制作整体的建筑外观，它强调建筑模型的整体性，在模型结构上也偏向于以"大结构"为主的外观效果。而室内场景主要是制作和营造建筑的室内模型效果，它更加强调模型的结构性和真实性，不仅要求模型结构制作更加精细，同时对于模型的比例也有更高的要求。

然后再来看在实际游戏中两者与玩家的交互关系。室外建筑模型对于游戏中的玩家来说都显得十分高大，在游戏场景的实际运用中也多用于中景和远景，即便玩家站在建筑下面也只能看到建筑下层的部分，建筑的上层结构部分也成为等同于中景或远景的存在关系，正是由于这些原因，建筑模型在制作的时候无论是模型面数还是精细程度上都要求精简为主，以大效果取胜。而对于室内场景来说，在实际游戏环境中玩家始终与场景模型保持十分近的距离，场景中所有的模型结构都在玩家的视野距离之内，这要求场景中的模型比例必须要与玩家角色相匹配，同时在贴图的制作上要求结构绘制更加精细、复杂与真实。借由以上，我们来总结一下室内游戏场景的特点。

1. 整体场景多为全封闭结构，将玩家与场景外界阻断隔绝（见图5-40）

· 图5-40 | 全封闭的游戏场景

2. 更加注重模型结构的真实性和细节效果（见图5-41）

· 图5-41｜游戏室内场景细节效果

3. 更加强调玩家角色与场景模型的比例关系（见图5-42）

· 图5-42｜角色与室内场景模型的比例

4. 更加注重场景光影效果的展现（见图5-43）

· 图5-43｜游戏场景中的光影效果

5. 对于模型面数的限制可以适当放宽（见图5-44）

· 图5-44 | 模型复杂的室内场景

　　在游戏制作公司中，场景原画设计师对于室外场景和室内场景的设定工作有着较大的区别。室外建筑模型的原画设定往往是一张建筑效果图，清晰和流畅的笔触展现出建筑的整体外观和结构效果；而室内场景的原画设定，除了主房间外通常不会有很具体的整体效果设定，原画师更多会提供给三维美术师室内结构的平面图，还有室内装饰风格的美术概念设定图，除此之外并没有太多的原画参考，这就要求三维场景美术师要根据自身对于建筑结构的理解进行自我发挥和创造，在保持基本美术风格的前提下，利用建筑学的知识对整体模型进行创作，同时参考相关的建筑图片来进一步完善自己的模型作品。

5.3.3　Q版场景

　　Q版是从英文Cute一词演化而来的，意思为可爱、招人喜欢、萌，西方国家也经常用Q来形容可爱的事物。我们现在常见的Q版就是在这种思想下被创造出来的一种设计理念，Q版化的物体一定要符合可爱和萌的定义，这种设计思维在动漫和游戏领域尤为常见。

　　三维游戏场景从画面风格上可以分为写实和卡通。写实风格主要指游戏中的场景、建筑和角色的设计制作符合现实中人们的常规审美，而卡通风格就是我们所说的Q版风格。Q版风格通常是将游戏中建筑、角色和道具的比例进行卡通艺术化的夸张处理，例如Q版的角色都是4头身、3头身甚至2头身的比例，Q版建筑通常为倒三角形或者倒梯形的设计（见图5-45）。

　　如今有大量的网络游戏都被设计为Q版风格，其卡通可爱的特点能够迅速吸引众多玩家，风靡市场。最早一批进入国内的日韩网络游戏大多都是Q版类型的，诸如早期的《石器时代》《魔力宝贝》《RO》等，它们的成功奠定了Q版游戏的基础，之后Q版网游更是发展为一种专门的游戏类型。由于Q版游戏中角色形象设计可爱、整体画面风格亮丽多彩，在市场中享有广泛的用户群体，尤其受女性用户喜爱，成为网游中不可或缺的重要类型。

· 图5-45｜Q版游戏场景

5.3.4　副本地下城场景

　　"地下城"这个词汇第一次与游戏关联出现应该是在1974年，美国威斯康星州的一位保险公司推销员加里·吉盖克斯（Gary Gygax）发明了一款桌面游戏，起名叫作"龙与地下城（Dungeons & Dragons，D&D）"，这是世界上第一个商业化的桌面角色扮演游戏。这里同时要讲一下什么是桌面游戏，所谓的桌面游戏就是指一切可以在桌面上或者某个多人面对面平台上玩的游戏，与运动或电子游戏相区别，桌上游戏更注重对多种思维方式的锻炼、语言表达能力及情商锻炼，并且不依赖电子设备和电子技术，从广义上来说麻将、扑克、象棋、围棋都属于桌面游戏的范畴。

　　其实最早的"龙与地下城"就是一种游戏规则，以骰子为核心结合各种各样的游戏设定构成一种游戏玩法。由于其严谨性和复杂性，加上庞大的游戏背景设定，"龙与地下城"在诞生后迅速风靡全球。在随后的几十年中，"龙与地下城"的游戏规则也在不断加强和完善，随着计算机技术的发展和计算机游戏的出现，越来越多的计算机游戏开始加入"龙与地下城"的阵营当中，比较著名的有20世纪80年代SSI和TSR签约之后所制作的"金盒子系列（Golden Box）"，90年代日本CAPCOM公司发行的街机电子游戏"毁灭之塔"与"地狱神龙"，近年来最为著名的有BioWare公司的"柏德之门"系列和"无冬之夜"系列，以及Black Isle工作室的"异域镇魂曲""冰风之谷"系列等。直到今天"龙与地下城"相关的各种计算机游戏依然层出不穷，这些游戏大多以角色扮演类游戏（RPG）为主。

　　2005年，世界著名计算机游戏制作公司暴雪娱乐（Blizzard Entertainment）制作的一款大型多人在线角色扮演游戏（MMORPG）《魔兽世界（World of Warcraft）》上市，从2005年正式运营到现在，全球累计注册用户两千多万人，创下全球玩家人数和累计盈利最多的网络游戏世界纪录，堪称世界游戏史上具有里程碑意义的多人在线角色扮演游戏。

　　虽然《魔兽世界》不是"龙与地下城"官方授权的计算机游戏，但游戏中的许多设计都参照了"龙与地下城"的游戏规则，例如角色种族的设定、组队模式的设定、游戏中物品的分配规则、地下城副本游戏模式等。在以上提到的游戏内容中或多或少地都能看到"龙与地下城"的影子，而在这诸多内容中有一项设计开创了世界多人在线角色扮演游戏的先河，那就是《魔兽世界》中的地下城副本设计。

所谓的游戏副本，就是指游戏服务器为玩家所开设的独立游戏场景，只有副本创建者和被邀请的游戏玩家才允许出现在这个独立的游戏场景中，副本中的所有怪物、BOSS、道具等游戏内容不与副本以外的玩家共享。这项前无古人的游戏设定，解决了大型多人在线游戏中游戏资源分配紧张的问题，所有玩家都可以通过创建游戏副本平等地享受到游戏中的内容，使游戏从根本上解除了对玩家人数的限制。《魔兽世界》正式确立了游戏副本的定义，同时也为日后的MMO网游树立了副本化游戏模式的标杆（见图5-46）。

· 图5-46 | 《魔兽世界》游戏中的副本场景

游戏地下城或者游戏副本场景由于其独立性的特点，所以这部分游戏场景在设计和制作的时候必定有别于一般的游戏场景。地下城或副本场景必须避免游戏地图中的室外共享场景，通常被设定为室内场景，偶尔也会被设定为全封闭的露天场景。我们以典型的室内地下城或副本场景为例来分析下场景的基本结构，从大的方面来看基本分为两部分：室内房间和室内场景连接结构。图5-47是某游戏中的副本平面结构设计图。

图中大部分独立的圆形和方形图案代表副本中的室内房间场景，圆圈图案所标示的是游戏中BOSS的位置分布。对于游戏中地下城或副本的制作，通常先按照场景平面设计图归纳出需要制作的室内房间数量和种类，BOSS所在的室内房间为主要场景，在场景设计上一般都具有比较明显的特色，整体模型的制作也相对复杂。BOSS房间以外的其他室内房间为次要场景，只是为了增加游戏内容和延长副本流程，除了房间面积上有所区别通常不会带有明显的场景特色。

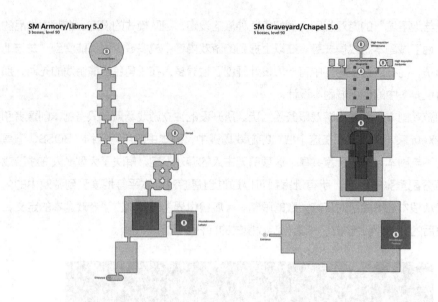

· 图5-47 游戏地下城副本场景平面图

　　除了独立的室内场景的制作，地下城副本场景在制作中的另一大特点就是整个场景的衔接。地下城副本场景是属于连贯式的关卡结构，在制作场景的时候必须要保证玩家从起点开始能够顺利流畅地通过每一处场景关卡。图5-47中副本房间之间细长的图案就是用来连接各室内场景的走廊或通道结构，这些连接场景的制作和处理对于地下城副本整个场景来说起到了十分关键的作用。所以，强大的结构性是地下城副本场景区别于其他场景类型的最大区别。

🎯 5.4 | 游戏场景建筑模型实例制作

　　通常来说，游戏场景的主体模型就是指场景建筑模型，游戏场景设计师大多数时间也都是在跟建筑打交道。对于游戏三维场景设计来说，只有接触到了专业的场景建筑设计才算是真正步入了这个领域，才会真正明白这个职业的精髓和难度所在，很多刚刚进入这个专业领域的新手在接触到场景建筑后都会有此感悟。对于场景建筑模型的学习通常都是从单体建筑模型入手，本节将带领大家深入学习游戏场景单体建筑模型的制作。

　　对于场景建筑模型来说最重要的就是"结构"，只要紧抓模型的结构特点，制作将会变得十分简单，所以在制作前对于制作对象的整体分析和把握将会在整个制作流程中起到十分重要的作用。对于编者个人而言会把这一过程看得比实际制作还要重要，制作前对模型结构特点有准确的把握，不仅会降低整体制作的难度，还会大量节省制作时间。

另外，三维游戏场景的最大特点就是真实性，所谓的真实性就是指在三维游戏中，玩家可以从各个角度去观察游戏场景中的模型和各种美术元素，三维游戏引擎为我们营造了一个360°的真实感官世界。所以在制作过程中，我们要时刻记住这个原则，保证模型各个角度都要具备模型结构和贴图细节的完整度，在制作中要随时旋转模型，从各个角度观察模型，及时完善和修正制作中出现的疏漏和错误。

对于新手来说，在游戏模型制作初期最容易出现的问题就是模型中会存在大量"废面"，要多多利用Polygon Counter工具，及时查看模型的面数，随时提醒自己要不断修改和整理模型，避免产生废面。其实，游戏场景的制作并没有想象中那么复杂和困难，只要从基础入手，脚踏实地地做好每个模型，从简到难，由浅及深，在大量积累后必然会让自己的专业技能获得质的提升。

5.4.1 用3ds Max制作建筑模型

图5-48为本节实例制作单体建筑模型的最终完成效果图。两座建筑都是典型的中国古代传统建筑，包含各种古典建筑元素，如屋脊、瓦顶以及斗拱等。对于模型的制作可以按照从上到下的顺序来进行，首先制作屋顶、屋脊等结构，然后制作主体墙面结构，最后是地基台座和楼梯结构的制作，而建筑墙面和屋顶瓦片等细节部分则主要通过后期贴图来进行表现，下面我们开始实际模型的制作。

• 图5-48 | 本节实例的最终完成效果图

下面正式开始模型的制作，首先在3ds Max视图中创建BOX模型（见图5-49）。

然后将BOX塌陷为可编辑的多边形，通过面层级下的挤出命令制作出屋顶主脊的基本结构（见图5-50）。因为主脊模型为中心对称结构，我们只需要制作一侧，另一侧可以通过调整轴心点（Pivot）和镜像复制的方式来完成（见图5-51）。之后只需要将主脊的两部分Attach到一起并焊接（Weld）衔接处的顶点即可。

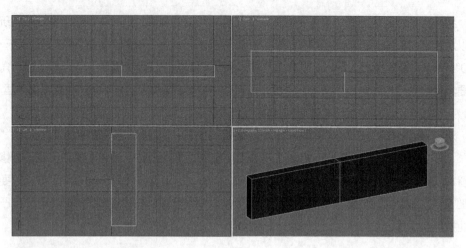

· 图5-49｜创建BOX模型

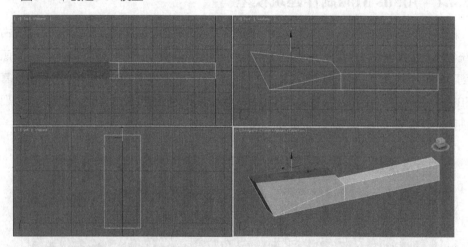

· 图5-50｜编辑主脊结构

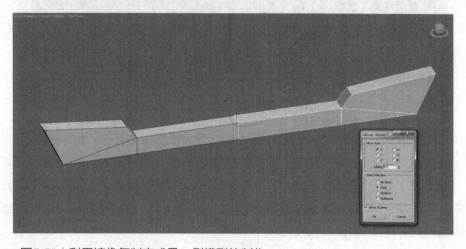

· 图5-51｜利用镜像复制完成另一侧模型的制作

接下来制作主脊下方的屋顶模型，同样先在视图中创建BOX模型，将其对齐放置在主脊的正下方（见图5-52）。将BOX塌陷为可编辑的多边形，通过收缩顶部的模型面，制作出中国古代建筑瓦顶的效果（见图5-53）。选中模型底部的面，利用面层级下的Extrude命令向下挤出一个厚度结构，作为屋檐瓦当的结构（见图5-54）。

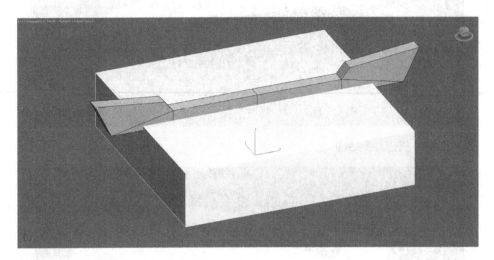

• 图5-52 ｜ 创建BOX放置在主脊下方

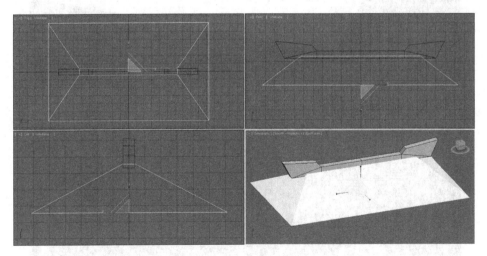

• 图5-53 ｜ 制作瓦顶结构

进入多边形边层级，选中瓦顶侧面4条倾斜的边线，通过Connect命令增加一条横向的边线分段（见图5-55）。然后通过缩放命令，收缩刚创建的边线，制作出瓦顶的弧线效果，这里增加的分段越多，弧线效果越自然，但同时也要考虑面数的问题（见图5-56）。

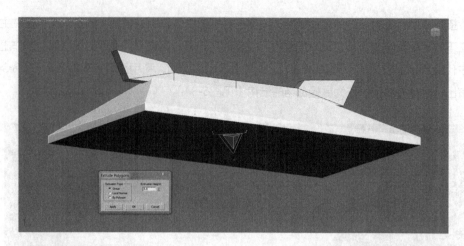

· 图5-54 | 挤出厚度结构

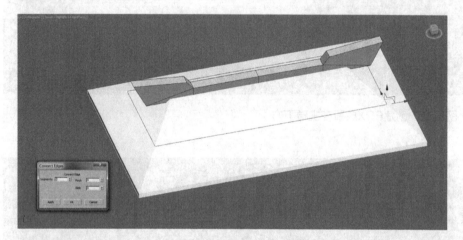

· 图5-55 | 增加分段边线

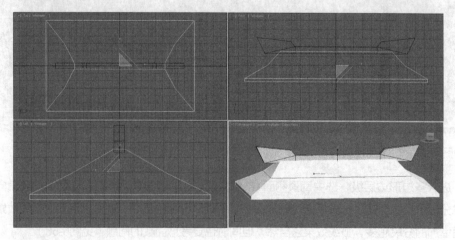

· 图5-56 | 收缩边线

接下来我们需要制作一个中国古代建筑中的特有结构——"飞檐"，所谓飞檐就是瓦顶四角向上翘起的形态效果。制作飞檐结构主要是要在屋顶四角进行切割画线，首先在任意一角利用Cut命令增加新的边线，见图5-57所示。利用同样方法在这一角的对称位置也增加这样的边线，其他三角如是。之后进入多边形点层级，选中四角的模型顶点，向上拉起即可完成飞檐的结构效果（见图5-58）。

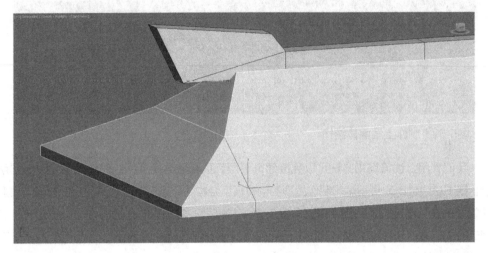

• 图5-57 | 利用Cut命令切割画线

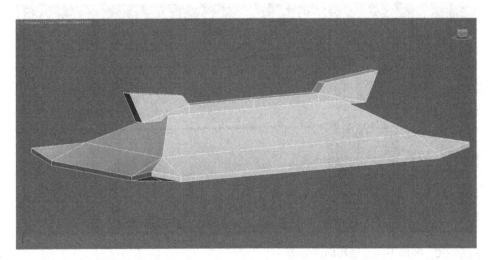

• 图5-58 | 完成飞檐结构的制作

屋顶制作完成后，我们向下制作墙体结构。进入面层级，选中屋顶底部的模型面，利用Inset命令向内收缩，然后通过Extrude命令向下挤出，完成建筑上层的墙体结构（见图5-59）。

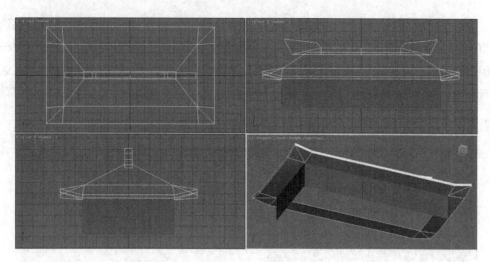

· 图5-59｜制作上层墙体结构

　　我们利用上述流程和方法可以完成建筑下层瓦顶和墙体模型的制作，效果如图5-60所示。接下来通过BOX模型编辑制作屋顶的侧脊模型结构（见图5-61），然后将侧脊模型放置在屋顶一角，调整位置和旋转倾斜角度并将侧脊模型的轴心点与屋顶的中心进行对齐（见图5-62），之后通过镜像复制就可以快速完成其他3条侧脊结构的制作了（见图5-23）。下层屋顶的侧脊同样可以利用复制的方式来完成（见图5-64）。

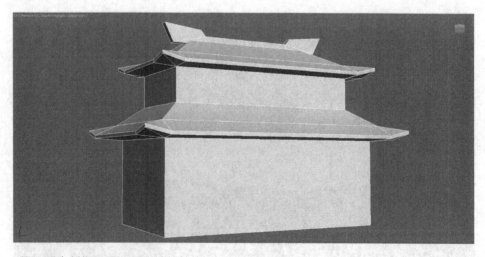

· 图5-60｜制作下层瓦顶和墙体结构

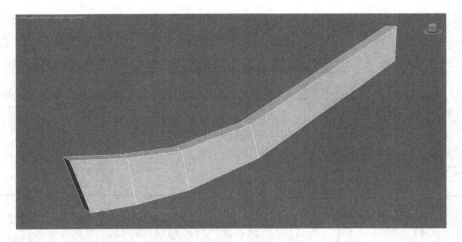

· 图5-61 | 制作建筑侧脊模型

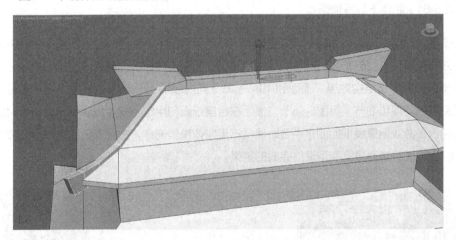

· 图5-62 | 调整轴心点

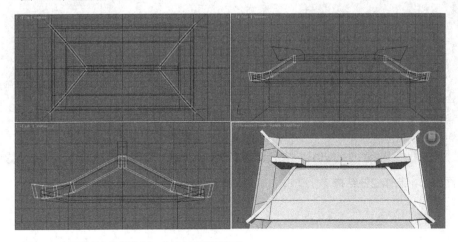

· 图5-63 | 通过镜像复制完成其他侧脊模型

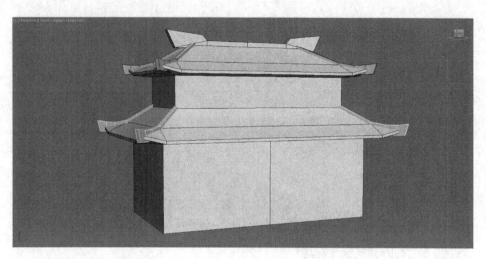

· 图5-64 | 制作下层屋顶侧脊

接下来利用BOX模型编辑制作立柱模型，并利用复制的方式将其分别放置在建筑下层墙体的四角位置（见图5-65）。然后利用BOX模型编辑制作建筑的地基台座结构，台座上方利用挤出命令制作出结构效果，顶面利用Inset命令向内收缩出一个包边效果，这主要是为了后面贴图的美观和细节（见图5-66）。最后在台座正面利用BOX模型编辑制作楼梯台阶的模型结构，在游戏场景模型的制作中台阶通常不用实体模型制作，主要靠贴图来表现细节（见图5-67）。图5-68为建筑模型最终完成的效果。

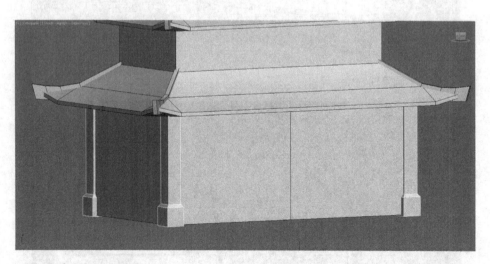

· 图5-65 | 制作立柱结构

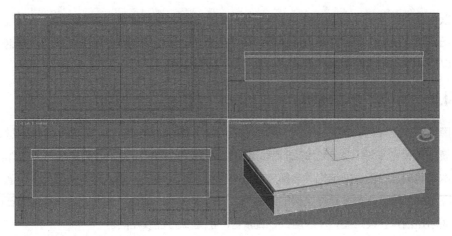

· 图5-66 | 制作地基台座

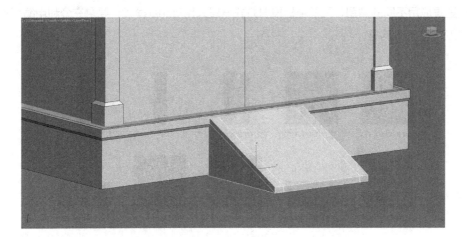

· 图5-67 | 制作楼梯台阶

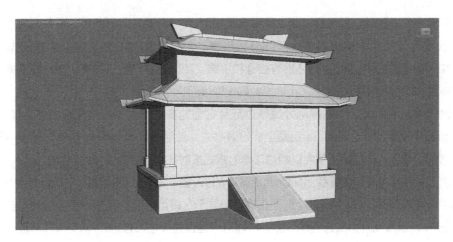

· 图5-68 | 建筑模型完成的效果

以上我们通过一个小型的单体建筑模型的制作学习了场景建筑模型制作的基本流程和方法技巧。其实在制作中的许多方法技巧同样适用于其他模型的制作，希望大家能根据这个实例在以后的学习和练习中举一反三。

5.4.2　为模型添加贴图

模型制作完成后，接下来就是对模型进行UV分展和贴图的绘制。前面多次提到过，对于场景建筑模型来说，大部分的细节都是要靠贴图来完成的，例如砖瓦的细节、墙体的石刻、木纹雕刻、门窗细部结构等全都是通过贴图绘制来实现的。建筑模型贴图与场景道具模型贴图不同，除了屋脊等特殊结构的贴图外，一般要求制作成循环贴图，墙体和地面石砖贴图等通常是四方连续贴图，木纹雕饰、瓦片等一般是二方连续贴图。

本节实例制作的模型一共只用了10张独立贴图（见图5-69），同一个模型的不同表面都可以重复应用不同的贴图，贴图坐标投射方式一般采用Planar模式，要求充分利用循环贴图的特点来展开UV网格。

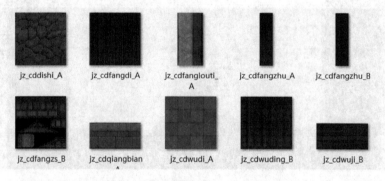

| jz_cddishi_A | jz_cdfangdi_A | jz_cdfanglouti_A | jz_cdfangzhu_A | jz_cdfangzhu_B |

| jz_cdfangzs_B | jz_cdqiangbian_A | jz_cdwudi_A | jz_cdwuding_B | jz_cdwuji_B |

・图5-69 ｜ 实例制作模型所用的贴图

下面我们以建筑瓦顶为例，来讲解下建筑模型UV分展的方法。首先，进入多边形面层级，选择屋顶模型中相应对称的两部分模型面，然后添加带有瓦片贴图的材质球（见图5-70）。此时的模型UV坐标还没有处理和平展，所以贴图还处于错误状态，接下来我们需要将贴图UV坐标平展，让贴图正确投射到模型表面。

进入多边形面层级，选择刚才赋予过瓦片贴图的多边形面，在堆栈窗口中添加UVW Mapping修改器，并选择Planar贴图坐标投射方式，然后在Alignment（对齐）面板中单击Fit（适配）按钮，这样贴图就会以相对正确的方式投射在模型表面（见图5-71）。

接下来在堆栈窗口中继续添加Unwrap UVW修改器，打开UV编辑器，在Edit UVWs编辑窗口中调整模型面的UV网格，让贴图正确分布显示在模型表面。瓦顶主要注意瓦当部分的UV线分布，通常瓦片为二方连续贴图，所以可以通过整体左右拉伸UV网格来调节瓦片的疏密（见图5-72）。用同样的方法可以把屋顶其他两面的贴图处理完成（见图5-73）。

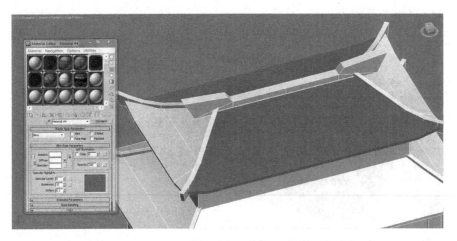

· 图5-70 | 选择模型面

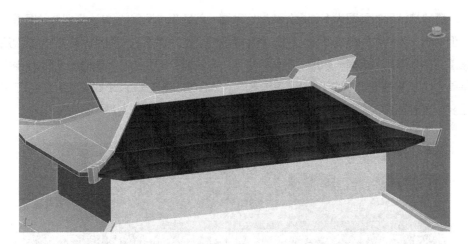

· 图5-71 | 添加UVW Mapping修改器

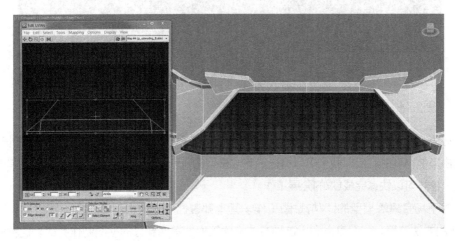

· 图5-72 | 添加Unwrap UVW修改器

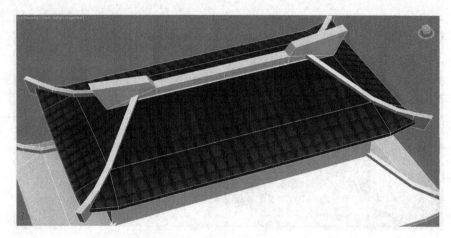

• 图5-73 | 用同样方法完成其他屋顶部分的贴图

　　场景建筑模型的贴图大多都是先绘制好贴图，然后通过调整UV去让模型与贴图进行适配，但对于一些特殊的结构部分，例如屋脊等装饰，也会像角色类模型一样先分展UV后绘制贴图。接下来我们选择一条屋顶的侧脊模型，将其模型侧面和上下边面的贴图UV坐标分别平展到UV编辑器窗口中的UVWs蓝色边界内，然后可以通过Render UVW template工具将贴图坐标输出为JPG图片，并导入Photoshop中来绘制贴图（见图5-74）。

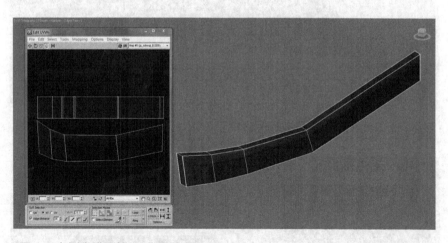

• 图5-74 | 侧脊模型的UV分展

　　另外，这里有一个特殊技巧，当完成这一个侧脊模型的UV坐标平展后，由于另外三个都是由复制得到的，所以我们可以将已经完成模型的Unwrap UVW修改器拖曳复制到其他模型上，这样可以快速完成UV的分展工作。

　　对于场景建筑模型的UV与贴图工作，基本都遵循"一选面，二贴图，三投射，四调UV"的方法流程，我们可以利用这种方法将建筑模型其他部分的贴图制作完成。这种处理模型UV坐标和贴图的方式，也是现在三维场景建筑模型制作中的重要技术手段和方法。

在场景建筑模型的贴图过程中，会经常遇到一些模型角落和细窄边面，这些地方不仅不能放任不管，还需要从细处理，因为在三维游戏当中，模型需要从各个方位接受玩家的观察，所以任何细小的边面贴图都要认真处理，要避免出现贴图的拉伸扭曲等错误。对于这些结构的贴图调整没有十分快捷的方法，也是按照上面我们讲解的流程来处理，通常不需要为这些结构绘制单独的贴图，只需选择其他结构的贴图来重复利用即可。

在前面地基台座模型制作的时候我们提到过"包边"，所谓的包边就是指模型转折面处为了添加过渡贴图的模型面，通常这样的模型面都非常细窄，所以被称为"包边"。为了避免转折面处低模的缺点，既可以采用添加装饰结构的方法，也可以采用"包边"贴图的方法，两者目的相同方向不同，前者是利用模型来过渡，后者则是利用贴图来过渡（见图5-75）。楼梯台阶部分的模型也要特别注意包边的处理（见图5-76）。

· 图5-75│模型包边结构的贴图处理

· 图5-76│楼梯台阶模型的处理

Chapter **6**

3D游戏角色美术设计

任何一门艺术都有区别于其他艺术形态的显著的艺术特点。游戏的最大特征就是参与和互动性，尤其对于网络游戏来说，它赋予玩家的参与感要远远超出以往任何一门艺术形式，它使玩家跳出了第三方旁观者的身份限制，从而能够真正融入作品当中。游戏作品中的角色作为其主体表现形式，承载了用户的虚拟体验过程，是游戏中的重要组成部分。所以，游戏作品中的角色设计直接关系到作品的质量与高度，成为游戏产品研发中的核心内容。一个好的游戏角色形象往往会带来不可估量的"明星效应"，如何塑造一个充满魅力、让人印象深刻的角色是每一位游戏制作者要思考和追求的重点，角色的好坏直接影响到作品的受欢迎程度。本章我们就来学习3D游戏角色的设计与制作。

6.1 | 3D游戏角色设计与制作流程

　　3D游戏角色的设计与制作是一个系统的流程，主要分为以下几个步骤：原画设计、模型制作、模型材质和贴图制作、骨骼绑定与动作调节等。进行3D角色制作的第一步是需要进行原画的设定和绘制，3D角色原画通常是将策划和创意的文字信息转换为平面图片的过程。

　　图6-1为一张角色原画设定图，图中设计的是一位身穿金属铠甲的女性角色。设定图利用正面和背面清晰地描绘了角色的体型、身高、面貌以及所穿的装备服饰。由于金属铠甲腿部有部分被靴子覆盖，所以在图片左下角还画有完整的腿甲图示。除此以外，图中还有装饰纹样以及角色武器的设定。通过这样多方位、立体式的原画设定图，后期的三维制作人员可以很清楚地了解自己要制作的3D角色的所有细节，这也是原画设定在整个流程中的作用和意义。

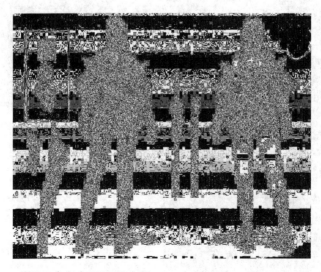

・图6-1│角色原画设定图

　　角色原画设定完成后，3D制作人员就要针对原画进行三维模型的制作，3D游戏角色模型通常利用3ds Max软件来进行制作。随着游戏制作技术的发展，以法线贴图为主的次世代游戏制作技术已经成为主流，在制作法线贴图前我们首先需要制作一个高精度模型，可以直接利用三维软件来进行制作，或者通过ZBrush等三维雕刻类软件制作出模型的高精度细节（见图6-2）。

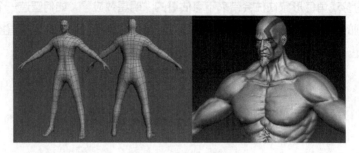

　　• 图6-2 ｜ 利用ZBrush软件雕刻高精度模型

　　之后我们需要在三维软件中比对高精度模型来制作相应的低精度模型，因为游戏中最终使用的都是低精度和中精度的模型，高精度模型只是为了烘焙和制作法线贴图来增强模型的细节。图6-3所示的是低精度模型添加法线贴图后的效果。下面分别是三维角色模型的法线和高光贴图。

　　• 图6-3 ｜ 添加法线贴图的模型效果

　　模型制作完成后，需要将模型的贴图坐标进行分展，保证模型的贴图能够正确显示（见图6-4），之后就是模型材质的调节和贴图的绘制过程了。制作3D动画角色模型时，我们往往需要对其材质球进行设置，以保证不同贴图效果的质感，从而最后渲染出完美的效果。然而对于3D游戏角色模型则无需对其材质球进行复杂的设置，只需要为其不同的贴图通道绘制不同的模型贴图，如固有色贴图、高光贴图、法线贴图、自发光贴图以及Alpha贴图等（见图6-5）。

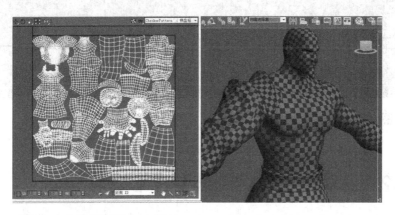

• 图6-4｜分展模型的UV坐标

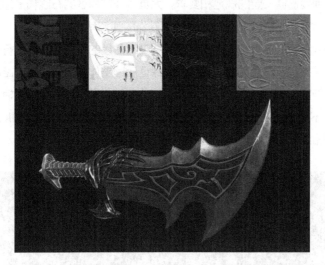

• 图6-5｜绘制模型贴图

　　模型和贴图都完成后，我们需要对模型进行骨骼绑定和蒙皮设置，通过三维软件中的骨骼系统对模型实现可控的动画调节（见图6-6）。骨骼绑定完成后我们就可以对模型进行动作调节和动画的制作，最后调节的动作通常需要保存为特定格式的动画文件，然后在游戏引擎中系统和程序会根据角色的不同状态对动作文件进行加载和读取，实现角色的动态过程。

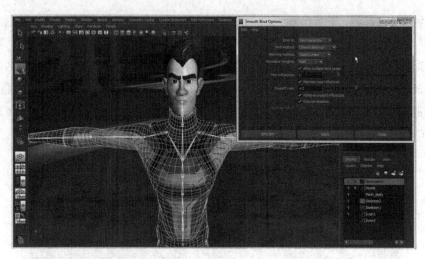

・图6-6 | 3D角色骨骼的绑定

6.2 | 游戏角色模型制作要求与规范

对于三维游戏中的角色模型来说，由于受到游戏引擎和计算机硬件等多方面的限制，在制作的时候都必须要遵循一定的规范和要求，尤其体现在模型的布线和多边形面数等方面。在这一节中我们简单介绍一下3D游戏角色模型制作的规范和要求。

首先，在进入正式的模型制作之前，我们要针对角色的原画设定图进行仔细分析，掌握模型的整体比例结构以及角色的固有特点，以保证后续整体制作方向和思路的正确性。模型的布线不仅要清晰突出模型自身的结构，而且整体布线必须有序和工整，模型线面以三角形和四边形为主，不能出现四边以上的多边形面，同时还要考虑后续的UV拆分以及贴图的绘制，合理的模型布线是3D角色制作的基础（见图6-7）。

・图6-7 | 3D角色模型布线

通常来说，3DCG动画角色模型都制作成高精度模型，然后通过后期渲染来完成动画的制作，所以在模型面数制作上并没有过多的要求。而对于游戏角色模型来说，由于游戏中的图像属于即时渲染，不能在同一图像范围内出现过多的模型面数，所以3D游戏角色模型在制作的时候都以低精度模型来呈现，也就是我们通常所说的低模。

在制作3D游戏角色模型的时候，要严格遵守模型的面数限制。面数多少的限制一般取决于游戏引擎的要求，大部分3D网络游戏角色模型的面数要控制在5000面以下。如何使用低模去塑造复杂的形体结构，这就需要我们对于模型布线有精确的控制以及后期贴图效果的配合。模型上有些结构是需要拿面去表现的，而有些结构则可以使用贴图去表现（见图6-8）。这个模型的结构十分简单，其细节的装饰结构完全是用贴图来表现的，虽然模型的面数很低，但仍可以达到理想的效果。

另外，为了进一步降低模型面数，在模型制作完成后，我们可以将从外表看不到的模型面都删除，例如角色头盔、衣服或装备覆盖下的身体模型等（见图6-9）。这些多余的模型面数不会为模型增加任何可视效果，但如果删除将大大节省模型面数。

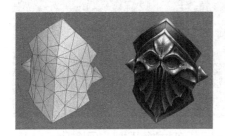 

•图6-8│低模利用贴图表现模型结构　•图6-9│删除多余的模型面

除此之外，透明贴图也是节省模型面数的一种方式。透明贴图也叫作Alpha贴图，是指带有Alpha通道的贴图，在游戏角色模型的制作中主要用在模型的边缘处，如头发边缘以及盔甲边缘等（见图6-10），透明贴图可以使模型边缘的造型看起来更为复杂，但同时并没有额外增加过多的模型面数。

•图6-10│透明贴图的应用

3D角色模型的布线除了之前提到的要考虑模型结构、面数和贴图等因素外，还要考虑模型制作完成后动画的制作，也就是角色的骨骼绑定。在创建模型的时候，一定要注意角色关节处布线的处理，这些部位是不能太吝啬面数的，这直接关系到之后的骨骼绑定以及动画的调节。如果面数过少，会导致模型在运动时，关节处出现锐利的尖角，十分不美观。通常角色关节处都有一定的布线规律，合理的布线让模型运动起来更加圆滑和自然。图6-11所示的左侧为错误的关节布线，右侧是正确的关节布线。

当模型制作完成后，需要对模型UV进行平展，以方便后面贴图的绘制。对于3D游戏角色模型来说，需要严格控制贴图的尺寸和数量。由于贴图比较小，所以在分配UV的时候，我们尽量将每一寸UV框内的空间都占满，争取在有限的空间中达到最好的贴图效果（见图6-12）。

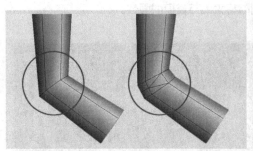

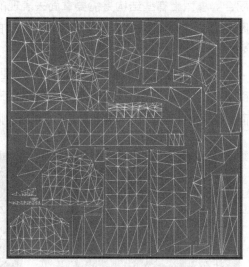

• 图6-11 | 角色关节处布线   • 图6-12 | 游戏角色模型UV网格拆分

虽然说不要浪费UV空间，但是也不要让UV线离UV框过于接近，一般来说至少要保持3个像素左右的距离，如果距离过于近，可能会导致角色模型在游戏中产生接缝。分配UV的合理与否，完全会影响以后的贴图的效果和质量。通常我们会把需要细节表现的地方，让UV分配得大一些，方便我们对其细节的绘制；反之，不需要太多细节的地方，UV可以分配得小一些。主次关系是模型UV拆分中一个重要的原则依据。

如果是不添加法线贴图的游戏角色模型，我们可以把相同模型的UV重叠在一起，例如左右对称的角色装备和左右脸等，左右身体都可以重叠到一起，这样做是为了提高绘制效率，在有限的时间里达到更精彩的效果（见图6-13）。但如果要添加法线贴图，模型的UV就不能重叠了，因为法线贴图不支持这种重叠的UV，后期容易出现贴图显示错误的情况。对于对称结构，可以先制作一侧，另一侧通过复制模型来完成。

当我们制作了大量的角色模型后，经过一定的积累，会逐渐形成自己的模型素材库。在制作新的角色模型时，我们可以从素材库选取体形相近的模型进行修改，比如模型之间的相似部位，如手、护腕、胸部等。所以，平时积累的贴图库和模型库会给自己日后的工作带来很多便利之处。

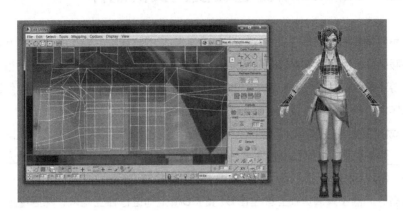

•图6-13 | UV的重叠利用

现在市面上绝大多数的MMO网络游戏中玩家控制的游戏角色都采用了"纸娃娃"换装系统，所谓"纸娃娃"换装系统是指角色的外表服饰和装备被划分为加大部分，如衣服、裤子、手套、鞋子、腰带以及头盔等，每一部分的装备和服装可以单独进行替换。其实这种系统并不是一种新兴技术，若干年以前在游戏制作当中就已经被广泛应用。

换装系统最大的优势是将角色整体进行了模块化处理，在进行装备替换的时候仅仅通过替换相应模块的模型就可以完成，而对于原本的角色基础人体模型无需重新制作。所以一般在网络游戏的实际项目制作中，除了人体角色模型外，我们还需要制作大量与之相匹配的服装、道具以及装备等，以满足游戏中换装的需求。

模型的模块化制作也就要求模型的UV必须也与之对应，在制作网游角色模型时，通常不会将模型的UV全部平展到一张贴图上，而是进行一定的划分，制作多张贴图，例如角色头部为一张独立贴图，身体衣服为独立贴图，腿部和裤子、胳膊和手套、腰部、足部等都分展为不同的贴图，这样方便换装模块进行相应的贴图制作（见图6-14）。

•图6-14 | 网游项目中模块化的角色模型制作方式

6.3 | 3D游戏角色道具模型实例制作

　　游戏角色道具模型是指在3D游戏中与角色相匹配的附属物品模型。从广义上来说，游戏角色的服装、饰品、武器装备以及各种手持道具都可以算作角色道具。在游戏当中，玩家所操控的游戏角色可以更换各种装备、武器以及道具，这就要求在游戏角色的制作过程中，不仅要制作角色模型，还必须要制作与之相匹配的各种角色道具模型。

　　在游戏角色模型的制作流程和规范中，角色的服装、饰品等装备模型通常是跟角色一起进行制作，而不是在人体模型制作完成后再进行独立制作的，所以并不算真正意义上的角色道具模型。游戏制作中所指的角色道具模型通常是指独立进行制作的角色所持的武器等装备模型。所有的武器装备道具模型都是由专门的3D模型师进行独立制作，然后通过设置武器模型的持握位置来匹配给各种不同的游戏角色。

　　游戏角色道具模型常见的类型有冷兵器、魔法武器以及枪械等，根据不同的游戏类型需要制作不同风格的道具模型，如写实类、魔幻类、科幻类或者Q版等（见图6-15）。本节将学习制作游戏中常见的大剑道具模型。

· 图6-15 | 各种角色道具设定图

　　剑是三维游戏中最为常见的冷兵器类型之一。在传统意义上，剑主要是用来挥和刺，所以一般是以细长结构为主，但游戏中的武器道具往往经过了改造和设计，延伸出了各种不同的形态（见图6-16）。

　　一般我们按照剑身与剑柄的比例结构将剑分为匕首、单手剑、双手剑以及巨剑等。无论是什么类型的剑，都具备共有的结构特征。剑从整体来看主要分为三大部分：剑刃、剑柄以及护手（见图6-17）；另外，在剑柄末端还有起装饰作用的柄头。护手具备一定的实用功能，但在游戏当中更多起到的是装饰作用，所以不同的剑都会将护手作为重要的设计对象，来增强自身辨识度和独立性。本节我们就来制作一把网络游戏中的单手剑冷兵器道具模型，我们将根据剑的结构，按照剑刃、护手以及剑柄的顺序来进行制作，下面开始实际模型的制作。

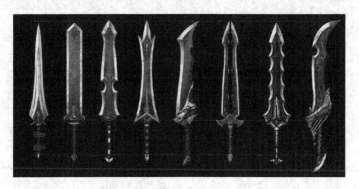

• 图6-16｜游戏中各种类型的剑

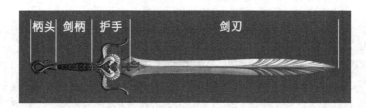

• 图6-17｜剑的基本结构

首先，在3ds Max视图中创建一个BOX模型，设置合适的分段数，由于剑身属于对称结构，所以这里将纵向分段都设为2（见图6-18）。接下来将模型塌陷为可编辑的多边形，进入多边形面层级，沿着中间的分段边线删除一侧的所有模型面，然后在堆栈面板中添加Symmetry修改器命令，这样可以对模型进行对称编辑，节省制作时间（见图6-19）。然后调整模型边缘顶点，制作出剑刃的基本轮廓形态（见图6-20）。

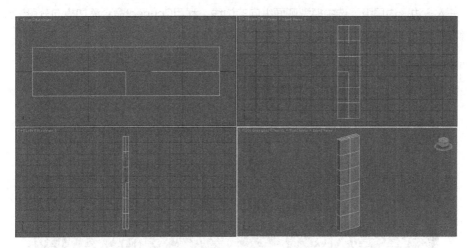

• 图6-18｜创建BOX模型

· 图6-19 | 添加Symmetry修改器

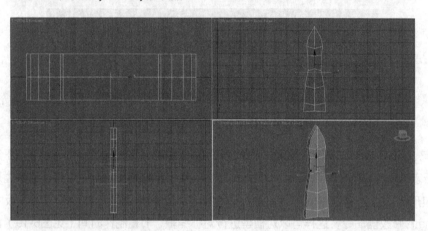

· 图6-20 | 调整模型轮廓

　　进入多边形边层级，选中模型侧面纵向的边线，利用Connect命令添加横向分段边线，同时将新边线产生的顶点与中心的顶点连接，避免产生4边以上的多边形面（见图6-21）。

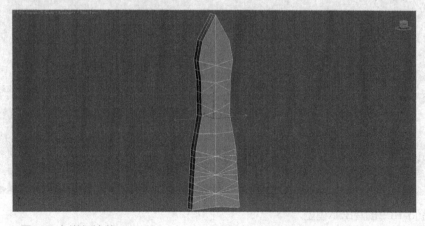

· 图6-21 | 增加边线

接下来利用新增加的模型边线进一步编辑模型外部轮廓，制作出较为复杂的剑刃结构（见图6-22）。然后在模型中部利用挤出命令制作出突出的尖锐结构（见图6-23）。接下来进入多边形点层级，选中模型侧面除中心外纵向两侧的多边形顶点（见图6-24），然后将顶点向内移动，形成边缘的剑刃结构（见图6-25）。最后选中剑尖的模型顶点，将其向内收缩，制作出尖部的模型结构（见图6-26）。

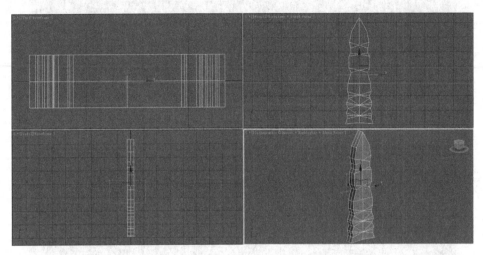

· 图6-22 │ 进一步编辑模型

· 图6-23 │ 制作突出结构

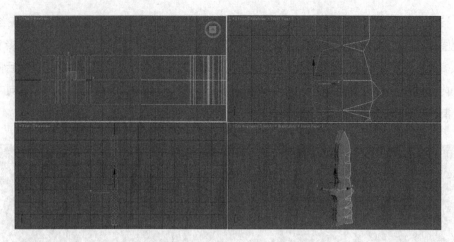

· 图6-24 | 选中顶点

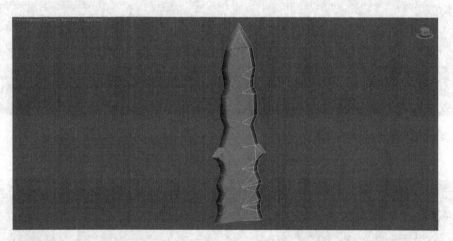

· 图6-25 | 制作出剑刃结构

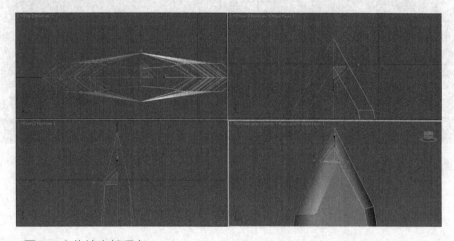

· 图6-26 | 收缩尖部顶点

由于剑刃模型是从BOX模型编辑而来的，所以编辑完成后的模型光滑组存在错误，接下来需要重新设置模型的光滑组。进入多边形面层级，打开光滑组面板，选中所有模型面，将光滑组进行删除，然后选择除刃部以外的内部模型面，为其制定一个光滑组编号，这样剑刃的棱角和锋利感就展现出来了（见图6-27）。

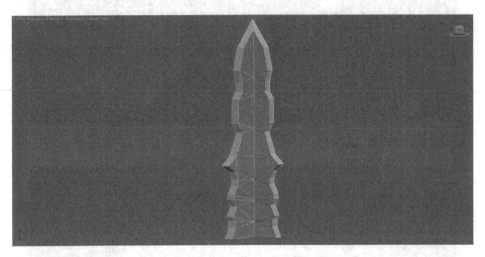

• 图6-27│设置模型光滑组

下面开始制作剑刃下方护手的模型结构，首先在视图中创建一个BOX模型（见图6-28），护手同样可以通过添加Symmetry修改器命令进行镜像编辑。通过编辑多边形命令制作出基本的模型轮廓（见图6-29）。然后通过挤出命令制作出四角的模型结构（见图6-30）。通过加线进一步编辑模型，制作出图6-31中的形态。

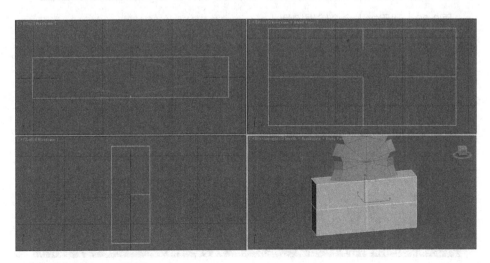

• 图6-28│创建BOX模型

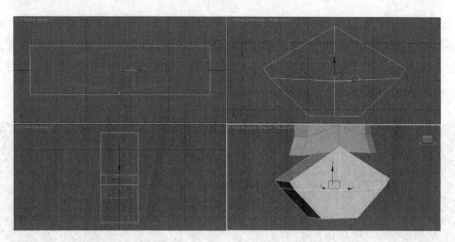

· 图6-29｜编辑模型轮廓

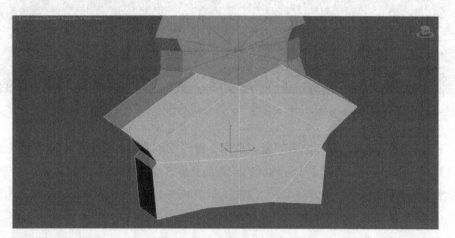

· 图6-30｜利用挤出命令编辑模型

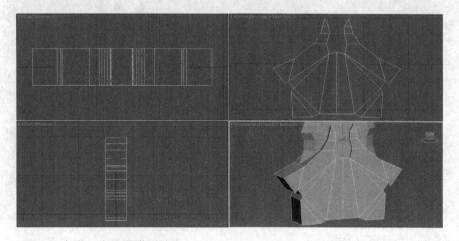

· 图6-31｜进一步编辑模型结构

接下来在视图中创建一个5边形的圆环模型。可以直接通过创建面板下的扩展几何体模型来进行创建，然后将模型分别放置在护手左下角和右下角位置，作为装饰结构（见图6-32）。

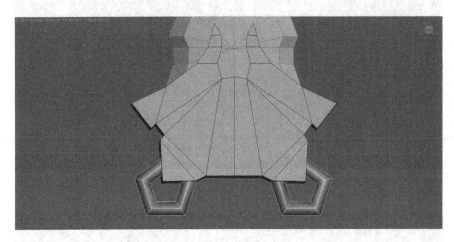

• 图6-32 | 创建圆环模型

剑刃和护手模型制作完成后开始制作剑柄结构。首先，创建BOX模型作为基础几何体模型，并设置合适的分段数（见图6-33），然后，同样通过添加Symmetry修改器命令来进行对称编辑制作。通过编辑多边形来创建剑柄的模型轮廓（见图6-34）。为了节省模型面数，通常剑柄部分为四边形圆柱体结构，所以我们需要将模型侧面的顶点进行焊接，但注意要留出一个顶点的位置，方便后面柄头模型的制作（见图6-35）。

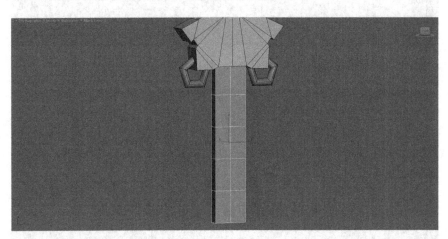

• 图6-33 | 创建剑柄BOX模型

接下来进入多边形面层级。选中刚才未焊接顶点的模型面，利用Extrude命令将其挤出（见图6-36）。然后通过Connect命令进行加线，同时焊接新产生的顶点（见图6-37）。通过进一步编辑模型完成柄头模型结构的制作（见图6-38）。图6-39为最终制作完成的单手剑模型。

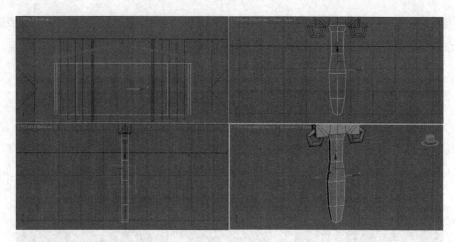

• 图6-34 | 编辑模型轮廓

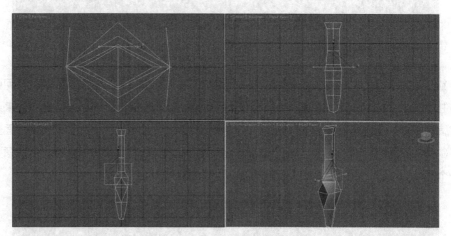

• 图6-35 | 焊接模型顶点

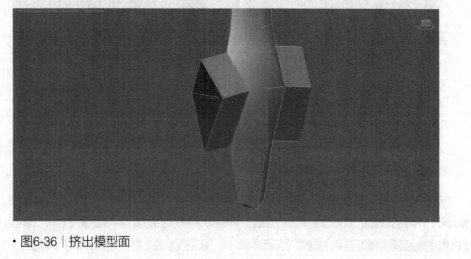

• 图6-36 | 挤出模型面

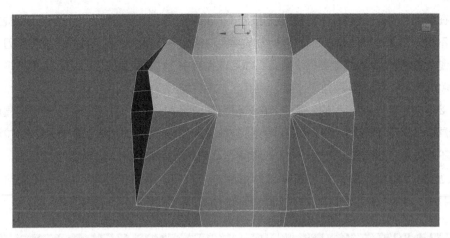

· 图6-37 | 增加边线

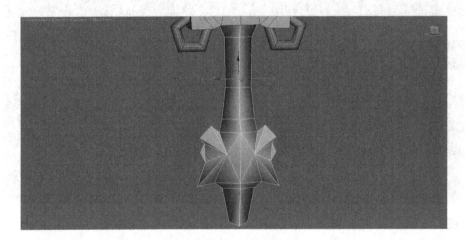

· 图6-38 | 编辑制作柄头结构

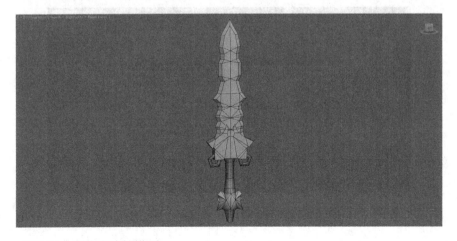

· 图6-39 | 制作完成的模型

在模型的制作过程中，我们是分别按照不同的结构部位进行制作的，所以最终完成的模型并不是一个整体模型，在进行UV拆分前需要对模型进行接合处理。首先需要将剑刃、护手和剑柄的Symmetry修改器命令删除，然后选择其中一个模型部分，利用多边形编辑面板下的Attach命令将其他模型部分接合，让模型成为完整的多边形模型。

接下来就可以进行UV的分展了。由于模型结构整体比较扁平，所以对于这类道具模型在分展UV时可以直接利用Plane平面投射的方式进行UV拆分，之后除了各部分UV的位置外基本不需要过多的调整（见图6-40）。将模型所有UV网格集中在UV编辑器的UV框内，然后可以通过UV网格渲染命令将其输出为图片，以方便之后在PS软件中的贴图绘制（见图6-41）。图6-42所示为3ds Max视图中最终完成的模型效果。

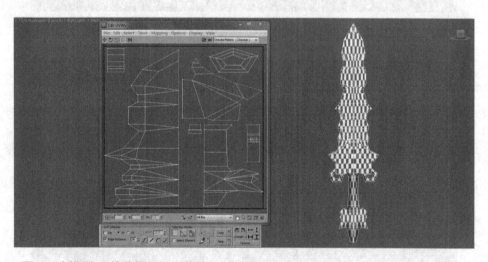

· 图6-40 | 模型UV的分展

· 图6-41 | 绘制完成的模型贴图

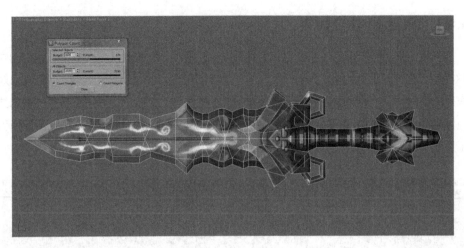

· 图6-42 | 最终完成的模型效果

6.4 | 3D游戏角色模型实例制作

本节我们就来学习3D游戏角色模型的制作，图6-43所示为本章实例模型的原画设定图。从图中可以看出，这是一位年轻女性角色，穿着带有民族风格的服饰，在制作的时候我们仍然按照头、躯干和四肢的顺序进行制作，制作的难点在于头发的模型和贴图处理，同时腰部衣服的层次和褶皱表现也需格外注意。下面我们开始实际模型的制作。

· 图6-43 | 角色模型原画设计图

▌6.4.1　头部模型的制作

首先我们开始制作角色头部模型。仍然是以BOX模型作为基础几何体模型，将视图中的BOX模型塌陷为可编辑的多边形并删除一半，然后添加Symmetry修改器命令进行镜像对称制作（见图6-44）。对模型进行编辑，调整出头部的大型，在脸部中间挤出鼻子的基本结构（见图6-45）。通过Cut、Connect等命令对模型加线处理，进一步编辑头和脸部的模型结构（见图6-46）。

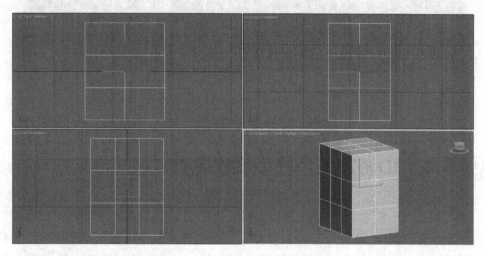

· 图6-44｜创建BOX模型

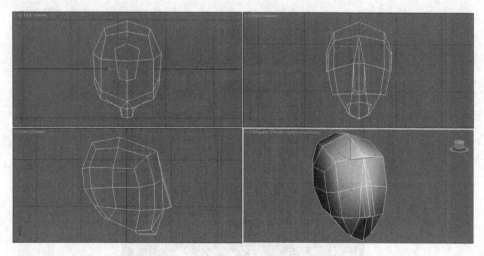

· 图6-45｜编辑头部基本结构

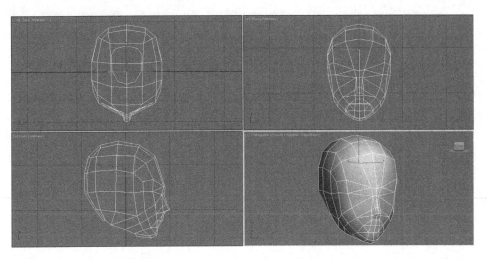

· 图6-46｜加线细化模型结构

　　接下来进一步增加面部的布线结构，细化制作出鼻头以及嘴部的轮廓结构（见图6-47）。利用切割布线刻画出眼部的线框轮廓。由于是NPC游戏角色，所以眼部和嘴部模型不需要刻画得特别细致，后期主要通过贴图来进行表现。这里的布线也是为了方便贴图的绘制（见图6-48）。

· 图6-47｜制作鼻子和嘴部模型结构

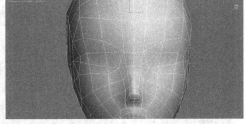

· 图6-48｜制作眼部的布线轮廓

　　除了脸部模型外，头部其他部位的模型结构和布线可以尽量精简，因为头部还要制作头发进行覆盖。接下来对头部侧面的模型进行布线处理，制作出耳朵的线框结构（见图6-49）。然后利用面层级下的挤出命令制作出耳朵的模型结构。耳朵模型也只需要简单处理即可，后期都是通过贴图来表现的（见图6-50）。

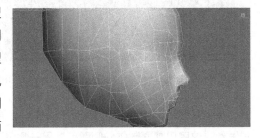

· 图6-49｜制作耳部线框轮廓

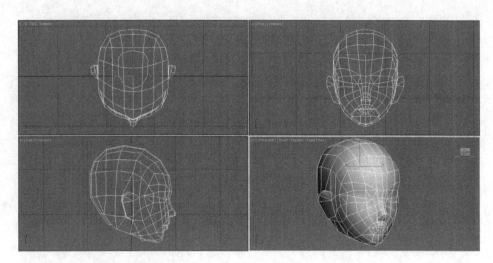

· 图6-50 | 挤出耳朵模型结构

　　角色头部模型制作完成后我们开始制作头发的模型结构。首先利用BOX模型贴着头皮部位编辑制作基本的头发结构，由于头发是有厚度的，所以不能紧贴头皮进行制作，要注意头发模型与头皮的位置关系（见图6-51），同时也要注意头部侧面与头发边缘的衔接关系（见图6-52）。

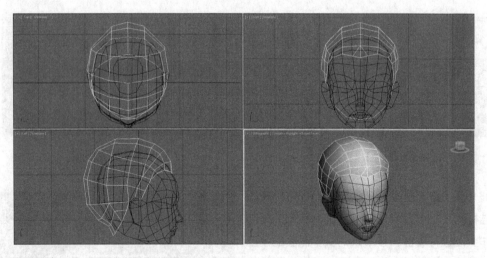

· 图6-51 | 制作头发基本模型结构

　　接下来在视图中创建细长的Plane模型。通过编辑多边形制作出耳朵后方散落下来的细长发丝。这里只需要制作一侧即可，另一侧可以通过镜像复制来完成（见图6-53）。要注意面片模型与耳朵后方头发的衔接处理（见图6-54）。

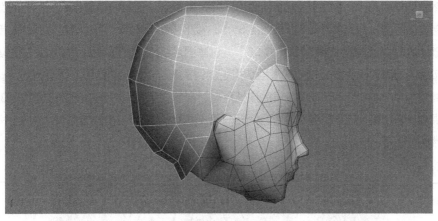

· 图6-52 | 侧面的衔接关系处理

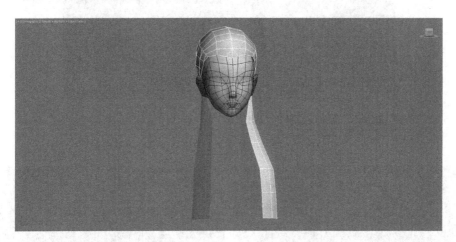

· 图6-53 | 制作细长发丝模型

· 图6-54 | 发丝的衔接处理

然后同样利用Plane面片模型制作额前处的头发模型。这里编辑制作两个不同的面片模型，制作出两侧分开的发丝结构（见图6-55），接下来在前方两个面片模型分开的衔接处再利用Plane模型制作发丝结构（见图6-56）。这些面片结构一方面是为了增加头发的复杂性和真实感，同时对于头发衔接处的模型结构也起到了遮挡和过渡的作用，所有的面片模型最后都要添加Alpha贴图，以表现头发的自然形态。最后在头发后方正中间的位置利用BOX模型编辑制作发髻模型结构，整个发髻接近于一个蝴蝶型，这里可以制作成不对称的结构，增加自然感（见图6-57）。

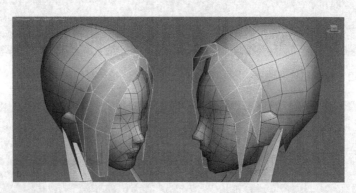

• 图6-55 | 制作额前发丝模型

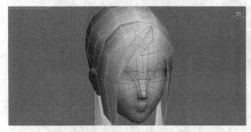

• 图6-56 | 制作前面发丝面片

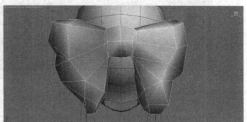

• 图6-57 | 制作发髻模型

6.4.2 躯干模型的制作

头部模型制作完成后，我们接下来开始制作躯干模型。从前面的原画设定图中可以看出，本章制作的NPC角色模型上身穿着一件短小的外衣，所以我们首先制作这件外衣模型。制作方法仍然是利用BOX镜像对称编辑多边形得出外衣的基本外形结构，这里要留出袖口的位置（见图6-58）。然后沿着袖口的位置利用挤出命令制作出肩膀的结构（见图6-59），从肩膀向下延伸继续制作出短袖的结构（见图6-60）。接下来通过切割布线进一步增加模型的细节结构，让模型更加圆滑（见图6-61）。

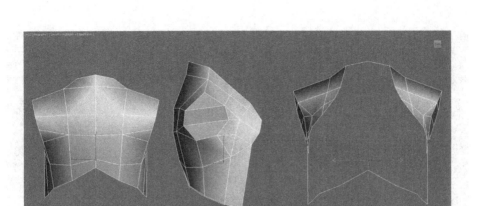

· 图6-58│利用BOX模型制作外衣大型

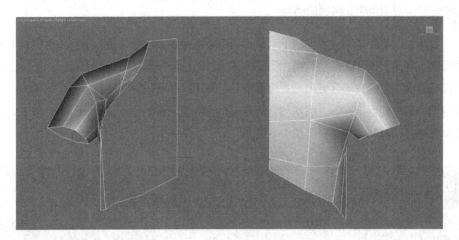

· 图6-59│制作肩膀结构

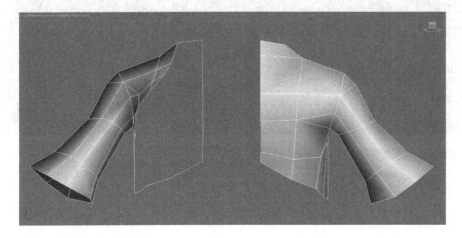

· 图6-60│制作短袖结构

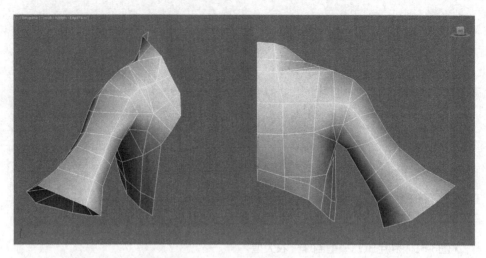

· 图6-61 | 增加布线强化模型细节

　　上衣模型制作完成后，我们接下来开始制作被衣服包裹的身体模型结构。首先，沿着头部模型向下制作出颈部的模型结构（见图6-62），然后向下继续编辑制作胸部的身体结构。由于颈部后面下方的背部区域是被衣服模型完全覆盖的，所以为了节省模型面数我们可以不制作这部分身体模型。同理，肩膀和上臂等模型结构也无需制作（见图6-63）。接下来向下继续制作腰部和胯部的身体模型结构（见图6-64、图6-65）。

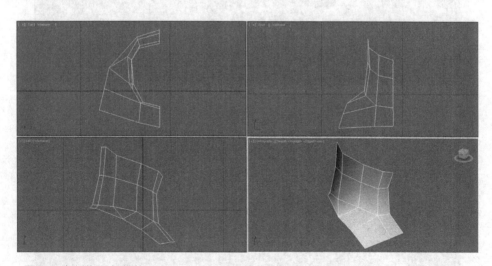

· 图6-62 | 制作颈部结构

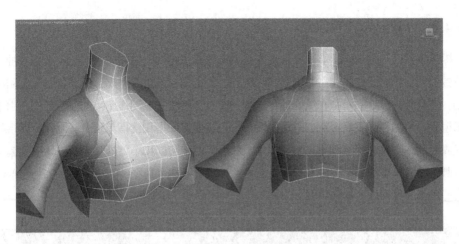

• 图6-63│制作胸部身体结构

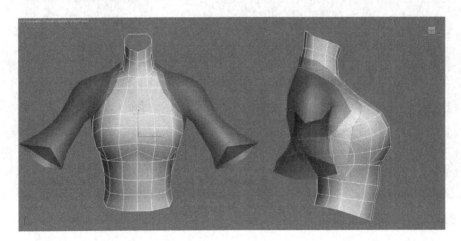

• 图6-64│制作腰部身体结构

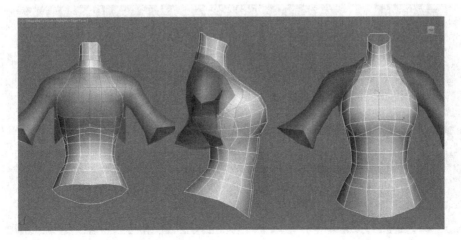

• 图6-65│制作胯部身体模型结构

6.4.3 四肢模型的制作

接下来我们开始制作四肢以及腰部衣服装饰等模型结构。首先，我们沿着上身衣袖的模型位置，向下利用圆柱体模型编辑制作手臂的模型结构。这里要考虑到后期骨骼绑定和角色运动，注意肘关节处的模型布线处理（见图6-66）。接着向下制作出手部模型结构，由于是NPC模型，所以手部不需要制作得特别细致，只需要将拇指和食指单独分开制作，其余手指可以靠后期贴图来进行绘制（见图6-67）。然后我们在腕部和小臂处利用圆柱体模型编辑制作佩戴的护腕模型结构，要注意护腕上方镂空结构的制作（见图6-68）。图6-69为全部制作完成的角色上身模型结构效果图。

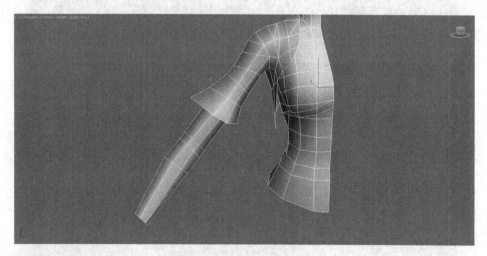

· 图6-66 | 制作手臂模型

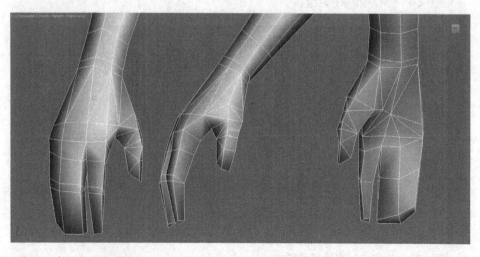

· 图6-67 | 制作手部模型

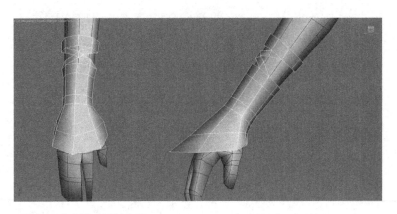

• 图6-68 │ 制作护腕模型

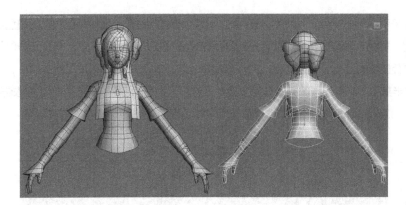

• 图6-69 │ 角色上身模型效果图

　　下面我们开始制作下肢模型结构，首先利用BOX模型镜像编辑制作短裤的模型结构（见图6-70）。然后沿着短裤向下制作出腿部的模型结构，腿部布线可以尽量简单，但要表现出女性腿部整体的曲线效果，同时考虑到后期角色的运动，膝关节处的布线一定要特别注意（见图6-71）。

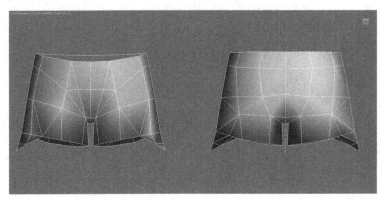

• 图6-70 │ 制作短裤模型

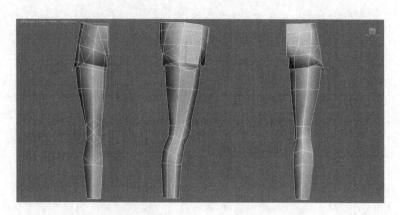

· 图6-71│制作腿部模型结构

　　接下来制作靴子模型，利用六边形圆柱体模型先编辑制作与小腿衔接的靴筒模型结构（见图6-72）。然后向下编辑制作脚部鞋子的模型结构（见图6-73），注意结构及布线的处理，尤其是高跟鞋底部的弧度。把制作完成的下半身模型与上半身进行拼接（见图6-74），从图中可以看出上半身和下半身在腰部并没有完全接合，这是因为后面还要在腰部制作添加衣饰模型。

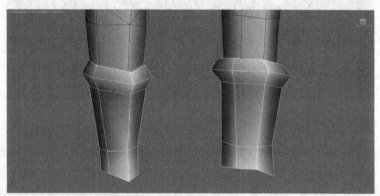

· 图6-72│制作靴筒模型

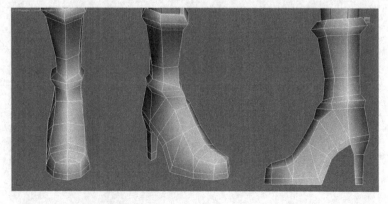

· 图6-73│制作靴子模型

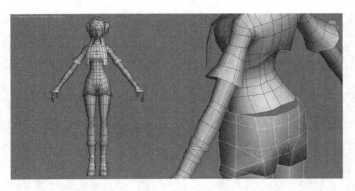

• 图6-74│拼合上半身与下半身

　　接下来开始制作腰部的衣饰模型，首先围绕腰部创建Tube几何体模型，编辑制作腰部衣服内部的褶皱模型结构，这里我们将其制作为不对称结构（见图6-75）。然后向下延伸，继续编辑制作出裙子的模型，这里仍然制作成不对称结构，同时要适当增加裙子的模型面数，因为考虑到后面角色的运动，较多的面数可以避免角色在运动的时候产生过度的拉伸和变形（见图6-76）。最后在腰部一侧制作出飘带模型结构（见图6-77）。图6-78为角色模型最终制作完成的效果。

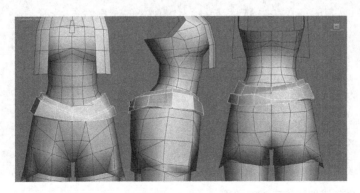

• 图6-75│制作腰部衣褶结构

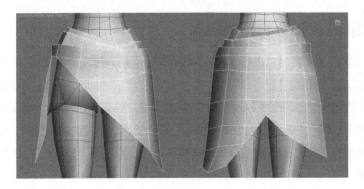

• 图6-76│制作裙子模型

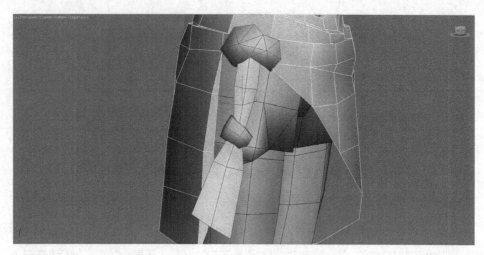

· 图6-77 | 制作飘带装饰

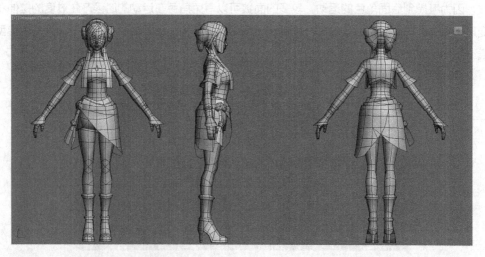

· 图6-78 | 角色模型最终完成的效果

6.4.4 模型UV拆分及贴图绘制

模型制作完成后需要对其进行UV拆分和贴图的绘制。首先，我们将头部的UV进行拆分，先将面部模型进行隔离显示，然后在堆栈面板中为其添加Unwrap UVW修改器命令，进入边层级，激活面板底部的Edit Seams命令按钮，通过鼠标点选操作，设置面部模型的缝合线（见图6-79）。然后进入修改器命令面层级，选择缝合线范围内的模型面，然后通过面板中的Planar命令为其制定UV投射的Gizmo线框并调整线框位置（见图6-80）。然后进入UV编辑器调整面部UV，尽量将其放大以方便贴图的绘制（见图6-81）。

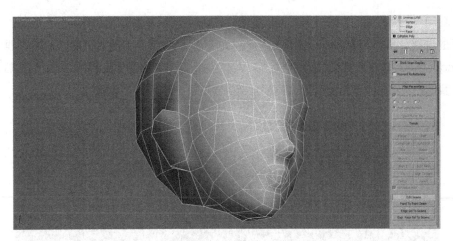

· 图6-79 | 设置缝合线

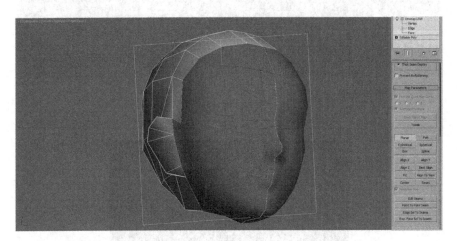

· 图6-80 | 指定UV投射方式

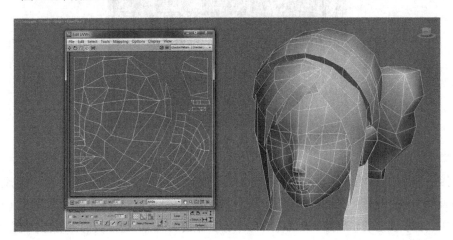

· 图6-81 | 拆分头部UV

利用与上面相同的方法分展其他模型部分的UV。流程基本相同，不同的可能是UV投射方式的选择，身体和衣服部分更多选用Pelt命令进行UV平展，而对于四肢可能需要选择Cylindrical方式。将所有头发模型结构的UV网格进行拆分和拼合（见图6-82）。为了节省贴图，我们将头部、头发和发带的UV网格全部拼合在一张贴图上（见图6-83）。

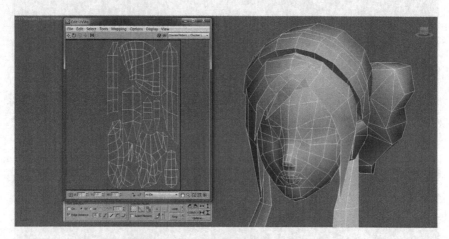

· 图6-82 ｜ 拆分头发模型UV

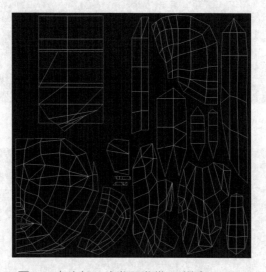

· 图6-83 ｜ 头部、头发和发带UV拼合

接下来我们对角色的身体、腰部衣饰以及腿部模型UV进行拆分。观察图中UV的拆分方法以及缝合线的处理（见图6-84），然后将这些模型的UV全部拼合到一张贴图上（见图6-85）。由于模型细节过多，无法将所有UV全部整合到一起，这里我们将角色小臂以及靴子模型的UV单独进行拆分，作为第三张贴图（见图6-86）。

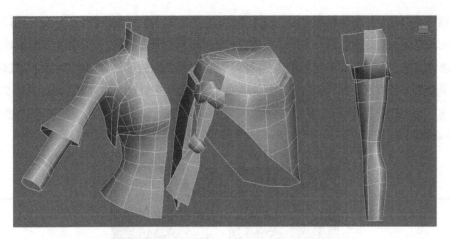

· 图6-84 | 角色身体模型的UV拆分

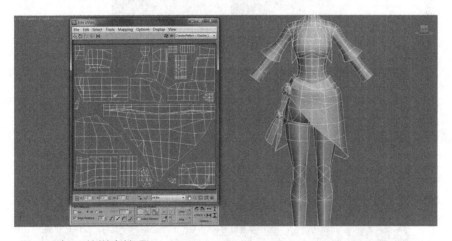

· 图6-85 | UV的拼合处理

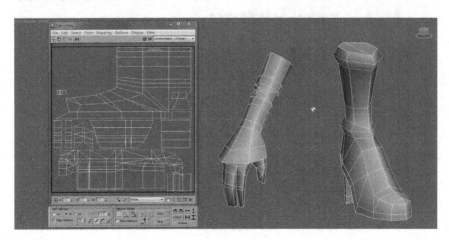

· 图6-86 | 角色小臂和靴子模型的UV拆分

接下来开始绘制角色模型贴图，作为手绘风格的NPC角色模型来说，可以首先利用大色块来进行颜色涂充，然后再利用明暗色来进行局部明暗关系的处理，可以根据项目的具体风格和要求来决定贴图细节的绘制和刻画程度。脸部贴图的绘制可以将明暗关系尽量减弱，着重刻画眉眼以及嘴唇，另外头发贴图要注意面片模型的镂空处理，面片模型贴图末端要制作出通道，最后整张贴图保存为Alpha通道的DDS贴图格式（见图6-87）。图6-88为头发模型添加Alpha贴图后的效果，图6-89为NPC角色模型添加贴图后的最终完成效果。

• 图6-87｜绘制角色模型贴图

• 图6-88｜头发添加Alpha贴图的效果

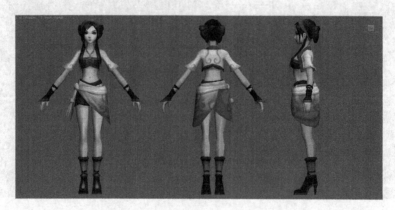

• 图6-89｜角色模型最终完成效果

Chapter 7

游戏动画设计

7.1 | 游戏动画的概念与分类

游戏动画，顾名思义就是指在游戏作品中应用的动画内容和技术。游戏动画并不是新兴的概念和技术，可以说从最早期的虚拟游戏开始，游戏动画就是与游戏产品密不可分的，甚至可以说越是早期的游戏越依赖游戏动画。游戏动画的形式和种类是多种多样的，目前来看，我们一般将游戏动画分为游戏CG动画、即时演算动画、游戏角色动画和游戏特效动画四大类。下面分别进行介绍。

▌7.1.1 游戏CG动画

CG是"Computer Graphics"的英文缩写，中文的意思是"计算机图形图像"。它是随着计算机的诞生而兴起的一门学科，是指利用计算机技术进行视觉设计和生产。广义上的CG技术其应用范畴几乎涵盖了利用计算机进行的所有视觉艺术创作活动，例如平面设计、网页设计、三维动画、影视特效、游戏、多媒体技术以及计算机辅助设计的建筑设计等，我们也将其统称为"数字艺术"。随着CG技术的发展，越来越多的CG技术被广泛应用于影视特效及计算机动画的制作当中，并广为人们所知，所以如今狭义上的CG通常指的是影视以及动画当中所运用的CG技术。而对于游戏设计来说，游戏CG动画是指在游戏作品中出现的二维动画或者三维预渲染动画内容。

在虚拟游戏诞生之初其实是没有游戏动画这个概念的，那时的游戏整体非常简单，通常是开头显示游戏的标题字样，然后就直接进入游戏内容了。由于受到技术的限制，早期的游戏无论是在游戏规则还是画面内容上都非常单一，所以开发者为了增加游戏的丰富性，开始给游戏开头的标题加入动画性的处理。这一时期的代表作就是1980年日本Namco公司在街机上推出的《吃豆人》游戏，如果我们把这种极为简单的游戏开头动画算作游戏CG动画的话，那么《吃豆人》就是最早运用游戏CG动画的作品（见图7-1）。

在《吃豆人》游戏之后，越来越多的游戏开始借鉴开场动画的模式。随着技术的发展，游戏的内容也越来越丰富，尤其是RPG游戏出现后，这时的电子游戏已经不单单限于一种简单规则下的玩法，虚拟游戏成为了一个涵盖世界观、

· 图7-1 | 《吃豆人》街机版的开头动画

剧本、角色和场景的完整体系。在这一时期CG动画不再仅是开场的标题动画，游戏制作者在游戏标题之后、正式游戏内容之前开始制作加入完整的剧情动画，用来交代游戏的整体世界观和故事背景等，这也就是真正意义上的游戏CG动画，这种模式一直沿用到今天。

游戏CG动画的制作形式和风格是多样性的，可以用2D动画的形式展现，也可以制作成

3D动画，甚至还有真人拍摄合成的。比如日本FALCOM公司的代表RPG游戏《英雄传说》，其中的CG动画大多是2D日式动漫风格（见图7-2）。而日本SQUARE公司的《最终幻想》，其CG动画多为3D制作。

• 图7-2｜《英雄传说》CG动画

通常来说游戏CG动画的画面质量比实际的游戏画面要好很多。尤其对于早期的游戏作品来说，无论是2D还是3D的CG动画，其本身的画面内容与实际游戏画面并没有直接关系，之所以制作CG动画，除了交代世界观和游戏背景、剧情等因素外，最重要的一点就是为了吸引玩家的眼球。

在早期的3D游戏作品中，开场的游戏CG动画都是预渲染动画，可以不用考虑实际的硬件运行能力，所以制作出的画面往往特别精美，比起实际游戏画面来说要好得多。而在3D游戏刚刚发展和兴起的初期，大多数玩家并不特别清楚CG动画跟实际游戏的关系，所以，很多游戏作品单单凭借精美的CG动画画面就笼络住了游戏玩家。

这里不得不提的就是SQUARE公司的《最终幻想7》，作为《最终幻想》系列第一部3D化的游戏作品，从公布之初就备受玩家青睐，最终发售后PS平台累计销量达到近千万套。当时游戏在发售之初，制作公司将游戏的片头CG动画投放到各大游戏展会和电视台作为宣传视频，对于3D画面兴起的初期来说这个CG动画给人们带来了极其震撼的感受，如今众多游戏玩家回忆起来还历历在目（见图7-3）。我们不能否认其游戏本身的制作水准和品质，但客观来说，制作精良的3D游戏片头CG动画的确给游戏加分不少，这也正是游戏CG动画的作用所在，直到今天仍然如此。

• 图7-3｜《最终幻想7》的片头CG动画

真实感是早期3D游戏CG动画一直追求的目标，但是由于技术水平的限制，在今天看来当时的CG动画画面还是比较粗陋的，即使是当时制作最精美的CG动画估计都无法与今天的即时渲染画面相比较。另外，早期的游戏CG动画制作费用十分高昂，所以当时有一些游戏制作公司直接放弃了3D CG动画的制作，有的干脆利用真人拍摄和后期合成来进行制作。例如《红色警戒2尤里的复仇》游戏中所有的游戏开场和剧情动画都是利用真人拍摄制作的，这种形式更接近于电影，在当时比较新颖，也收到了很好的效果（见图7-4）。

从制作角度来说，游戏CG动画与影视动画的制作流程基本相同，我们完全可以将游戏CG动画看作是一个影视动画短片，下面我们简单介绍一下动画的整体制作流程。在制作前

期首先要进行项目整体策划，这其中就包括完成
动画的故事背景设定以及影视文学剧本的创作。
文学剧本，是动画片的基础，要求将文字表述视
觉化，即剧本所描述的内容可以用画面来表现，
不具备视觉特点的描述（如抽象的心理描述等）
是禁止的。之后要进行概念设计，根据剧本进行
大量的资料收集和概念图设计，为影片创作确定
风格，随后绘制出角色造型设计、场景设计及色
彩气氛稿等（见图7-5）。

• 图7-4｜《红色警戒2》游戏中的剧情
动画

• 图7-5｜动画角色设计

　　在创作前期最重要的一个步骤就是要创作出动画分镜头脚本。分镜的形式通常为图片加
文字，表达的内容包括镜头的类别和运动、构图和光影、运动方式和时间、音乐与音效等。
其中每个图画代表一个镜头，文字用于说明镜头长度、人物台词及动作等内容。根据文字剧
本和概念设计进行实际的分镜头制作，手绘图画构筑出画面，解释镜头运动，并将其制作成
动态分镜头脚本，配以示例音乐并剪辑到合适时间，讲述情节给后面三维制作提供参考（见
图7-6）。

　　接下来就进入了中期制作阶段。这一阶段主要是根据前期设计，在计算机中通过三维制
作软件制作出动画片段，制作流程为建模、材质、灯光、动画、摄像机控制、渲染等。在完
成建模、材质贴图以及灯光等制作工作后，在进行3D动画的制作前，还需要完成3D动画故
事板的制作。3D动画故事板与2D分镜头故事版性质基本相同，不同的是3D故事板是用3D模
型根据剧本和分镜故事板制作出的Layout（3D故事板），其中包括软件中摄像机机位的摆
放安排、基本动画、镜头时间定制等（见图7-7）。

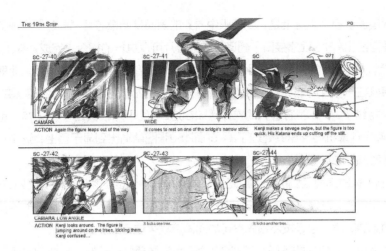

· 图7-6 ｜ 动画分镜头脚本

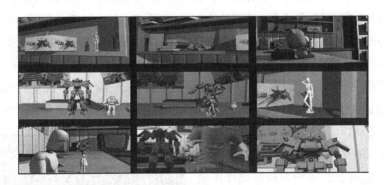

· 图7-7 ｜ 3D故事板

　　之后就要开始进行摄像机设置以及动画的制作。摄像机是依照摄影原理在三维动画软件中使用摄像机工具，实现分镜头剧本设计的镜头效果。画面的稳定、流畅是使用摄像机时要注意的第一要素，摄像机功能只有在情节需要时才使用，不是任何时候都要使用的，摄像机的位置变化也能使画面产生动态效果。之后的动画制作就是根据3D故事板与动作设计，运用已设计的造型在三维动画制作软件中制作出一个个动画片段。

　　然后进入3D动画的后期制作阶段，在后期首先要将制作完成的动画片段在三维软件中进行渲染。三维动画必须渲染后才能输出，渲染是由渲染器完成，常用的3D动画渲染器有Softimage公司的MetalRay和Pixal公司的RenderMan等。最后，我们通过后期处理软件将之前所做的动画片段、特效等素材，按照分镜头剧本的设计，通过非线性编辑软件的编辑、剪辑，并配上背景音乐、音效以及各种人声等，最终完成3D动画的制作。

7.1.2　即时演算动画

　　即时演算动画，英文全称为Real Time Rendering，指的是由计算机硬件运算并即时反馈出的图像画面。换个说法就是,我们眼中看到的画面是图像芯片"即时"生成的,其一系列的程序语言经由API(程序接口)翻译成图形芯片可以执行的指令来完成处理工作。

之前我们介绍了CG动画是利用计算机预先制作并渲染输出的图像画面,而即时演算指的是用计算机在一个互动的场景中即时运算出图像。例如,在游戏中游戏玩家将球踢飞,这个过程一共持续了3秒,而通过测试软件得知在这3秒的平均帧数是每秒50帧。也就是说,在这3秒时间里计算机硬件总共处理了3×50即150张图像输出到显示器上,这个过程就是计算机硬件即时演算的过程。

CG动画和即时演算动画的相同点是,都能算是一种预设,然后读取。比如CG是制作人员预先制作完成的,触发动画的时候用游戏内置的解码器来播放动画,而即时演算动画在游戏中触发动画的时候,也是按照预先设定的动画流程来进行的。

而这两者也存在根本的不同。游戏CG动画因为是预先已经制作完成的,所以在实际触发并播放的过程中所有的图像和画面内容都是既定而无法更改的。而即时演算动画则不同,即时演算动画是根据游戏画面中当前游戏角色的状态而进行的,制作人员只是设定了游戏动画中摄像机镜头的位置和运行方式以及角色的动作。比如在游戏中玩家控制的游戏角色在某段剧情之后更换了服装,如果这时读取CG动画则画面中的角色服装可能还是之前的,而即时演算动画则不受限制,可以根据当下的游戏场景和角色随时展开。所以从这方面来说,游戏CG动画更适合作为游戏的开场动画,即时演算更适合作为游戏中的剧情和过场动画。

早期的游戏作品受硬件和制作技术的限制,游戏的即时演算画面比较粗糙,例如纸片树叶、人物身上的棱角、角色动作生硬等。所以很难大面积地应用即时演算动画,仍然是把CG动画作为主要的手段。但随着计算机硬件和图像技术的发展,3D游戏引擎大放异彩,游戏的即时演算画面日益精细,如今很多游戏的即时演算画面与CG画面已经没有明显差别,即时演算动画逐渐成为游戏动画中的主流(见图7-8)。

· 图7-8 | 《神秘海域4》中媲美CG的即时演算画面

现在CG动画制作公司在渲染的时候用到的是计算机集群,也就是说,把单一的计算机当成一个节点,由多个计算机组成庞大的运算阵列来进行处理,这样就节约了很多时间,但是机器和硬件的投入是相当高的。而即便如此,CG渲染仍然很费时间,比如我们大家看到的电影《变形金刚》在渲染的时候单帧耗时就高达60多个小时。而即时演算动画,只要有一台搭载游戏显卡的个人计算机,利用游戏引擎的运算就可以完成。所以,现在比较通用的游戏动画制作方案是利用CG来制作游戏的片头、片尾和重要的剧情动画,剩下的例如过场衔接动画则采用即时演算来处理,这样既节约成本,也能达到比较好的效果。

在动画制作流程和方法上，CG动画与即时渲染动画是完全不同的。在前面内容中我们介绍过CG动画的制作是按照影视动画的流程来进行的，而即时渲染动画则主要依靠游戏引擎编辑器来制作。在游戏引擎编辑中有专门负责制作动画的动画编辑器模块，我们可以创建摄像机并且制作摄像机动画，而场景中的角色和特效动画等都需要在三维软件中提前制作完成，然后导入游戏引擎编辑器中，最终通过编辑器中的导演模块对角色进行动画的拼接和剪辑处理，这样就完成了动画的制作（见图7-9）。由于不需要进行预渲染，所以在整体的制作流程上即时渲染动画要比CG动画简单很多。

· 图7-9 ｜ 利用游戏引擎动画编辑器制作即时渲染动画

7.1.3 游戏角色动画

游戏角色动画指的是游戏中所有主角、NPC和怪物等角色自身的动作和技能动画。游戏角色动画与CG动画、预渲染动画都不相同，它并不是完整的带有情节的动画内容，而是贯穿在游戏研发过程中的制作内容，属于游戏美术制作中的核心内容之一。

游戏角色动画是由游戏动画美术师制作的，我们所看到的游戏中所有角色的动态效果都属于游戏角色动画，无论是2D游戏还是3D游戏都离不开游戏角色动画，也可以说如果没游戏角色动画，那么游戏场景中只是一堆静态的游戏美术元素而已。

对于像素或者2D游戏中的角色来说，通常我们看到的角色的行走、奔跑、攻击等动作都是利用关键帧动画来制作的，需要分别绘制出角色每一帧的姿态图片，然后将所有图片连续播放就实现了角色的运动效果。我们以角色行走为例，不仅要绘制出角色行走的动态，还要分别绘制不同方向行走的姿态，通常来说包括上、下、左、右、左上、左下、右上、右下这八个方向的姿态（见图7-10）。所有动画序列中的每一个关键帧的角色素材图都是需要二维美术设计师来制作的。

3D游戏中的角色动画则要涉及骨骼系统绑定和角色动作的调节。3D角色模型美术师将游戏角色模型制作完成后交给游戏动画美术师，然后由动画师将角色模型与三维软件中的骨骼系统进行绑定，同时调解蒙皮的权重，确定骨骼的活动范围，这样3D游戏角色就具备了可动能力。接下来需要动画师根据运动学规律对游戏角色进行动作的调节，制作出一段一段的动作文件，如跑步、行走、跳跃、战斗技能等，这样再导入游戏引擎后可以根据角色受到的操作命令来读取制作好的动作文件，这就是3D游戏中角色动画的基本原理（见图7-11）。

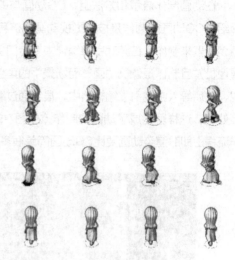

• 图7-10 ｜ 2D游戏角色行走序列素材图

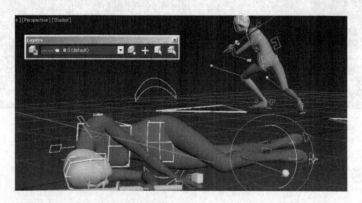

• 图7-11 ｜ 游戏角色动作调节

随着3D制作技术的发展，单纯依靠动画师来制作角色动画的方式越来越不能满足游戏项目研发的需求。随着游戏制作的发展，游戏内容日益复杂和庞大，如今的大型3D游戏中包含众多的游戏角色，而每一个角色根据剧情的发展都需要众多的动作脚本来完成剧情中的表演，这样庞大的制作任务很难完全依靠人力来实现。所以，一个新的技术被引入了游戏项目研发制作中，那就是"动态捕捉（Motion Capture）"。

实际上动态捕捉技术并不算新兴的技术，在影视动画领域早就开始应用并且已十分成熟，只是引入游戏制作领域相对较晚。现在的动态捕捉技术通常来说分为两大内容：表情捕捉和动作捕捉。捕捉表演者面部或手指的细微动作属于表情捕捉，也被称为表演捕捉（Performance Capture）；而记录表演者的动作就是动作捕捉，也叫运动跟踪（Motion

Tracking）。

动态捕捉实际上是利用传感设备记录人类演员的动作，将其转换为数字信号并保存为软件可识别的动作文件，从而生成3D角色动画。动态捕捉设备传感器包括陀螺仪、加速计和磁力计等，它可以感应绕空间3轴的旋转，通过复杂的算法来计算横滚俯仰和航向。通信设备包括传感器输出的数据，并计算四肢相对"主心骨"的位置。同时运用特别的算法来帮助计算出主心骨相对地面的位置。所有数据将通过无线蓝牙传送到计算机，利用软件处理并传输数据到3D动画软件（如MotionBuilder）中。所有步骤都在动态中用最小时间间隔完成，真正做到实时的动作捕捉（见图7-12）。

· 图7-12 │ 动作捕捉的拍摄现场

利用动态捕捉技术制作出的游戏角色动画十分逼真、细节丰富，由于是实时的反馈和捕捉，所以制作效率非常高，动态捕捉几分钟完成的动画内容可能需要动画师几天才能完成。

虽然动态捕捉技术的优势明显，但由于动态捕捉输出的动画数据十分庞大，所以也决定了无法将其全程应用到游戏当中。现在3D游戏主流的制作方法通常是利用动态捕捉来制作即时渲染的剧情和过场的角色动画（见图7-13），而游戏中角色的大多数动作和技能等仍然是通过动画师制作完成。这样的制作方法互补互足，平衡了游戏的制作效率和游戏的品质要求。

· 图7-13 │ 游戏过程动画中角色的生动表演

▎7.1.4　游戏特效动画

游戏特效动画是指游戏中为游戏场景和角色添加绚丽的特殊效果的动画部分，例如使用魔法或兵器时所发出的火，炸弹爆炸时产生的烟雾等，这些特效可以使游戏产生更加逼真的视觉效果（见图7-14）。

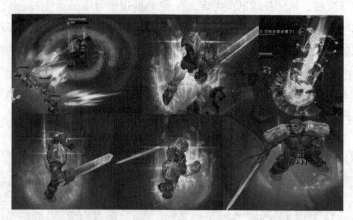

• 图7-14 | 游戏特效动画

　　一般来说，游戏特效动画包括场景特效动画和角色特效动画两大部分。场景特效动画是指用于游戏场景中的动画特效，如火把、落叶、体积光、瀑布和浪花涟漪等（见图7-15）。游戏角色特效是指用于游戏角色动作和技能的特效动画，如刀光剑影、魔法技能等。游戏场景特效动画一般是由三维场景美术师制作完成的，而角色特效动画都是由游戏特效美术师来制作的。

• 图7-15 | 游戏场景特效

　　在2D游戏中，特效动画通常是制作为序列帧图片，也就是类似于我们经常看到的动态GIF图片的效果。而3D游戏中的特效动画通常需要多种软件结合来制作，比如平面软件（如Photoshop）主要用来制作游戏特效中的贴图，特效软件（如AE、CB、PI）用来快速制作游戏中需要的粒子效果，还要利用三维软件（如3ds Max、MAYA）来制作游戏特效中需要的模型，最终导入游戏引擎特效编辑器中，通过程序代码实现最终游戏特效视觉效果。

游戏特效美术师是需要掌握软件最全面的职业，而且对于软件的掌控是基本的，其次是对美感的培养，提高设计师的审美能力，最后就是多参与不同类型产品的开发，在实践中积累制作经验。游戏特效是整个产品线的最后一环，对于新人来说首先需要做好基础技术的储备，如建模技术、动画技术和特效技术等。不是简单的只会控制粒子就可以完成整个设计工作，全面掌握各种技能对于游戏特效美术师来说是十分重要的。

7.2 | 游戏角色动画的制作

游戏角色动画是游戏美术制作中的重要内容，主要由游戏动画美术师负责制作。本节我们主要学习3D游戏角色动画的制作，3D游戏角色动画的制作主要涉及游戏中3D角色模型的骨骼绑定和动作调节，下面将以实例的形式为大家讲解。

7.2.1 3D角色骨骼绑定与蒙皮

骨骼系统是3ds Max软件中的一个重要系统模块，也是3D动画的核心部分。在早期的软件版本中，骨骼系统是需要制作者根据角色模型形态自己创建的，并没有现成的骨骼模板。在3ds Max 6.0版本后，软件加入了Bipe骨骼系统。Bipe骨骼系统是3ds Max专门为人型角色模型设计的骨骼系统，我们可以直接创建出人体骨骼模板，只需要简单设置就能完成骨骼与模型的匹配，大大提高了工作效率（见图7-16）。下面我们就来简单介绍一下3D人体模型的骨骼绑定和蒙皮。

在3ds Max创建面板下的System面板中可以找到Biped按钮，单击该按钮可以在视图窗口中通过拖曳鼠标创建出人体骨骼模板（见图7-17）。

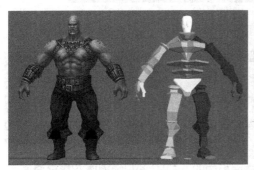

• 图7-16 | 人体骨骼系统

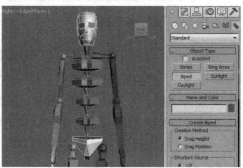

• 图7-17 | 创建Bipe骨骼

然后选中创建出的骨骼，单击Motion面板可以看到Bipe骨骼系统的设置面板。想要对骨骼进行设置必须单击Biped标签栏下的Figure Mode按钮，只有当这个按钮激活时才能对骨骼进行调整和设置，同时必须要注意当骨骼调整完成后必须将该按钮关闭。如果忘记关闭按钮，之后的操作仍然被判定为设置和调整骨骼。我们创建出的人体骨骼模板只是默认状态，想要调整骨骼关键的数量等，可以通过Structure面板进行参数调整，包括脊柱骨节数量、手指关节数量等，还可以通过这里设置出其他类人型生物的骨骼（见图7-18）。

• 图7-18 | Bipe骨骼设置面板

接下来在视图窗口中导入一个3D人体角色模型，调整Bipe骨骼和模型位置，使骨骼各部分要与人体模型对齐。要通过Front 和Right 视图进行观察，保证各个角度的重合。可以将角色模型用半透明显示（快捷键【Alt+X】），然后冻结模型，这样更方便bipe骨骼的对齐（见图7-19）。完成对齐操作后一定要记得关闭Figure Mode按钮，这样就基本完成了骨骼与模型的匹配。

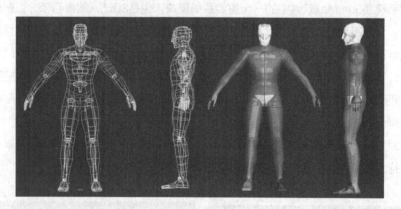

• 图7-19 | 骨骼对齐角色模型

骨骼创建完成后，这时的骨骼与角色模型仍然是两个独立的个体，无法起到实际效果。我们要对角色模型添加蒙皮修改器，这样才能使骨骼真正与模型合为一体，实现利用骨骼来操纵模型。选中人体模型，在堆栈列表中选择添加Skin修改器命令（见图7-20）。

• 图7-20 | 添加蒙皮修改器

在Envelope（封套）参数卷展栏中，单击面板中的Add 按钮，添加bipe作为模型的骨骼，这里我们要选中所有的骨骼，这样才能实现所有骨骼的蒙皮效果（见图7-21）。

接下来我们需要对每一块骨骼进行封套设置，所谓封套就是设置每一块骨骼所控制的模型点面范围区间。这里我们选中列表中的Bipe01 Head，也就是头部骨骼，我们可以看到视图中头部模型周围的顶点显示出颜色变化，红色顶点为骨骼完全控制下的模型部分，也就是这部分顶点一定会随骨骼的移动做出最大形变。除此以外，还有橙色和黄色顶点，代表形变依次减弱，而蓝色顶点说明模型不会随着骨骼进行形变。头部外围的线框和节点就是封套的控制节点，我们可以通过调节来改变模型上顶点的颜色变化，来实现骨骼对模型的影响范围（见图7-22）。

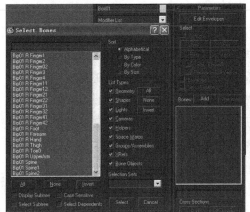

· 图7-21│添加蒙皮效果　　　　　　· 图7-22│设置头部封套

　　之后的任务就是仔细调整每一块骨骼的封套，保证骨骼能够正确影响模型。这里我们可以单击面板下的Mirror Mode按钮进入镜像模式，在镜像模式中我们只需要调整一侧身体的骨骼封套即可，然后通过镜像作用于另一侧，为我们节省制作时间（见图7-23）。

　　封套调整完成后我们可以通过移动和旋转骨骼来检验我们设置的封套是否到位。显示角色模型，可以看到图7-24左侧的大腿骨骼的蒙皮效果很糟糕，因为随着肢体的运动，关节处的模型变形扭曲严重，这时需要进一步调整封套对点的权重影响，直到效果达到图7-24右侧那样。蒙皮和

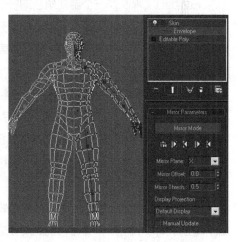

· 图7-23│通过镜像模式调整封套

封套的调节是一个十分复杂的工作，需要仔细调整才能得到完美的效果。

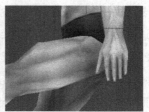

· 图7-24 │ 封套的错误效果

▎7.2.2　游戏角色动画制作

　　游戏角色动画的调节与制作其实从原理和软件技术上来说并不复杂，操作方式也比较简单，但是对于游戏动画来说更多是应用运动学规律来进行制作，所以作为游戏动画美术师，经验显得尤为重要。在本节内容中，我们通过简单的实例来介绍角色动画的基本制作方法。

　　3ds Max的动画操作面板位于软件视窗的右下角，只有几个按钮，除此以外就是动画关键帧时间轴。当我们激活Set K.按钮后就可以开始记录关键帧，滑动时间轴的滑块，在时间轴的某一帧上，单击面板左侧的"钥匙"按钮就可以创建关键帧，也就是说此刻模型的状态被记录下来。不同关键帧之间软件会通过运算进行衔接，也就完成了一个关键帧到另一个关键帧之间的动画过程。面板右侧是动画播放按钮（见图7-25）。

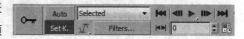

· 图7-25 │ 动画操作面板

　　下面我们简单制作一个游戏角色的行走动画。因为行走动作是循环动作，我们只需要调整一组动作即可，也就是让这一组动作的开始帧和结束帧完全相同，这样就能实现走路的动作循环。通常现实中的1秒算作24帧，如果把一次腿部交替的行走动作记作一秒，那么就需要制作24帧的动画。

　　首先，在3ds Max视图中导入一个已经完成骨骼和蒙皮的游戏角色模型。调整好第一帧的起始动作，打开关键帧记录按钮，单击关键帧设定按钮，将当前动作记录下来。此时的动作是右脚和左手在前，左脚和右手在后。因为第1帧和第24帧是完全相同的动作，所以我们将时间轴滑块滑动到24帧的位置，再次单击关键帧记录按钮，将同样的动作设定在24帧（见图7-26）。

　　通常我们在调整一组动作的时候就是将动作逐渐等分的过程，也就是确定起止帧后，接着来调整中间帧的动作，然后再找到两帧之间的中间帧进行调整。所以，这里我们将时间轴滑块滑动到第12帧，调整出与起止帧完全相反的动作，也就是右脚和左手在后，左脚和右手在前（见图7-27）。同时要注意第1、12和24帧角色轴心点的高度是一致的。

　　接下来我们将时间轴滑块移动到第6帧，调整出双脚同时着地和双手下垂的动作。第18帧也是相同的动作，同样记录好关键帧（见图7-28）。

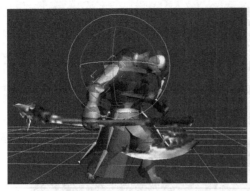

• 图7-26｜调整开始和结束帧的动作

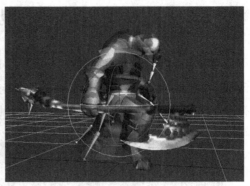

• 图7-27｜调整第12帧动作

　　然后我们选取第3帧调整动作，根据运动学规律，此时的轴心点在角色行走动作循环中应处于最低处，根据第1帧和第6帧的动作幅度选取中间值进行动作姿态的调整。第15帧和第3帧原理一样，只是动作相反（见图7-29）。

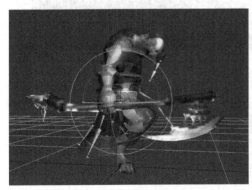

• 图7-28｜调整第6和18帧动作

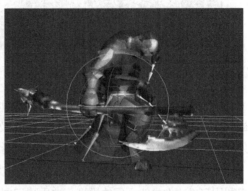

• 图7-29｜调整第3和15帧动作

　　最后调整第9帧和第21帧的动作，此时角色轴心点位于运动的最高处，根据前后帧的动作幅度调整动作中间值，第21帧与第9帧动作相反（见图7-30）。这样，整个行走动作的循环就完成了，我们单击动画播放按钮就可以看到完整的角色行走循环动画。

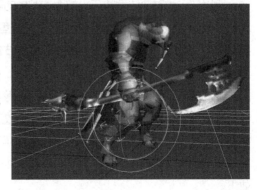

• 图7-30｜调整第9和21帧的动作

7.3 | 游戏特效动画的制作

本节我们主要介绍游戏特效动画的制作。以游戏角色特效为例,在动画师设计角色技能动作的时候其实也要为其设计相匹配的动画特效,例如在游戏中角色的打斗和技能一般都配有相应的光影效果,这就是游戏角色特效(见图7-31)。

• 图7-31 | 游戏角色特效设计原画

游戏特效动画的制作从整体流程来看分为五部分:一、在三维软件中制作特效所需的模型;二、为模型制作添加贴图;三、在三维软件中制作动画;四、从三维软件导出到游戏特效动画编辑器;五、在游戏引擎编辑器中调整设置特效动画。下面我们分别来进行讲解。

首先来制作一个光柱特效模型。其实游戏特效模型的制作非常简单,很多情况下都是直接利用三维软件中的几何体模型,这里我们创建3ds Max中的圆柱体模型。制作游戏特效模型一定要注意模型面数问题,由于特效后期主要通过贴图来进行表现,模型通常为透明结构,所以在布线时要注意技巧。如图7-32中的两个圆柱体模型,右侧模型在面数和布线上要比左侧的复杂很多,但当添加贴图隐去模型线框后,实际视觉效果却基本差不多(见图7-33)。所以我们在实际操作中要尽可能节省模型面数,节约资源,尽量不要有多余的线面结构。

游戏特效贴图通常使用tga、png、dds等格式,这些图片格式都支持Alpha通道,可以作出透明和镂空效果,这也正是制作游戏特效所需要的。与游戏贴图一样,在制作的时候,相同的UV共用一张贴图,只要是对称模型都可以重复使用UV贴图。如图7-34左侧用了一张完整的贴图,而实际上这种情况只需要用四分之一的贴图就可以达到完全相同的视觉效果。

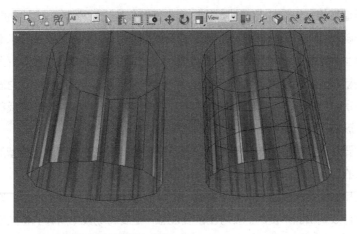

· 图7-32 │ 游戏特效模型布线

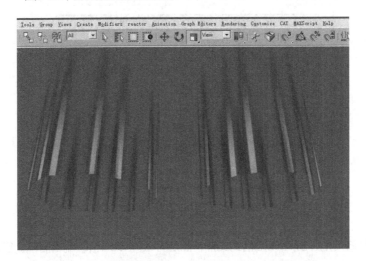

· 图7-33 │ 特效实际显示效果

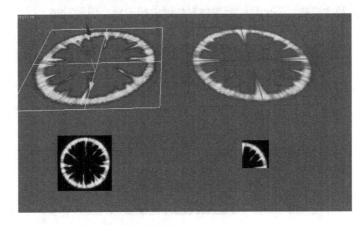

· 图7-34 │ 游戏特效贴图的利用

如果想要增加模型贴图中特效的数量，如前面制作的光柱模型，则直接扩展模型的UV网格即可，而游戏特效贴图一样也是制作成循环贴图模式。大多数引擎都要求贴图要调自发光值，否则模型为黑色，不显示材质贴图效果，当然如果前期3D没设置自发光，在游戏引擎里也可以重新调整。而使用了贴图的模型，在三维软件里调漫反射颜色对材质效果基本没什么影响，但是一旦导入游戏引擎，贴图的色彩效果就变了，所以要注意漫反射颜色一般使用黑白颜色，这样不会影响最终特效的色彩效果。

接下来需要对特效模型制作动画效果，对于简单的特效来说一般就是模型的旋转、缩放等动画，复杂的还需要制作添加粒子效果，这里就不过多讲解了。

特效模型和贴图制作完成后，需要将此时的特效输出为特定格式的文件，方便后面导入游戏引擎或者特效编辑器中使用。在导出前要注意一定要将场景中所有的特效模型都塌陷为网格模型物体，也就是EditMesh（见图7-35）。

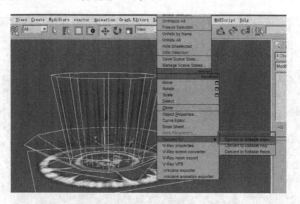

· 图7-35 │ 将特效模型塌陷为网格模型

这里我们将模型导出为NMO格式文件，然后导入Virtools引擎编辑器中。启动Virtools引擎，单击Resources菜单，通过Import file命令导入特效文件。刚导入的特效模型效果十分难看，初始导入都会这样，下面我们就需要对特效进行设置（见图7-36）。

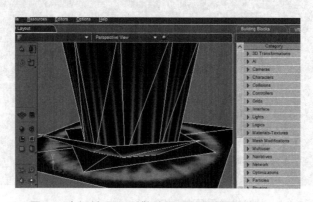

· 图7-36 │ 初始导入引擎编辑器的特效效果

通常我们需要设置模型的材质，找到模型的材质位置，给材质设置合适的Shader模式，然后为贴图指定Alpha通道，让贴图可以正确显示。将所有模型贴图设置完成后就可以正确显示特效了（见图7-37）。

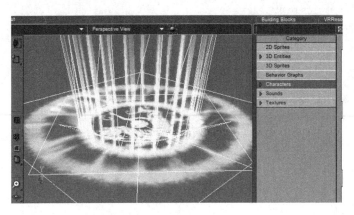

· 图7-37 │ 正确显示后的特效效果

制作完成的特效我们需要在编辑器中将其整体打包并进行保存，储存为一个特效文件包，这样就可以在后期游戏引擎中进行随时的调用，方便为游戏角色添加各种特效了。

Chapter 8

游戏引擎

8.1 | 游戏引擎的定义

"引擎"（Engine）这个词汇最早出现在汽车领域。引擎是汽车的动力来源，它就好比汽车的心脏，决定着汽车的性能和稳定性，汽车的速度、操纵感这些直接与驾驶相关的指标都建立在引擎的基础上。计算机游戏也是如此，玩家所体验到的剧情、关卡、美工、音乐、操作等内容都是由游戏的引擎直接控制的，它扮演着中场发动机的角色，把游戏中的所有元素捆绑在一起，在后台指挥它们同步有序地工作（见图8-1）。

例如，在某游戏的一个场景中，玩家控制的角色躲藏在屋子里，敌人正在屋子外面搜索玩家。突然，玩家控制的士兵碰倒了桌子上的一个杯子，杯子坠地发出破碎声，敌

· 图8-1 | 游戏引擎如同汽车引擎一样精密复杂

人在听到屋子里的声音之后聚集到玩家所在位置，玩家开枪射击敌人，子弹引爆了周围的易燃物，产生爆炸效果。在这一系列的过程中，便是游戏引擎在后台起着作用，控制着游戏中的一举一动。简单来说，游戏引擎就是用于控制所有游戏功能的主程序，从模型控制到计算碰撞、物理系统和物体的相对位置，再到接受玩家的输入，以及按照正确的音量输出声音等都属于游戏引擎的功能范畴。

无论是2D游戏还是3D游戏，无论是角色扮演游戏、即时策略游戏、冒险解谜游戏还是动作射击游戏，哪怕是一个只有1MB的桌面小游戏，都有这样一段起控制作用的代码，这段代码我们可以笼统地将其称为引擎。在早期的像素游戏时代，一段简单的程序编码就可以被称为引擎，但随着计算机游戏技术的发展，经过不断的进化，如今的游戏引擎已经发展为一套由多个子系统共同构成的复杂系统，从建模、动画到光影、粒子特效，从物理系统、碰撞检测到文件管理、网络特性，还有专业的编辑工具和插件，几乎涵盖了开发过程中的所有重要环节，这一切所构成的集合系统才是我们今天真正意义上的游戏引擎，而一套完整成熟的游戏引擎也必须包含以下几方面的功能。

首先是光影效果，即场景中的光源对所有物体的影响方式。游戏的光影效果完全是由引擎控制的，折射、反射等基本的光学原理以及动态光源、彩色光源等高级效果都是通过游戏引擎的不同编程技术实现的。

其次是动画，目前游戏所采用的动画系统可以分为两种：一种是骨骼动画系统，另一种是模型动画系统。前者用内置的骨骼带动物体产生运动，比较常见，后者则是在模型的基础上直接进行变形。游戏引擎通过这两种动画系统的结合，帮助动画师为游戏中的对象制作更加丰富的动画效果。

　　游戏引擎的另一个重要功能是提供物理系统，这可以使物体的运动遵循固定的规律，例如当角色跳起的时候，系统内定的重力值将决定他能跳多高，以及他下落的速度有多快，另外如子弹的飞行轨迹、车辆的颠簸方式也都是由物理系统决定的。

　　碰撞探测是物理系统的核心部分，它可以探测游戏中各物体的物理边缘。当两个3D物体撞在一起的时候，这种技术可以防止它们相互穿过，这就确保了当角色撞在墙上的时候，不会穿墙而过，也不会把墙撞倒，因为碰撞探测会根据角色和墙之间的特性确定两者的位置和相互的作用关系。

　　渲染是游戏引擎最重要的功能之一，当3D模型制作完毕后，游戏美术师会为模型添加材质和贴图，最后再通过引擎渲染把模型、动画、光影、特效等所有效果实时计算出来并展示在屏幕上，渲染模块在游戏引擎的所有部件当中是最复杂的，它的强大与否直接决定着最终游戏画面的质量（见图8-2）。

・图8-2｜游戏引擎拥有强大的即时渲染能力

　　游戏引擎还有一个重要的职责就是负责玩家与计算机之间的沟通，包括处理来自键盘、鼠标、摇杆和其他外设的输入信号。如果游戏支持联网特性的话，网络代码也会被集成在引擎中，用于管理客户端与服务器之间的通信。

　　时至今日，游戏引擎已从早期游戏开发的附属变成了今日的中流砥柱，对于一款游戏来说，能实现什么样的效果，很大程度上取决于所使用游戏引擎的能力。下面我们就来总结一下优秀游戏引擎所具备的优点。

1. 完整的游戏功能

　　随着游戏对引擎要求的提高，现在的游戏引擎不再是一个简单的3D图形引擎，而是涵盖3D图形、音效处理、AI运算、物理碰撞等游戏中的各个组件，所以齐全的各项功能和模块化的组件设计是游戏引擎所必备的。

2. 强大的编辑器和第三方插件

优秀的游戏引擎还要具备强大的编辑器，包括场景编辑、模型编辑、动画编辑、特效编辑等。编辑器的功能越强大，美工人员可发挥的余地就越大，做出的效果也越多。而插件的存在，使得第三方软件如3ds Max、Maya等可以与引擎对接，无缝实现模型的导入与导出。

3. 简洁有效的SDK接口

优秀的引擎会把复杂的图像算法封装在模块内，对外提供的则是简洁有效的SDK接口，有助于游戏开发人员迅速上手，这一点就像各种编程语言一样，越高级的语言越容易使用（见图8-3）。

· 图8-3 | 简洁的SDK接口

4. 其他辅助支持

优秀的游戏引擎还会提供网络、数据库、脚本等功能，这一点对于面向网游的引擎来说更为重要，网游要考虑服务器端的状况，要在保证优异画质的同时降低服务器端的压力。

以上四条对于如今大多数的游戏引擎来说都已具备，当我们回顾过去的游戏引擎，便会发现这些功能也都是从无到有慢慢发展起来的，早期的游戏引擎在今天看来已经没有什么优势，但正是这些先行者为今日游戏制作的发展打下了良好的基础。

8.2 | 游戏引擎的发展史

8.2.1 引擎的诞生（1991年—1993年）

1992年，美国Apogee软件公司代理发行了一款名叫《德军司令部（Wolfenstein 3D）》的射击游戏（见图8-4），游戏的容量只有2MB，以现在的眼光来看这款游戏只能算是微型小游戏，但在当时即使用"革命"这一极富煽动色彩的词语也无法形容出它在整个计算机游戏发展史上占据的重要地位。稍有资历的玩家可能都还记得当初接触它时的兴奋心情，这部游戏开创了第一人称射击游戏的先河，更重要的是，它在由宽度X轴和高度Y轴构成的图像平面上增加了一个前后纵深的Z轴，这根Z轴正是三维游戏的核心与基础，它的出现标志着3D游戏时代的萌芽与到来。

《德军司令部》游戏的核心程序代码，也就是我们今天所说的游戏引擎的作者正是如今大名鼎鼎的约翰卡马克（John Carmack），他在世界游戏引擎发展史上的地位无可替代。1991年他创办了id公司，正是《德军司令部》的Wolfenstein 3D游戏引擎让这位当初名不见经传的程序员在游戏圈中站稳了脚跟，之后id公司凭借《毁灭战士（Doom）》《雷神之锤（Quake）》等系列游戏作品成为当今世界上最为著名的三维游戏研发公司，而约翰·卡马克也被奉为游戏编程大师（见图8-5）。

· 图8-4 | 当时具有革命性画面的《德军司令部》　· 图8-5 | id公司创始人约翰·卡马克

随着《德军司令部3D》的大获成功，id公司于1993年发布了自主研发的第二款3D游戏《毁灭战士（Doom）》。Doom引擎在技术上大大超越了Wolfenstein 3D引擎，《德军司令部》中的所有物体大小都是固定的，所有路径之间的角度都是直角，也就是说玩家只能笔直地前进或后退，这些局限在《毁灭战士》中都得到了突破，尽管游戏的关卡还是维持在2D平面上进行制作，没有"楼上楼"的概念，但墙壁的厚度和路径之间的角度已经有了不同的变化，这使得楼梯、升降平台、塔楼和户外等各种场景成为可能。

虽然Doom的引擎在今天看来仍然缺乏细节，但开发者在当时条件下的设计表现却让人叹服。另外，更值得一提的是Doom引擎是第一个被正式用于授权的游戏引擎。1993年底，Raven公司采用改进后的Doom引擎开发了一款名为《投影者（ShadowCaster）》的游戏，这是世界游戏史上第一例成功的"嫁接手术"。1994年Raven公司采用Doom引擎开发了《异教徒（Heretic）》游戏，为引擎增加了飞行的特性，成为跳跃动作的前身。1995年Raven公司采用Doom引擎开发了《毁灭巫师（Hexen）》，加入了新的音效技术、脚本技术以及一种类似集线器的关卡设计，使玩家可以在不同关卡之间自由移动。Raven公司与id公司之间的一系列合作充分说明了引擎的授权无论对于使用者还是开发者来说都是大有裨益的，只有把自己的引擎交给更多的人去使用才能使游戏引擎不断地成熟和发展起来。

8.2.2　引擎的发展（1994年—1997年）

虽然在如今的游戏时代，游戏引擎可以拿来用作各种类型游戏的研发设计，但从世界游戏引擎发展史来看，引擎却总是伴随着FPS（第一人称射击）游戏的发展而进化的，无论是第一款游戏引擎的诞生，还是次时代引擎的出现，游戏引擎往往都是依托于FPS游戏展现在世人面前的，这已然成为了游戏引擎发展的一条定律。

在引擎的进化过程中，肯·西尔弗曼于1994年为3D Realms公司开发的Build引擎是一个重要的里程碑，Build引擎的前身就是家喻户晓的《毁灭公爵（Duke Nukem 3D）》（见图8-6）。《毁灭公爵》已经具备了今天第一人称射击游戏的所有标准内容，如跳跃、360度环视以及下蹲和游泳等特性，此外还把《异教徒》里的飞行换成了喷气背包，甚至加入了角色缩小等令人耳目一新的内容。在Build引擎的基础上先后诞生过14款游

· 图8-6 | 相对于第一款3D游戏《毁灭公爵》的画面有了明显进步

戏，例如《农夫也疯狂（Redneck Rampage）》《阴影武士（Shadow Warrior）》和《血兆（Blood）》等，还有艾生资讯开发的《七侠五义》，这是当时国内为数不多的几款3D游戏之一。Build引擎的授权业务大约为3D Realms公司带来了一百多万美元的额外收入，3D Realms公司也由此成为了引擎授权市场上最早的受益者。尽管如此，但是总体来看，Build引擎并没有为3D引擎的发展带来实质性的变化，突破的任务最终由id公司的《雷神之锤（Quake）》完成了。

随着时代的变革和发展，游戏公司对于游戏引擎的重视程度日益提高。《雷神之锤》系列作为3D游戏史上最伟大的游戏系列之一，其创造者——游戏编程大师约翰·卡马克，对游戏引擎技术的发展做出了前无古人的卓越贡献。从1996年《雷神之锤1》的问世，到《雷

神之锤2》，再到后来风靡世界的《雷神之锤3》（见图8-7），每一次的更新换代都把游戏引擎技术推向了一个新的极致。在《雷神之锤》之后卡马克将Quake的引擎源代码公开发布，将自己辛苦研发的引擎技术贡献给了全世界，虽然现在Quake的引擎已经淹没在了浩瀚的历史长河中，但无数程序员都认为卡马克的引擎源代码对于自己的学习和成长有着十分重要的意义。

• 图8-7 ｜ 从Quake1到Quake3画面的发展

　　Quake引擎是当时第一款完全支持多边形模型、动画和粒子特效的真正意义上的3D引擎，而不是像Doom、Build那样的2.5D引擎，此外Quake引擎还是多人连线游戏的开创者，尽管几年前的《毁灭战士》也能通过调制解调器连线对战，但最终把网络游戏带入大众视野之中的还是《雷神之锤》，也是它促成了世界电子竞技产业的发展。

　　一年之后，id公司推出《雷神之锤2》，一举确定了自己在3D引擎市场上的霸主地位，《雷神之锤2》采用了一套全新的引擎，可以更充分地利用3D加速和OpenGL技术，在图像和网络方面与前作相比有了质的飞跃，Raven公司的《异教徒2》和《军事冒险家》、Ritual公司的《原罪》、Xatrix娱乐公司的《首脑：犯罪生涯》以及离子风暴工作室的《安纳克朗诺克斯》都采用了Quake II引擎。

　　在QuakeII还在独霸市场的时候，一家后起之秀Epic公司携带着它们自己的《Unreal（虚幻）》（见图8-8）问世，尽管当时只是在300×200的分辨率下运行的这款游戏，但游戏中的许多特效即便在今天看来依然很出色：荡漾的水波，美丽的天空，庞大的关卡，逼真的火焰、烟雾和力场效果等。从单纯的画面效果来看，《虚幻》是当时当之无愧的佼佼者，其震撼力完全可以与人们第一次见到《德军司令部》时的感受相比。

　　谁都没有想到这款用游戏名字命名的游

• 图8-8 ｜ 虚幻1代游戏画面

戏引擎在日后的引擎大战中发展成了一股强大的力量。在Unreal引擎推出后的两年内就有18款游戏与Epic公司签订了许可协议,这还不包括Epic公司自己开发的《虚幻》资料片《重返纳帕利》、第三人称动作游戏《北欧神符(Rune)》、角色扮演游戏《杀出重围(Deus Ex)》以及最终也没有上市的第一人称射击游戏《永远的毁灭公爵(Duke Nukem Forever)》等。Unreal引擎的应用范围不限于游戏制作,还涵盖了教育、建筑等其他领域,Digital Design公司曾与联合国教科文组织的世界文化遗产分部合作采用Unreal引擎制作过巴黎圣母院的内部虚拟演示,ZenTao公司采用Unreal引擎为空手道选手制作过武术训练软件,另一家软件开发商Vito Miliano公司也采用Unreal引擎开发了一套名为"Unrealty"的建筑设计软件用于房地产的演示。如今Unreal引擎早已经从激烈的竞争中脱颖而出,成为当下主流的次时代游戏引擎。

8.2.3 引擎的革命(1998年—2000年)

在虚幻引擎诞生后,引擎在游戏图像技术上的发展暂时进入了瓶颈期,例如所有采用Doom引擎制作的游戏,无论是《异教徒》还是《毁灭战士》都有着相似的内容,甚至连情节设定都如出一辙,玩家开始对端着枪跑来跑去的单调模式感到厌倦,开发者们不得不从其他方面寻求突破,由此掀起了FPS游戏的一个新高潮。

两部划时代的作品同时出现在1998年——Valve公司的《半条命(Half-Life)》和Looking Glass工作室的《神偷:暗黑计划(Thief: The Dark Project)》(见图8-9),尽管此前的很多游戏也为引擎技术带来过许多新的特性,但没有哪款游戏能像《半条命》和《神偷》那样对后来的作品以及引擎技术的进化造成如此深远的影响。曾获得无数大奖的《半条命》采用的是Quake和Quake II引擎的混合体,Valve公司在这两部引擎的基础上加入了两个很重要的特性:一个是脚本序列技术,这一技术可以令游戏通过触动事件的方式让玩家真实地体验游戏情节的发展,这对于自诞生以来就很少注重情节的FPS游戏来说无疑是一次伟大的革命;另一个是对AI人工智能引擎的改进,敌人的行动与以往相比有了更为复杂和智能化的变化,不再是单纯地扑向枪口。这两个特点赋予了《半条命》引擎鲜明的个性,在此基础上诞生的《要塞小分队》《反恐精英》和《毁灭之日》等优秀作品又通过网络代码的加入令《半条命》引擎焕发出了更为夺目的光芒。

在人工智能方面真正取得突破的游戏是Looking Glass工作室的《神偷:暗黑计划》,游戏的故事发生在中世纪,玩家扮演一名盗贼,任务是进入不同的场所,在尽量不引起别人注意的情况下窃取物品。《神偷》采用的是Looking Glass工作室自行开发的Dark引擎,Dark引擎在图像方面比不上《雷神之锤2》或《虚幻》,但在人工智能方面它的水准却远远高于后两者。游戏中的敌人懂得根据声音辨认玩家的方位,能够分辨出不同地面上的脚步声,在不同的光照环境下有不同的判断,发现同伴的尸体后会进入警戒状态,还会针对玩家的行动做出各种合理的反应,玩家必须躲在暗处不被敌人发现才有可能完成任务,这在以往那些纯粹的杀戮射击游戏中是根本见不到的。遗憾的是由于Looking Glass工作室的过早倒闭，Dark引擎未能发扬光大，除了《神偷：暗黑计划》外，采用这一引擎的只有《神偷2：金属时代》和《系统震撼2》等少数几款游戏。

• 图8-9 | 《半条命》和《神偷：暗黑计划》的游戏画面

受《半条命》和《神偷：暗黑计划》两款游戏的启发，越来越多的开发者开始把注意力从单纯的视觉效果转向更具变化的游戏内容，其中比较值得一提的是离子风暴工作室出品的《杀出重围》（见图8-10）。《杀出重围》采用的是Unreal引擎，尽管画面效果十分出众，但在人工智能方面它无法达到《神偷》系列的水准，游戏中的敌人更多的是依靠预先设定的脚本做出反应。即便如此，视觉图像的品质抵消了人工智能方面的缺陷，而真正帮助《杀出重围》在众多射击游戏中脱颖而出的是它独特的游戏风格，游戏含有浓重的角色扮演成分，人物可以积累经验、提高技能，还有丰富的对话和曲折的情节。同《半条命》一样，《杀出重围》的成功说明了叙事对第一人称射击游戏的重要性，能否更好地支持游戏的叙事能力成为了衡量引擎的一个新标准。

从2000年开始3D引擎开始朝着两个不同的方向分化。一是像《半条命》《神偷》和《杀出重围》那样通过融入更多的叙事成分、角色扮演成分以及加强人工智能来提高游戏的可玩性。二是朝着纯粹的网络模式发展，在这一方面id公司再次走到了整个行业的最前沿，在Quake II出色的图像引擎基础上加入更多的网络互动方式，推出了一款完全没有单人过关模式的网络游戏——《雷神之锤3竞技场（Quake III Arena）》，它与Epic公司之后推出的《虚幻竞技场（Unreal Tournament）》（见图8-11）一同成为引擎发展史上一个新的转折点。

Epic公司的《虚幻竞技场》虽然比《雷神之锤3竞技场》落后了一步，但如果仔细比较就会发现它的表现其实要略胜一筹，从画面方面看两者几乎相等，但在联网模式上，它不仅提供了死亡竞赛模式，还提供了团队合作等多种网络对战模式，而且虚幻引擎不仅可以应用在动作射击游戏中，还可以为大型多人游戏、即时策略游戏和角色扮演游戏提供强有力的3D支持。Unreal引擎在许可业务方面的表现也超过了Quake III，迄今为止采用Unreal引擎制作的游戏大约已经有上百款，其中包括《星际迷航深度空间九：坠落》《新传说》和《塞拉菲姆》等。

• 图8-10 | 《杀出重围》的游戏画面

• 图8-11 | 奠定新时代3D游戏标杆的《虚幻竞技场》

在1998年到2000年期间迅速崛起的另一款引擎是Monolith公司的LithTech引擎（见图8-12）。这款引擎最初是用在机甲射击游戏《升刚（Shogo）》上的，LithTech引擎的开发共花了整整五年时间，耗资700万美元。1998年LithTech引擎的第一个版本推出之后立即引起了业界的注意，为当时处于白热化状态下的《雷神之锤

• 图8-12 | LithTech引擎LOGO

2》与《虚幻》之争泼了一盆冷水。采用LithTech第一代引擎制作的游戏包括《血兆2》和《清醒（Sanity）》等。

2000年，LithTech的2.0版本和2.5版本中加入了骨骼动画和高级地形系统，给人留下深刻印象的《无人永生（No One Lives Forever）》以及《全球行动（Global Operations）》采用的就是LithTech 2.5引擎，此时的LithTech已经从一名有益的补充者变成了一款同Quake III和Unreal Tournament平起平坐的引擎。之后LithTech引擎的3.0版本也被发布，并且衍生出了"木星"（Jupiter）、"鹰爪"（Talon）、"深蓝"（Cobalt）和"探索"（Discovery）四大系统，其中"鹰爪"被用于开发《异形大战掠夺者2（Alien Vs. Predator 2）》，"木星"被用于《无人永生2》的开发，"深蓝"用于开发PS2版《无人永生》。曾有业内人士评价，用LithTech引擎开发的游戏，无一例外的都是3D类游戏的顶尖之作。

作为游戏引擎发展史上的一匹黑马，德国的Crytek Studios公司仅凭一款《孤岛危机》就在当年的E3大展上惊艳四座，其CryENGINE引擎强大的物理模拟效果和自然景观技术足以和当时最优秀的游戏引擎相媲美（见图8-13）。CryENGINE具有许多绘图、物理和动画的技术以及游戏部分的加强，其中包括体积云、即时动态光影、场景光线吸收、3D海洋技术、场景深度、物件真实的动态半影、真实的脸部动画、光通过半透明物体时的散射、可破

坏的建筑物、可破坏的树木、高动态光照渲染、可互动和破坏的环境、进阶的粒子系统等，例如火和雨会被外力所影响而改变方向、日夜变换效果和光芒特效，并且可以产生水底的折射效果、以视差贴图创造非常高分辨率的材质表面、16公里远距离的视野、人体骨骼模拟等。

• 图8-13 | CryENGINE引擎创造的逼真自然景观

对比来看，似乎Crytek与Epic有着很多共同点，都是因为一款游戏获得世界瞩目，都是用游戏名字命名游戏引擎，也同样都是在日后的发展中由单纯的计算机游戏制作公司转型为专业的游戏引擎研发公司。我们很难去评论这样的发展之路是否是通向成功的唯一途径，但我们都能看到的是游戏引擎技术在当今计算机游戏领域中无可替代的核心作用，过去单纯依靠程序、美工的时代已经结束，以游戏引擎为中心的集体合作时代已经到来，这也就是当今游戏技术领域我们所说的游戏引擎时代。

8.3 | 世界主流游戏引擎介绍

世界游戏制作产业发展到游戏引擎时代后，人们逐渐明白了游戏引擎对于游戏制作的重要性，于是各家厂商都开始自主引擎的设计研发，到目前为止全世界已经署名并成功研发出游戏作品的引擎有几十种，这其中有将近十款的世界级主流游戏引擎。所谓主流引擎就是指在世界范围内成功进行过多次软件授权的成熟商业游戏引擎，下面我们就来介绍几款世界知名的主流游戏引擎。

8.3.1 Unreal虚幻引擎

自1999年具有历史意义的《虚幻竞技场（Unreal Tournament）》发布以来，该系列就一直引领着世界FPS游戏的潮流，完全不输于同期风头正盛的《雷神之锤》系列。从第一代虚幻引擎开始就展现了Epic公司对于游戏引擎技术研发的坚定决心。2006年，虚幻3引擎的问世彻底证明了虚幻是世界级主流引擎，并且坚固了Epic公司的世界顶级引擎生产商的地位。2014年，虚幻4引擎正式发布，拉开了次世代游戏引擎的序幕（见图8-14）。

• 图8-14 | 虚幻4引擎LOGO

虚幻4引擎是一套以DirectX 11图像技术为基础，为PC、Xbox One、PlayStation 4平台准备的完整游戏开发构架，提供大量的核心技术阵列、内容编辑工具，支持高端开发团队的基础项目建设。虚幻4引擎的所有制作理念都是为了更加容易地进行制作和编程的开发，为了让所有的美术人员在尽量牵扯最少程序开发内容的情况下使用辅助工具来自由创建虚拟环境，同时提供帮助程序编写者提高效率的模块和可扩展的开发构架，用来创建、测试和完成各种类型的游戏制作。

作为虚幻3引擎的升级版，虚幻4可以处理极其细腻的模型，通常游戏的人物模型由几百至几千个多边形面组成，而虚幻4引擎可以创建一个由数百万多边形面组成的超精细模型，并对模型进行细致的渲染，然后得到一张高品质的法线贴图。这张法线贴图中记录了高精度模型的所有光照信息和通道信息，在游戏最终运行的时候，游戏会自动将这张带有全部渲染信息的法线贴图应用到一个低多边形面数（通常多边形面在15000～30000）的模型上。这样，游戏模型最终就达到了虽然多边形面数较少但却拥有高精度模型细节的效果，而且在保证效果的同时也在最大程度上节省了硬件的计算资源，这就是现在次时代游戏制作中常用的"法线贴图"技术，而虚幻引擎也是世界范围内法线贴图技术的最早引领者（见图8-15）。

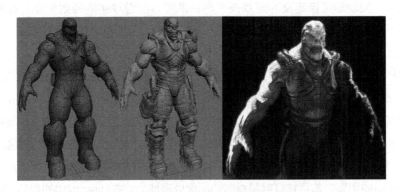

• 图8-15 | 利用高模映射烘焙是制作法线贴图的技术原理

除此之外，虚幻4引擎还具备新的材料流水线、蓝图视觉化脚本、直观蓝图调试、内容浏览器、人物动画、Matinee影院级工具集、全新地形和植被、后期处理效果、热重载（Hot Reload）、模拟与沉浸式视角、即时游戏预览、AI人工智能、音频、中间件集成等一系列全新特性。

虚幻引擎是近几年世界上最为流行的游戏引擎，基于它开发的大作无数，包括《战争机器》《使命召唤》《彩虹六号》《虚幻竞技场》《荣誉勋章》《镜之边缘》《质量效应》《蝙蝠侠：阿卡姆疯人院》《流星蝴蝶剑OL》等。

虚幻4引擎在刚发布的时候采用了付费授权的模式，开发者只需每月支付19美元的订阅费，就可以获得虚幻4全部的功能、工具、文档、更新以及托管在GitHub上完整的C++源码。然而时隔一年，在2015年3月，Epic Games宣布虚幻4引擎的授权将完全免费，所有开发者均可免费获得虚幻4的所有工具、功能、平台可用性以及全部源代码、完整项目、范例内容、常规更新和Bug修复等。开发的游戏产品在实现商业化销售后，如果在每季度首次盈利超3000美元才需支付5%的版权费用，而诸如建筑、模拟和可视化的电影项目、承包项目和咨询项目，则不必支付版权费用。如此开放化的政策为游戏研发团队和个人提供了最为实际的推动力，对于日后整个游戏研发领域也起到了十分积极的作用。

8.3.2 CryEngine引擎

2004年德国一家名叫Crytek的游戏工作室发行了自己制作的第一款FPS游戏《孤岛惊魂（FarCry）》，这款游戏采用的是其自主研发的CryEngine引擎，这款游戏在当年的美国E3大展一经亮相便获得了广泛的关注，其游戏引擎制作出的场景效果更称得上是惊艳。CryEngine引擎擅长超远视距的渲染，同时拥有先进的植被渲染系统，此外玩家在游戏关卡中不需要暂停来加载附近的地形，室内和室外的地形可以无缝过渡，游戏大量使用像素着色器，借助Crytek PolyBump法线贴图技术，使游戏中室内和室外的水平特征细节也得到了大幅提高。游戏引擎内置的实时沙盘编辑器（Sandbox Editor），可以让玩家很容易地创建大型户外关卡，加载测试自定义的游戏关卡，并即时看到游戏中的特效变化。虽然当时的CryEngine引擎与世界顶级的游戏引擎还有一定的距离，但所有人都看到了CryEngine引擎的巨大潜力。

2007年，美国EA公司发行了Crytek公司制作的第二部FPS游戏《孤岛危机（Crysis）》（见图8-16），孤岛危机使用的是Crytek自主游戏引擎的第2代——CryEngine2。采用CryEngine2引擎所创造出来的世界可以说是一个惊人的游戏世界，引入白天和黑夜的交替设计，静物与动植物的破坏、拣拾和丢弃系统，物体的重力效应，人或风力对植物、海浪的形变效应，爆炸的冲击波效应等一系列的场景特效，其视觉效果直逼真实世界。

CryEngine2引擎的首要特征就是卓越的图像处理能力，在DirectX10的帮助下引擎提供了实时光照和动态柔和阴影渲染支持，这一技术无需提前准备纹理贴图，就可以模拟白天和动态天气情况下的光影变化，同时能够生成高分辨率、带透视矫正的容积化阴影效果，而能创造出这些效果得益于引擎中所采用到的容积化、多层次以及远视距雾化技术。

同时，引擎还整合了灵活的物理引擎，使得具备可破坏性特征的环境创建成为可能，大至房屋建筑，小至树木都可以实现在外力的作用下产生坍塌、断裂等毁坏效果，树木植被甚至是桥梁在风向或水流的影响下都能作出相应的力学弯曲反应。

· 图8-16 | 《孤岛危机》游戏画面

　　另外，引擎还具备真实的动画系统，可以让动作捕捉器获得的动画数据与手工动画数据相融合。CE2采用CCD-IK、分析IK、样本IK等程序化算法以及物理模拟来增强预设定动画，结合运动变形技术来保留原本基础运动的方式，使得原本生硬的计算机生成与真人动作捕捉混合动画看起来更加自然逼真，例如可以表现出跑动转向时的重心调整，且上下坡时的行走动作也同在平地上有所区别。

　　Sandbox（沙盒）游戏编辑器为游戏设计者和关卡设计师们提供了协同、实时的工作环境，工具中还包含有地形编辑、视觉特征编程、AI、特效创建、面部动画、音响设计以及代码管理等工具，无需代码编译过程，游戏就可以在目标平台上进行生成和测试。

　　2011年，《孤岛危机2》发售，与之相应的，Crytek公布了全新的CryEngine3引擎（见图8-17）。作为升级版，CryEngine3引擎最大的特点就是一站式的解决方案，面向Xbox和PS平台以及MMO网游，并可随时升级至下一代技术平台。另外，除了画面质量的全面提升外，CryEngine3引擎内含全新一代的

· 图8-17 | CryEngine3引擎LOGO

Sandbox关卡编辑器——第三代"所见即所玩（WYSIWYP）"技术，面向专业游戏开发群体。开发人员不仅可以在PC上即时预览跨平台游戏，而且一旦在PC的沙盒上对原始艺术资源内容进行更改，CryEngine3引擎就会立即自动对其进行转换、压缩和优化，并更新所有支持平台的输出结果，开发人员也能立刻看到光影、材料、模型的改变效果。

8.3.3　Frostbite寒霜引擎

　　Frostbite寒霜引擎是EA DICE开发的一款3D游戏引擎，主要应用于军事射击类游戏《战地》系列，该引擎从2006年起开始研发，第一款使用寒霜引擎的游戏是2008年上市的《战地：叛逆连队》。寒霜系列引擎至今为止共经历三个版本发展：寒霜1.0、寒霜1.5和现在的

寒霜2.0。

寒霜1.0引擎首次使用是在2008年的《战地：叛逆连队》中，其中HDR Audio系统允许调整不同种类音效的音量使玩家能在嘈杂的环境中听得更清楚，Destruction1.0摧毁系统允许玩家破坏某些特定的建筑物。寒霜1.5引擎首次应用在2009年的《战地1943》中，引擎中的摧毁系统提升到了2.0版（Destruction 2.0），允许玩家破坏整栋建筑而不仅仅是一堵墙，2010年的《战地：叛逆连队2》也使用了这个引擎，同时也是该引擎第一次登陆Windows平台，Windows版部分支持了DirectX 11的纹理特性，同年的《荣誉勋章》多人游戏模式中也使用了该引擎。

最新一版寒霜2.0引擎随《战地3》一同发布，它将完全利用DirectX 11 API和Shader Model 5以及64位性能，并将不再支持DirectX 9，也意味着采用寒霜2.0游戏引擎开发的游戏将不能在XP系统下运行。寒霜2.0支持目前业界中最大的材质分辨率，在DX11模式下材质的分辨率支持度可以达到16384×16384。寒霜2.0所采用的是Havok物理引擎中增强的第三代摧毁系统Destruction 3.0，应用了非传统的碰撞检测系统，可以制造动态的破坏，物体被破坏的细节可以完全由系统实时演算渲染产生而非事先预设定，引擎理论上支持100%物体破坏，包括载具、建筑、草木枝叶、普通物体、地形等（见图8-18），寒霜2.0引擎将是名副其实的次时代游戏引擎。

· 图8-18 | 《战地3》中的Destruction 3.0摧毁系统画面效果

8.3.4 Gamebryo引擎

Gamebryo引擎相比于以上两款游戏引擎在玩家中的知名度略低，但提起《辐射3》（见图8-19）、《辐射：新维加斯》《上古卷轴4》以及《地球帝国》系列这几款大名鼎鼎的游戏作品相信无人不知，而这几款游戏作品正是使用Gamebryo游戏引擎制作出来的。Gamebryo引擎是NetImmerse引擎的后继版本，是由Numerical Design Limited最初开发的游戏中间层，在与Emergent Game Technologies公司合并后，引擎改名为Gamebryo。

· 图8-19 | 利用Gamebryo引擎制作的《辐射3》游戏画面

    Gamebryo游戏引擎是由C++编写的多平台游戏引擎，他支持的平台有Windows、Wii、PlayStation 2、PlayStation 3、Xbox和Xbox 360。Gamebryo是一个灵活多变支持跨平台创作的游戏引擎和工具系统，无论是制作RPG还是FPS游戏，或是一款小型桌面游戏，也无论游戏平台是PC、Playstation 3、Wii或者Xbox360，Gamebryo游戏引擎都能在设计制作的过程中起到极大的辅助作用，提升整个项目计划的进程效率。

    灵活性是Gamebryo引擎设计原则的核心，Gamebryo游戏引擎凭借着超过10年的技术积累，使更多的功能开发工具以模块化的方式呈现，让开发者根据自己的需求开发出各种不同类型的游戏，另外Gamebryo的程序库允许开发者在不需修改源代码的情况下做最大限度的个性化制作。强大的动画整合也是Gamebryo引擎的特色，引擎几乎可以自动处理所有的动画值，这些动画值可从当今热门的DCC工具中导出。此外，Gamebryo的Animation Tool可让用户混合任意数量的动画序列，创造出具有行业标准的产品，结合Gamebryo引擎中所提供的渲染、动画及特技效果功能，来制作任何风格的游戏。

    凭借着Gamebryo引擎具备的简易操作以及高效特性，不仅在单机游戏上，在网络游戏上也有越来越多的游戏产品开始应用这一便捷实用的商业化游戏引擎，在能保持画面优质视觉效果的前提下，能更好地保持游戏的可玩性以及寿命。利用Gamebryo引擎制作的游戏有《轴心国和同盟军》《邪神的呼唤：地球黑暗角落》《卡米洛特的黑暗年代》《上古卷轴4：湮没》《上古卷轴4：战栗孤岛》《地球帝国2》《地球帝国3》《辐射3》《辐射：新维加斯》《可汗2：战争之王》《红海》《文明4》《席德梅尔的海盗》《战锤Online：决战世纪》《动物园大亨2》等。此外，国内许多游戏制作公司也引进Gamebryo引擎制作了许多游戏作品，包括腾讯公司的《御龙在天》《轩辕传奇》《QQ飞车》，烛龙科技的《古剑奇谭》，久游的《宠物森林》等。

8.3.5　BigWorld引擎

大多数游戏引擎的设计以及应用更多的是针对单机游戏，而通常单机游戏引擎大多都不能直接对应网络或多人互动功能，需要加载另外的附件工具来实现，而BigWorld游戏引擎则恰恰是针对于网络游戏提供的一套完整技术解决方案。BigWorld引擎全称为BigWorld MMO Technology Suite，这一方案无缝集成了专为快速高效开发MMO游戏而设计的高性能服务器应用软件、工具集、高级3D客户端和应用编程接口（APIs）。

与大多数的游戏引擎生产商不同，BigWorld引擎并不是由游戏公司开发出来的。Big World Pty Ltd 是一家私人控股公司，总部位于澳大利亚，该公司是一家专门从事互动引擎技术开发的公司，它在世界范围内寻找适合的游戏制作公司，专门提供引擎授权合作服务。

BigWorld游戏引擎被人们所知晓是因为它造就了世界上最成功的MMORPG游戏——《魔兽世界》，而且BigWorld游戏引擎也是目前世界上唯一一套完整的服务器、客户端MMOG解决方案，整体引擎套件由服务器软件、内容创建工具、3D客户端引擎、服务器端实时管理工具组成，让整个游戏开发项目避免了未知、昂贵且耗时的软件研发风险，从而使授权客户能够专注于游戏本质的创作。

作为一款专为网游而诞生的游戏引擎，其主要的特点都是以网游的服务端以及客户端之间的性能平衡为重心，BigWorld游戏引擎有强大且具弹性的服务器架构，整个服务器端的系统会根据需要，以不被玩家察觉的方式重新动态分配各个服务器单元的作业负载流程，达到平衡的同时不会造成任何的运作停顿并保持系统的运行连贯。应用引擎中的内容创建工具能快速实现游戏场景空间的构建，并且使用世界编辑器、模型编辑器以及粒子编辑器在减少重复操作的情况下创建出高品质的游戏内容。

新一代BigWorld 2.0游戏引擎，在服务器端、客户端以及编辑器上都有了更多的改进：在服务器端上增加支持64位操作系统、与更多的第三方软件进行整合，增强了动态负载均衡和容错技术，大大提高了服务器的稳定性；客户端上内嵌Web浏览器，实现在游戏的任何位置显示网页，支持标准的HTML/CSS/JavaScript/Flash在游戏世界里的应用，优化了多核技术的效果，使玩家计算机中每个处理器核心的性能都发挥得淋漓尽致；而在编辑器上则强化景深、局部对比增益、颜色色调映射、非真实效果、卡通风格边缘判断、马赛克、发光效果、夜视模拟等一些特效的支持，优化对象查找的功能让开发者可以更好地管理游戏中的对象。

国内许多网络游戏都是利用BigWorld引擎制作出来的，其中包括《天下2》《天下3》《创世西游》《鬼吹灯OL》《三国群英传OL2》《侠客列传》《海战传奇》《坦克世界》（见图8-20）、《创世OL》《天地决》

• 图8-20 │《坦克世界》的游戏画面效果

《神仙世界》《奇幻OL》《神骑世界》《魔剑世界》《西游释厄传OL》《星际奇舰》
《霸道OL》等。

8.3.6　id Tech引擎

有人说IT行业是一个充满传奇的领域，例如微软公司的比尔·盖茨、苹果公司的乔布斯，在行业不同时期的发展中总会诞生一些充满传奇色彩的人物，如果把盖茨和乔布斯看作传统计算机行业的传奇人物，那么约翰卡马克就是世界游戏产业发展史上拥有同样的地位传奇。1996年《Quake》问世，约翰卡马克带领他的id公司创造了三维游戏历史上的里程碑，他们将研发Quake的游戏编程技术命名为id Tech引擎，世界上第一款真正的3D游戏引擎就这样诞生了，在随后每一代《雷神之锤》系列的研发过程中，id Tech引擎也在不断进化。

《雷神之锤2》所应用的id Tech 2引擎对硬件加速的显卡进行了全方位的支持，当时较为知名的3D API是OpenGL，id Tech 2引擎也因此重点优化了OpenGL性能，这也奠定了id公司系列游戏多为OpenGL渲染的基础。引擎同时对动态链接库（DLL）进行支持，从而实现了同时支持软件和OpenGL渲染的方式，可以在载入/卸载不同链接库的时候进行切换。利用id Tech 2引擎制作的代表游戏有《雷神之锤2》《时空传说》《大刀》《命运战士》等。约翰卡马克在遵循GNU和GPL准则的情况下于2001年12月22日公布了此引擎的全部源代码。

伴随着1999年《雷神之锤3》的发布，id Tech 3引擎成为当时风靡世界的主流游戏引擎，id Tech 3引擎已经不再支持软件渲染，必须要有硬件3D加速显卡才能运行。引擎增加了32Bit材质的支持，还直接支持高细节模型和动态光影，同时，引擎在地图中的各种材质、模型上都表现出了极好的真实光线效果，Quake III使用了革命性.MD3格式的人物模型，模型的采光使用了顶点光影（vertex animation）技术，每一个人物都被分为不同段（头、身体等），并根据玩家在游戏中的移动而改变实际的造型，游戏中真实感更强。Quake III拥有游戏内命令行的方式，几乎所有使用这款引擎的游戏都可以用"~"键调出游戏命令行界面，通过指令的形式对游戏进行修改，增强了引擎的灵活性。Quake III是一款十分优秀的游戏引擎，即使是放到今天来讲，这款引擎仍有可取之处，即使画质可能不是第一流的，但是其优秀的移植性、易用性和灵活性使得它作为游戏引擎仍能发挥一定作用，使用Quake III引擎的游戏数量众多，比如早期的《使命召唤》系列、《荣誉勋章》《绝地武士2》《星球大战》《佣兵战场2》《007》《重返德军总部2》等。2005年8月19日，id公司在遵循GPL许可证准则的情况下开放了id Tech 3引擎的全部核心代码。

2004年id公司的著名游戏系列《DOOM 3》发布（见图8-21），其研发引擎id Tech 4再次引起人们的广泛关注。在《DOOM 3》中，即时光影效果成了主旋律，它不仅实现了静态光源下的即时光影，更重要的是通过Shadow Volume（阴影锥）技术让id Tech 4引擎实现了动态光源下的即时光影，这种技术在游戏中被大规模的使用。除了Shadow Volume技术之外，《DOOM 3》中的贴图、物理引擎和音效也都是非常出色的，可以说2004年《DOOM 3》一出，当时的显卡市场可谓一片哀嚎，GeForce FX 5800/Radeon 9700以下的显卡基本丧失了高画质下流畅运行的能力。由于id Tech 4引擎的优秀，后续有一大批游戏都使用了这款引擎，包括《DOOM 3》的资料片《邪恶复苏》《Quake4》《Prey》《敌占区：雷神战争》和《重返德军总部》等。2011年id公司决定将id Tech 4引擎的源代码进行开源共享。

• 图8-21 | 《DOOM 3》在当时是名副其实的显卡杀手

id公司从没有停止过对游戏引擎技术探索的脚步，在id Tech 4引擎后又成功研发出功能更为强大的id Tech 5引擎。虽然随着网络游戏时代的兴起，id Tech引擎可能不再如以前那样熠熠闪光，甚至会逐渐淡出人们的视野，但约翰卡马克和id公司对于世界游戏产业的贡献永远值得人们尊敬，他们对于技术资源的共享精神也值得全世界所有游戏开发者学习。

8.3.7　Source起源引擎

Valve（威乐）公司在开发第一代《半条命》游戏的时候采用了Quake引擎，当他们开发续作《半条命2》之时，Quake引擎已经略显老态，于是他们决定自己开发游戏引擎，这也成就了另一款知名的引擎——Source引擎（见图8-22）。

• 图8-22 | 起源引擎LOGO

Source引擎是一个真三维的游戏引擎，这个引擎提供关于渲染、声效、动画、抗锯齿、界面、网络、美工创意和物理模拟等全方位的支持。Source引擎的特性是大幅度提升物理系统真实性和渲染效果，数码肌肉的应用让游戏中人物的动作神情更为逼真，Source引擎可以让游戏中的人物模拟情感和表达，每个人物的语言系统是独立的，在编码文件的帮助下，和虚拟角色间的交流就像真实世界中一样。Valve在每个人物的脸部添加了42块"数码肌肉"来实现这一功能，嘴唇的翕动也是一大特性，因为根据所说话语的不同，嘴的形状也是不同的。同时为了与表情配合，Valve公司还创建了一套基于文本文件的半自动声音识别系统（VRS），Source引擎制作的游戏可以利用VRS系统在角色说话时调用事先设计好的单词口形，再配合表情系统实现精确的发音口形（见图8-23）。

• 图8-23 | Source引擎可以实现丰富的面部表情

Source引擎的另外一个特性就是三维沙盒系统，可以让地图外的空间展示为类似于3D效果的画面，而不是以前呆板的平面贴图，这样增强了地图的纵深感觉，可以让远处的景物展示在玩家面前而不用进行渲染。Source的物理引擎是基于Havok引擎的，但是进行了大量的几乎是重写性质的改写，为游戏增添了额外的交互感体验。

以起源引擎为核心搭建的多人游戏平台Steam是世界上最大规模的联机游戏平台，包括《胜利之日：起源》《反恐精英：起源》和《军团要塞2》等，也是世界上最大的网上游戏文化聚集地之一。起源引擎所制作的游戏支持强大的网络连接和多人游戏功能，可支持高达64名玩家同时进行局域网和互联网游戏，引擎已集成服务器浏览器、语音通话和文字信息发送等一系列功能。利用Source引擎开发的代表游戏有《Half life2》三部曲、《求生之路》系列、《反恐精英：起源》《胜利之日：起源》《吸血鬼》《军团要塞2》《SiN Episodes》等。

8.3.8 Unity引擎

随着智能手机在世界范围内的普及，手机游戏成为网络游戏之后游戏领域另一个主流的发展趋势，过去手机平台上利用JAVA语言开发的平面像素游戏已经不能满足人们的需要，手机玩家需要获得与PC平台同样的游戏视觉画面，就这样3D类手机游戏应运而生。

虽然像Unreal这类大型的三维游戏引擎也可以用于3D手机游戏的开发，但无论从工作流程、资源配置还是发布平台来看，大型3D引擎操作复杂、工作流程烦琐、需要硬件支持高，本来自身的优势在手游平台上反而成了弱势。由于手机游戏具有容量小、流程短、可操作性强、单机化等特点，决定了手游3D引擎在保证视觉画面的同时要尽可能对引擎自身和软件操作流程进行简化，最终这一目标被Unity Technologies公司所研发的Unity3D引擎所实现。

Unity3D引擎自身具备所有大型三维游戏引擎的基本功能，例如高质量渲染系统、高级光照系统、粒子系统、动画系统、地形编辑系统、UI系统、物理引擎等，而且整体的视觉效果也不亚于现在市面上的主流大型3D引擎。在此基础上，Unity3D引擎最大的优势在于多平台的发布支持和低廉的软件授权费用。Unity3D引擎不仅支持苹果IOS和安卓平台的发布，同时也支持对PC、MAC、PS、Wii、Xbox等平台的发布。

除了授权版本外，Unity3D还提供了免费版本，虽然简化了一些功能，但却为开发者提供了Union和Asset Store的销售平台，任何游戏制作者都可以把自己的作品放到Union商城上销售，而专业版Unity3D Pro的授权费用也足以让个人开发者承担得起，这对于很多独立游戏制作者无疑是最大的实惠。Unity3D引擎的这些优势让不少单机游戏厂商也选择用其来开发游戏产品（见图8-24）。

· 图8-24｜利用Unity3D引擎开发的《仙剑奇侠传6》

Unity3D引擎在手游研发市场所占的份额已经超过了50%，其在目前的游戏制作领域中除了用作手机游戏的研发外，还用于网页游戏的制作，甚至许多大型单机游戏也逐渐开始购买Unity3D的引擎授权。虽然今天的Unity3D还无法跟Unreal、CryEngine、Gamebryo等知名引擎平起平坐，但可以肯定Unity3D引擎有着巨大的发展潜力。

利用Unity3D引擎开发的手游和页游代表游戏有《神庙逃亡2》《武士2复仇》《极限摩托车2》《王者之剑》《绝命武装》《AVP：革命》《坦克英雄》《新仙剑OL》《绝代双骄》《天神传》《梦幻国度2》等。

经过多年的积淀，Unity开发商决定加入次世代引擎的竞争当中，2015年3月，在备受瞩目的GDC 2015游戏开发者大会上，Unity Technologies正式发布了次时代多平台引擎开发工具Unity 5（见图8-25）。

· 图8-25｜Unity5引擎LOGO

Unity 5包含大量新内容，例如整合了Enlighten即时光源系统以及带有物理特性的Shader，未来的作品将能呈现令人惊艳的高品质角色、环境、照明等效果。另外，由于采用全新的整合着色架构，可以即时从编辑器中预览光照贴图，提升Asset打包效率，还有一个针对音效设计师所开发的全新音源混音系统，可以供开发者创造动态音乐和音效。在Unity 5版本发布时整合了Unity Cloud广告互享网路服务，让手机游戏可以交互推广彼此的广告。Unity 5还整合了WebGL发布，这样发布到网页的项目就不再需要安装播放器插件，为原本已经非常强大的多平台发布再添优势。

8.4 ｜ 游戏引擎编辑器功能介绍

游戏引擎是一个十分复杂的综合概念，其中包括了众多的内容，既有抽象的逻辑程序概念，也包括具象的实际操作平台，引擎编辑器就是游戏引擎中最为直观的交互平台，它承载了企划、美术制作人员与游戏程序的衔接任务。一套成熟完整的游戏引擎编辑器一般包含以下几部分：场景地图编辑器、场景模型编辑器、角色模型编辑器、动画特效编辑器和任务编辑器，不同的编辑器负责不同的制作任务，以供不同的游戏制作人员使用。

在以上所有的引擎编辑器中，最为重要的就是场景地图编辑器，因为其他编辑器制作完成的对象最后都要加入场景地图编辑器中，也可以说整个游戏内容的搭建和制作都是在场景地图编辑器中完成的。笼统来说，地图编辑器就是一种即时渲染显示的游戏场景地图制作工具，可以用来设计制作和管理游戏的场景地图数据，它的主要任务就是将所有的游戏美术元素整合起来完成游戏整体场景的搭建、制作和最终输出。现在世界上所有先进的商业游戏引擎都会把场景地图编辑器作为重点设计对象，将一切高尖端技术加入其中，因为引擎地图编辑器的优劣决定了最终游戏整体视觉效果的好坏，下面我们就详细介绍游戏引擎场景地图编辑器以及它所包括的各种具体功能。

8.4.1 地形编辑功能

地形编辑功能是引擎地图编辑器的重要功能之一，也是其最为基础的功能。通常来说三维游戏野外场景中的大部分地形、地表、山体等都并非是用3ds Max制作的模型，而是利用场景地图编辑器生成并编辑制作完成的（见图8-26）。下面我们通过一块简单的地图地形的制作来了解地图编辑器的地形编辑功能。

• 图8-26 | 游戏引擎地图编辑器

根据游戏的内容，在确定了一块场景地图的大小之后，我们就可以通过场景地图编辑器正式进入场景地图的制作了。首先，我们需要根据规划的尺寸来生成一块地图区块，其实地图编辑器中的地图区块就相当于3ds Max中的Plane模型，地图中包含若干相同数量的横向和纵向的分段（Segment），分段之间所构成的一个矩形小格就是衡量地图区块的最小单位，我们就可以以此为标准来生成既定尺寸的场景地图。在生成场景地图区块之前，我们要对整个地图的基本地形环境有所把握，因为初始地图区块并不是独立生成的光秃秃的地理平面，而是伴随整个地图的地形环境而生成的，下面我们利用3ds Max来模拟这一过程。

在游戏引擎地图编辑器中可以导入一张黑白位图，这张位图中的黑白像素可以控制整个地图区块的基本地形面貌，如图8-27所示。图中右侧就是我们导入的位图，而左侧就是根据位图生成的地图区块，可以看到地图区块中已经随即生成了与位图相对应的基本地形，位图中的白色区域在地表区块中被生成为隆起的地形，利用位图生成地形的目的是为了下一步可以更加快捷地编辑局部的地形地貌。

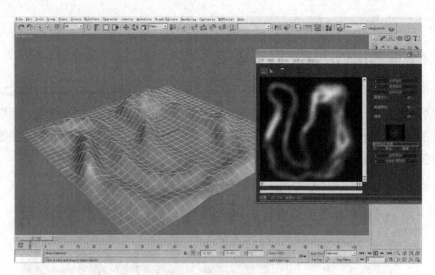

• 图8-27 │ 利用黑白位图生成地形的大致地貌

　　接下来我们就要进入局部细节地表的编辑与制作了，这里我们仍然利用3ds Max来模拟制作。在3ds Max的编辑多边形命令层级菜单下方有一个Paint Deformation（变形绘制）面板，其实这项功能的原理与游戏引擎地图编辑器中的地形编辑功能如出一辙，都是利用绘制的方式来编辑多边形的点、线、面。图8-28是地形绘制的三种最基本的笔刷模式，左边是拉起地形操作，中间为塌陷地形操作，右侧为踏平操作，通过这三种基本的绘制方式再加上柔化笔刷就可以完成游戏场景中不同地形的编辑与制作。

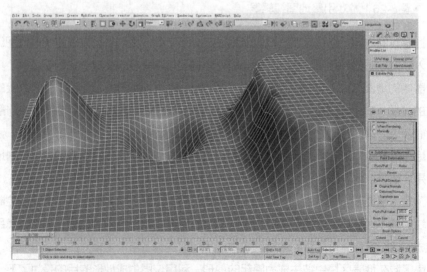

• 图8-28 │ 三种基本的地形绘制模式

　　引擎地图编辑器的地形编辑功能除了可以对地形地表进行操作外，另一个重要的功能就是地形贴图的绘制。贴图绘制和模型编辑在场景地形制作上是相辅相成的，在模型编辑的同时还要考虑地形贴图的特点，只有相互配合才能最终完成场景地表形态的制作。图8-29中雪山山体的岩石肌理和山脊上的残雪都是利用地图编辑器的地表贴图绘制功能实现的，下面我们就来看一下地表贴图绘制的流程和基本原理。

• 图8-29│利用引擎地图编辑器制作的雪山地形

从功能上来说，地图编辑器的笔刷分为两种：地形笔刷和材质笔刷。地形笔刷就是上面地表编辑功能中讲到过的，另外还可以把笔刷切换为材质笔刷，这样就可以为编辑完成的地表模型绘制贴图材质。在地图编辑器中包含一个地表材质库，我们可以将自己制作的贴图导入其中，这些贴图必须为四方连续贴图，通常尺寸为1024×1024或者512×512，之后就可以在场景地图编辑器中调用这些贴图来绘制地表。

在上面的内容中讲过，场景地图中的地形区块其实就相当于3ds Max中的Plane模型，上面包含着众多的点、线、面，而地图编辑器绘制地表贴图的原理恰恰就是利用这些点、线、面，材质笔刷就是将贴图绘制在模型的顶点上，引擎程序还可以模拟出羽化的效果，形成地表贴图之间的完美衔接。

因为要考虑到硬件和引擎运算的负担，场景地表模型的每一个顶点上不能同时绘制太多的贴图，一般来说同一顶点上的贴图数量不超过4张，如果已经存在了4张贴图，那么就无法绘制上第五张贴图，不同的游戏引擎在这方面都有不同的要求和限制。下面我们就简单模拟一下在同一张地表区块来绘制不同地表贴图的效果（见图8-30）。

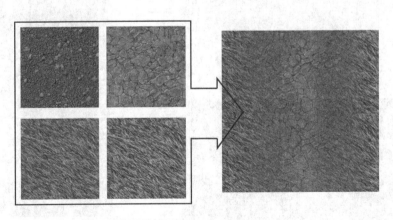

• 图8-30│地表贴图的绘制原理

我们用图8-30左侧的贴图来代表地表材质库中的4张贴图，左上角的沙石地面为地表基本材质，我们要在地表中间绘制出右上角的道路纹理，还要在两侧绘制出两种颜色衔接的草地，图中右侧就是模拟的最终效果。具体的绘制方法非常简单，材质笔刷就类似于Photoshop中的羽化笔刷，可以调节笔刷的强度、大小范围和贴图的透明度，然后就可以根据地形的起伏，在不同的地表结构上选择合适的地表贴图来绘制。

场景地图地表的编辑制作难点并不在引擎编辑器的使用上，其原理功能和具体操作都非常简单易学，关键是对于自然场景实际风貌的了解以及艺术塑造的把握，要想将场景地表地形制作得真实自然，就要通过图片、视频甚至身临其境去感受和了解自然场景的风格特点，然后利用自己的艺术能力去加以塑造，让知识与实际相结合，自然与艺术相融合，这便是野外场景制作的精髓所在。

8.4.2 模型的导入

在场景地图编辑器中完成地表的编辑制作后，就需要将模型导入地图编辑器中，进行局部场景的编辑和整合，这就是引擎地图编辑器的另一重要功能——模型导入。在3ds Max中制作完成模型之后，通常要将模型的重心归置到模型的中心，并将其归位到坐标系的中心位置，还要根据各自引擎和游戏的要求调整模型的大小比例，之后就要利用游戏引擎提供的导出工具，将模型从3ds Max导出为引擎需要的格式文件，然后将这种特定格式的文件导入游戏引擎的模型库中，这样场景地图编辑器就可以在场景地图中随时导入调用模型。图8-31为虚幻游戏引擎的场景地图编辑器操作界面，右侧的图形和列表窗口就是引擎的模型库，我们可以在场景编辑器中随时调用需要的模型，来进一步完成局部细节的场景制作。

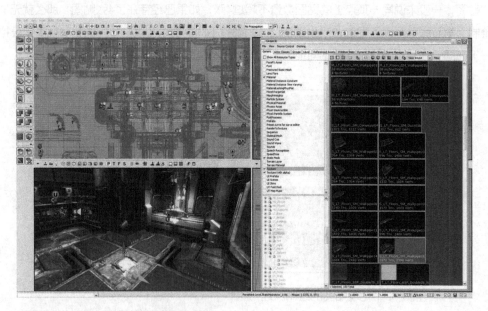

• 图8-31 | 虚幻3引擎的模型库界面

8.4.3　添加粒子及动画特效

当场景地图的制作大致完成后，通常我们需要对场景进行修饰和润色，最基本的手段就是添加粒子特效和场景动画，这也是在场景地图编辑器中完成的。其实粒子特效和场景动画的编辑和制作并不是在场景地图编辑器中进行的，游戏引擎会提供专门的特效动画编辑器，具体特效和动画的制作都是在这个编辑器中来完成。之后与模型的操作方式和原理相同，就是把特效和动画导出为特定的格式文件，然后导入游戏引擎的特效动画库中以供地图编辑器使用，地图编辑器中对特效动画的操作与普通场景模型的操作方式基本相同，都是对操作对象完成缩放、旋转、移动等基本操作，来配合整个场景的编辑、整合与制作，图8-32为虚幻引擎的特效编辑器。

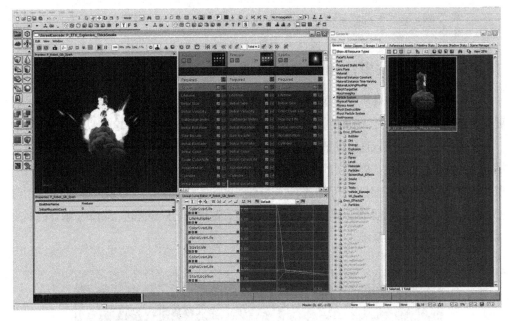

· 图8-32 | 虚幻3引擎特效编辑器操作界面

8.4.4　设置物体属性

游戏引擎场景地图编辑器的另外一项功能就是设置模型物体的属性。这通常是高级游戏引擎才会具备的一项功能，主要是对场景地图中的模型物体进行更加复杂的属性设置（见图8-33），例如通过Shader来设置模型的反光度、透明度、自发光或者水体、玻璃、冰的折射率等参数，通过这些高级的属性设置可以让游戏场景更加真实自然，同时也能体现游戏引擎的先进程度。

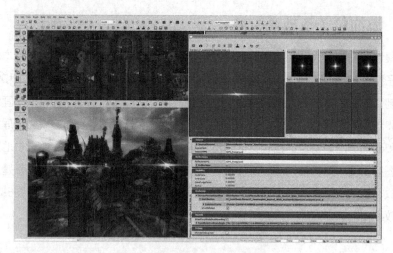

· 图8-33 | 在地图编辑器中设置模型物体的属性

8.4.5　设置触发事件和摄像机动画

　　设置触发事件和摄像机动画是属于游戏引擎的高级应用功能，通常是为了游戏剧情的需要来设置玩家与NPC的互动事件，或者是利用镜头来展示特定场景。这类似于游戏引擎的"导演系统"，玩家可以通过场景编辑器中的功能，将场景模型、角色模型和游戏摄像机根据自己的需要进行编排，根据游戏剧本来完成一场戏剧化的演出。这些功能通常都是游戏引擎中最为高端和复杂的部分，不同的游戏引擎都有各自的制作模式，而现在成熟的游戏引擎都为商业化引擎，我们很难去学习具体的操作过程，这里我们只是先进行简单了解。图8-34为虚幻引擎的导演控制系统。

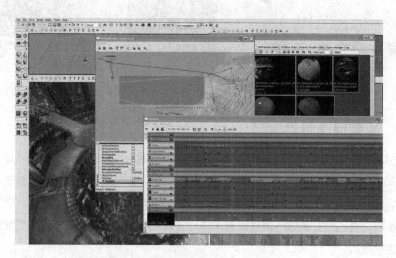

· 图8-34 | 游戏引擎中的导演控制系统

8.5 | 游戏引擎编辑器场景实例制作

本节我们将利用Unity游戏引擎编辑器来制作一个基本的室外游戏场景，通过实例来学习游戏引擎编辑器制作场景的基本流程和操作方法。

8.5.1 3ds Max模型优化与导出

对于要应用于游戏引擎的三维模型来说，当模型在3ds Max软件中制作完成时，它所包含的基本内容，包括模型尺寸、单位、模型命名、节点编辑、模型贴图、贴图坐标、贴图尺寸、贴图格式、材质球等必须是符合制作规范的，一个归类清晰、面数节省、制作规范的模型文件对于游戏引擎的程序控制管理是十分必要的。

在3ds Max软件中制作单一模型的面数不能超过65000个三角形面，即32500个多边形Polygon，如果超过这个数量，模型物体不会在引擎编辑器中显示出来，这就要求我们在模型制作的时候必须时刻把控模型面数。在3ds Max软件中，我们可以通过File菜单下的Summary Info工具或者工具面板中的Polygon Counter工具来查看模型物体的多边形面数。每一种游戏引擎编辑器都有自己对于模型面数的限制和要求，而省面的原则也是游戏模型制作中时刻需要遵循的最基本原则。

在3ds Max中制作完成的游戏模型，我们一定要对其Pivot（轴心）进行重新设置，可以通过3ds Max的Hierarchy面板下的Adjust Pivot选项进行设置。对于场景模型来说，尽量将轴心设置于模型基底平面的中心，同时一定要将模型的重心与视图坐标系的原点对齐（见图8-35）。

• 图8-35 | 在3ds Max中设置模型的轴心

模型制作通常以"米（Meters）"为单位，我们可以在3ds Max的Customize自定义菜单下，通过Units Setup命令选项来进行设置，在弹出面板的显示单位缩放中选择Metric-Meters，并在System Unit Setup中设置系统单位缩放比例1Unit=1Meters（见图8-36）。

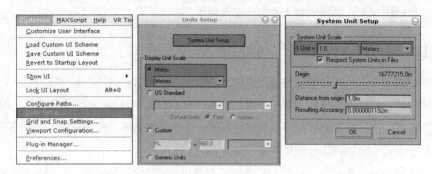

• 图8-36 | 在3ds Max中设置系统单位

建模时最好采用Editable Poly（编辑多边形）进行建模，这种建模方式在最后烘焙时不会出现三角面现象，如果采用Editable Mesh在最终烘焙时可能会出现三角面的情况。要注意删除场景中多余的多边形面，在建模时，玩家角色视角以外的模型面可以删除，主要是为了提高贴图的利用率，降低整个场景的面数，提高交互场景的运行速度，例如模型底面、贴着墙壁物体的背面等。同一物体下的不同模型结构，在制作完成并导出前，要将所有模型部分塌陷并Attach为一个整体模型，然后再对模型进行命名、设置轴心、整理材质球等操作。

Unity引擎并不支持3ds Max所有的材质球类型，一般来说只支持标准材质（Standard）和多重子物体材质（Multi/Sub-Object），而多重子物体材质球中也只能包含标准材质球，多重子物体材质中包含的材质球数量不能超过10，对于材质球的设置我们通常只需要应用到通道系统，而其他如高光反光度、透明度等设置在导入Unity引擎后是不被支持的。

除了以上这些外，在实际项目模型的制作中，还有一个必须要了解的概念就是碰撞盒。所谓的"碰撞盒"就是指包围在模型表面，用来帮助引擎计算物理碰撞的模型面。如果把制作完成的场景或建筑模型导入游戏引擎，在实际的游戏当中玩家操控的角色并不会与任何模型发生碰撞关系，角色靠近模型后会出现直接穿透模型的现象。因为在游戏引擎中模型面和碰撞面是两个完全独立的部分，只有当模型被赋予碰撞面后，在实际游戏中才会与玩家角色发生碰撞关系。

由于玩家角色并不是与模型的所有部分都能发生碰撞，如果整体复制模型作为碰撞面的话会产生大量废面，占用大量引擎资源，加重引擎负荷，所以通常情况下当场景或建筑模型制作完成后，要单独制作模型的"碰撞盒"。图8-37中透明的模型面就是建筑模型的"碰撞盒"，制作的原则就是用面要尽量精简，同时要尽量贴近模型原本的表面，让碰撞计算更加精确。

• 图8-37 | 场景建筑模型的碰撞盒

当模型制作完成以后就需要对模型进行导出，对于Unity引擎来说最为兼容的模型导出格式为.FBX文件。FBX是Autodesk MotionBuilder固有的文件格式，该系统用于创建、编辑和混合运动捕捉与关键帧动画，它也是用于与Autodesk Revit Architecture共享数据的文件格式。虽然Unity3D引擎支持3ds Max导出的众多3D格式文件，但在兼容性和对象完整保持度上FBX格式要优于其他的文件格式，成为3ds Max输出Unity引擎的最佳文件格式，也被Unity官方推荐为指定的文件导入格式。

当模型或动画特效在3ds Max中制作完成后，可以通过File文件菜单下的Export选项进行模型导出，我们可以对制作的整个场景进行导出，也可以按照当前选中物体进行导出，接下来在路径保存面板中选择FBX文件格式，会弹出FBX Export设置面板，我们可以在面板中对需要导出的内容进行选择性设置。

我们可以在面板中设置包括多边形、动画、摄像机、灯光、嵌入媒体等内容的输出与保存，在Advanced Options高级选项中可以对导出的单位、坐标、UI等参数进行设置。设置完成后单击OK按钮就完成了对FBX格式文件的导出（见图8-38）。

• 图8-38 | FBX文件导出设置面板

8.5.2 游戏引擎编辑器创建地表

场景模型元素制作完成后，下一步我们就要在Unity引擎编辑器中创建场景地形了。地形是游戏场景搭建的平台和基础，所有美术元素最终都要在引擎编辑器的地形场景中进行整合。创建地形之前首先需要在Photoshop中绘制出地形的高度图，高度图决定了场景地形的大致地理结构，见图8-39所示，图中黑色部分表示地表水平面，越亮的部分表示地形凸起海拔越高，高度图的导入可以方便后面更加快捷地进行地表编辑与制作。

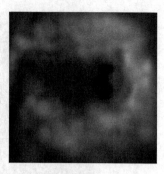

• 图8-39 | 在Photoshop中绘制地形高度图

启动Unity3D引擎编辑器，首先通过Terrain菜单下的创建地形命令创建出基本的地表平面，然后单击Terrain菜单下的Set Heightmap resolution命令设置地形的基本参数。将地形的长、宽和高分别设置为800、800和600，其他参数保持不变，然后单击Set Resolution。地形尺寸设置完成后，我们通过Terrain菜单下的Import Heightmap命令来导入之前制作的地形高度图（见图8-40）。

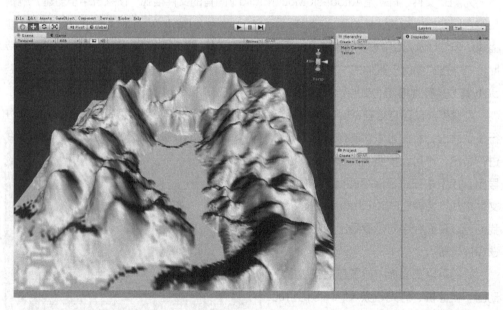

• 图8-40 | 导入地形高度图

基本的地形结构创建出来后我们需要利用Inspector地形面板中的Smooth Height工具对地形进行柔化处理，这样做是为了消除导入高度图造成的地形中粗糙的起伏转折（见图8-41）。

接下来通过地形面板中的绘制高度工具制作出山地中央的平坦地形，这是后面我们用来放置场景模型的主要区域，也是游戏场景中角色的行动区域（见图8-42）。

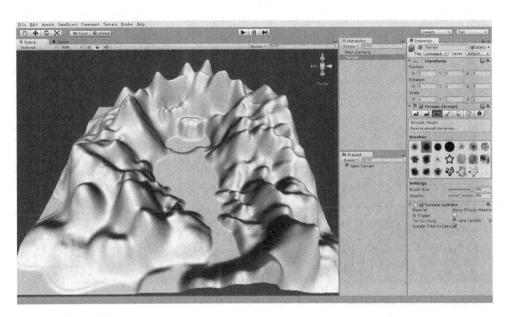

· 图8-41 | 柔化地形

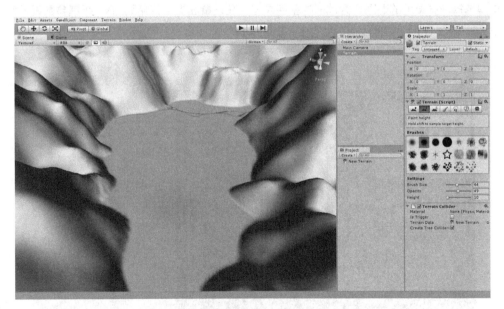

· 图8-42 | 利用绘制高度工具制作地表平面

　　在水池靠近山脉的一侧，用绘制笔刷制作出两个平台式地形结构，较低的平台用来放置巨树模型，较高的平台用来制作瀑布效果（见图8-43）。

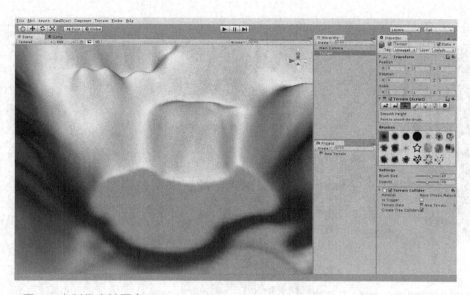

• 图8-43 │ 制作高地平台

基本的地形结构制作完成后，我们在地形面板中为地形添加导入一张基本的地表贴图，这里选择一张草地的贴图作为地形的基底纹理，在设置面板中将贴图的X\Y平铺参数设置为5，缩小贴图比例使草地纹理更加密集（见图8-44）。

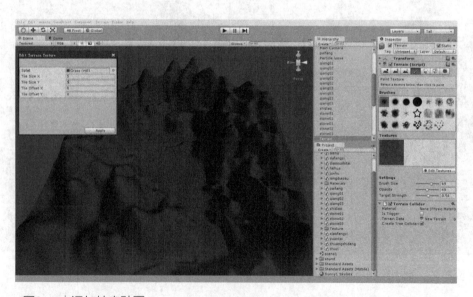

• 图8-44 │ 添加地表贴图

继续导入一张接近草地色调的岩石纹理贴图，选择合适的笔刷，在凸起的地形结构上进行绘制，这一层贴图主要用于过渡草地和后面的岩石纹理。接下来导入一张质感坚硬的岩石纹理贴图，在地形凸起的区域进行小范围的局部绘制，形成山体的岩石效果（见图8-45）。

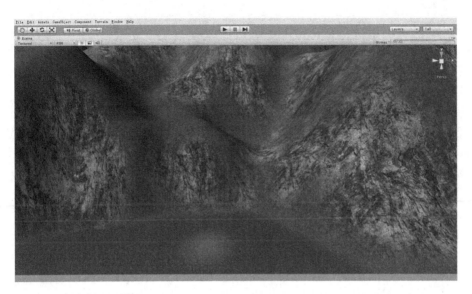

· 图8-45 | 绘制岩石纹理

第四张地表贴图为石砖纹理贴图，用来绘制场景的地面区域，主要用作角色行走的道路，这里要注意调整笔刷的力度和透明度，处理好石砖与草地的衔接（见图8-46）。

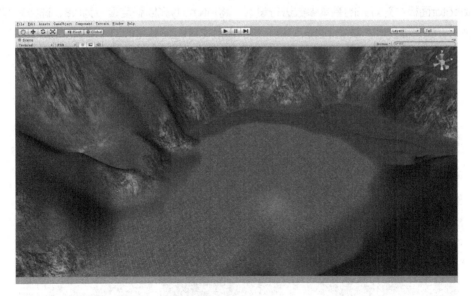

· 图8-46 | 绘制石砖纹理

基本的地表贴图绘制完成后，我们启动地形面板中的植树工具模块，添加导入Unity3D预置资源中的基本树木模型，选择合适的笔刷大小及绘制密度，在草地贴图区域范围内"种植"树木（见图8-47）。然后，在树木模型周围的草地贴图区域内进行草地植被模型的绘制。

• 图8-47 | 种植树木

接下来在Unity3D引擎编辑器中通过GameObject菜单下的Create Other选项来创建一个Directional Light光源，用来模拟场景的日光效果，利用旋转工具调整光照的角度，在Inspector面板中对灯光的基本参数进行设置，将Intensity光照强度设置为0.8，选择光照的颜色，在阴影模式中选择Soft Shadows，同时添加设置Flare耀斑效果（见图8-48）。

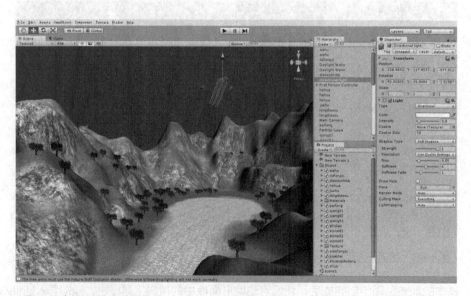

• 图8-48 | 添加方向光光源

最后单击Edit菜单中的RenderSettings选项，在Inspector面板中添加Skybox Material，为场景添加天空盒子，这样整个场景的基本地形环境效果就制作完成了（见图8-49）。

· 图8-49 | 添加天空盒子

8.5.3 游戏引擎模型的导入与设置

基本地形制作完成后，我们需要对之前制作的模型元素进行导出和导入的相关设置。首先需要将3ds Max中的模型文件导出为FBX格式文件，导出前需要在3ds Max中进行一系列的格式规范化操作。打开3ds Max菜单栏Customize（自定义）菜单下的Units Setup选项，单击System Unit Setup按钮，将系统单位设置为Centimeters厘米。接下来打开之前制作的场景模型文件，在模型旁边创建一个长、宽、高分别为1、1、1.8的BOX模型，用来模拟正常人体的大小比例。此时会发现建筑模型的整体比例大过BOX模型太多了，这时就需要根据BOX模型利用缩放命令调整建筑模型的整体比例，将其缩小到合适的尺寸（见图8-50）。

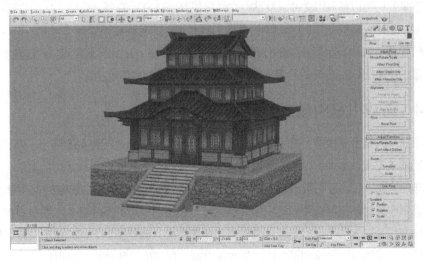

· 图8-50 | 将模型缩放到适合的尺寸

在3ds Max工具面板中选择Rescale World Units工具，将导出时的Scale Factor（比例因子）设置为100，也就是说在模型导出时会被整体放大100倍，这样做是为了使模型在导入Unity引擎编辑后保持与3ds Max中的模型尺寸相同（见图8-51）。最后在导出前我们还需要保证模型、材质球以及贴图的命名格式要规范且名称统一，检查模型的轴心点是否处于模型水平面中央，模型是否归位到坐标轴原点，一切都复合规范后我们就可以将模型导出为FBX格式文件了。

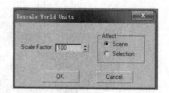

• 图8-51｜利用Rescale World Units工具设置导出比例因子

在将FBX文件导入Unity引擎前，需要对Unity项目文件夹进行整理和规范。在Assets资源文件夹下创建Object文件夹，用来存放模型、材质以及贴图文件资源；在Object文件夹下分别创建Materials和Texture文件夹，分别存放模型的材质球文件和贴图文件（见图8-52）。

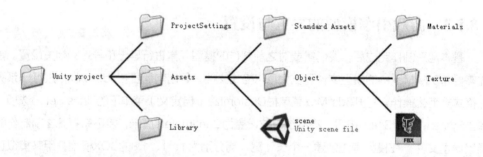

• 图8-52｜Unity项目文件夹结构

接下来我们可以将FBX文件以及贴图文件拷贝到创建好的资源目录中，然后启动Unity引擎编辑器，这样我们就能在Project项目面板中看到导入的各种资源文件了。下一步对导入的模型进行设置，选中项目面板中的模型资源，我们可以在Inspector面板中对模型的Shader进行设置，如果出现贴图丢失的情况，可以重新指定贴图的路径位置。

8.5.4 游戏引擎中场景的整合与制作

场景元素的整合从根本上来说就是让场景模型与地形之间进行完美的衔接，确定模型在地表上的摆放位置，实现合理化的场景结构布局。在这一步开始前通常我们会将所有需要的模型元素全部导入Unity引擎编辑器的场景视图，然后通过复制的方式随时调用适合的模型，实际制作的时候通常按照建筑模型、植物模型和岩石模型的顺序导入和摆放。首先将喷泉雕塑模型和圆形水池平台模型导入并放置于场景中央，调整模型之间的位置关系，模型摆放完成后要利用地形工具绘制模型周边的地表贴图，保证模型和地表完美衔接。

然后，以喷泉和水池模型为中心，在其周围环绕式放置房屋建筑模型，左侧为一大一小建筑，右侧为三座小型房屋建筑，同样要修饰建筑模型周围的地表贴图（见图8-53）。在场景入口的道路中间导入牌坊模型（见图8-54）。

• 图8-53 │ 布局房屋建筑模型

• 图8-54 │ 导入牌坊模型

在场景地面与水塘交界处构建起围墙结构，利用多组墙体模型组合构建，墙体模型之间利用塔楼作衔接，在中间设置拱门墙体。这样通过墙体结构将整体场景进行了区域分割，墙体可以阻挡玩家的视线，玩家穿过后会发现别有洞天，这也是实际游戏场景制作中常用的处理方法（见图8-55）。

• 图8-55 | 构建围墙结构

建筑模型基本整合完成后，下面我们开始导入场景中的植物模型，首先将巨树模型放置在水塘靠近山体一侧的平台地形上，让树木的根系一半扎入地表内，一半裸露在地表之上，利用地形绘制工具处理好地表与植物根系的衔接（见图8-56）。

• 图8-56 | 导入巨树模型

导入成组的竹林模型，将其放置在房屋建筑后方的地表以及水塘边上，通过复制的方式营造大片竹林的效果。每一组模型都可以通过旋转、缩放等方式进行细微调整，让其具备真实自然的多样性变化（见图8-57）。

• 图8-57 | 大面积布置竹林模型

在巨树模型后方的高地平台上放置拱形岩石模型，后面我们会在这里放置瀑布特效。将之前制作的各种单体岩石模型导入并放置于地表山体之上，它们主要用来营造远景的山体效果，当设置场景雾效后，这些山体模型就会隐藏到雾中，只呈现其外部轮廓效果了（见图8-58）。

• 图8-58 | 制作远景山体效果

最后，我们导入场景建筑附属的场景装饰模型，如大型房屋建筑门前的龙形雕塑抱鼓石（见图8-59）。至此，整个地图场景就基本制作完成了。

• 图8-59 | 导入龙形雕塑模型

8.5.5 场景的优化与渲染

在引擎地图编辑器中完成了建筑、植物、山石等模型的布局后，最后一步是要对游戏场景添加各种特效，这是为了进一步烘托场景氛围，增强场景的视觉效果，主要包括对场景添加水面和瀑布、喷泉、落叶等粒子特效，以及为整个场景地图添加雾效。

首先，从项目面板中调用Unity预置资源中的Daylight Water水面效果，将其添加到场景视图中，利用缩放工具调整水面的大小尺寸，对齐放置在喷泉雕塑所在的水池中，因为是近距离观察的水面，我们将Water Mode设置为Refractive折射模式（见图8-60）。

• 图8-60 | 制作水池水面效果

将刚刚设置的水面复制一份，放置于水塘中，调整大小比例，让水面与周围地形相接，然后在水面上放置成组的荷花植物模型（见图8-61）。

· 图8-61 | 制作水塘水面效果

从Unity项目面板中调用预置资源中的WaterFall粒子瀑布，将其放置在地形山体顶部，让其形成下落的瀑布效果，设置Inspector面板中的粒子参数，调整瀑布的宽度和水流长度（见图8-62）。

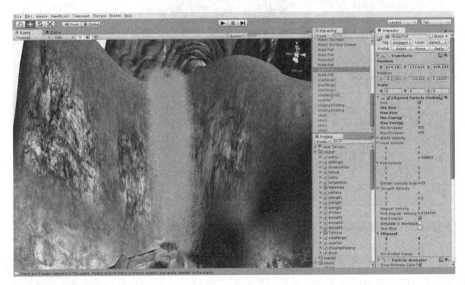

· 图8-62 | 制作粒子瀑布

从项目面板中调用预置资源中的Water Fountain粒子喷泉，将粒子发射器放置在喷泉雕塑顶端（见图8-63）。接下来制作立柱下方兽面石刻流出的喷泉效果，这里利用WaterFall来模拟喷泉（见图8-64）。

• 图8-63 | 制作顶部喷泉效果

• 图8-64 | 制作底部喷泉效果

最后我们为整个场景设置雾效，雾效可以让场景具有真实的大气效果，让场景的视觉展现更富层次感，这也是游戏场景中必须要设置的基本特效。单击Unity引擎编辑器的Edit菜单，选择RenderSettings选项，在Inspector面板中勾选Fog激活雾效，通过Fog Color可以设置雾的颜色，通常设置为淡蓝色，Fog Mode设置为Linear，Fog Density密度设置为0.1，然后将雾的起始距离设置为50～500，也就是使玩家视线50单位以外到500单位内产生雾效（见图8-65）。

· 图8-65 │ 添加场景雾效

接下来我们为整个游戏场景添加背景音乐。首先，需要在场景视图中创建第一人称角色控制器，可以从项目面板的预置资源中调取，一个场景内游戏背景音乐通常是唯一的，而且只能通过针对角色控制器来添加。通过Component组件菜单下的Audio选项为第一人称角色控制器添加Audio Source组件，然后将背景音乐的音频文件添加到Audio Clip中（见图8-66）。

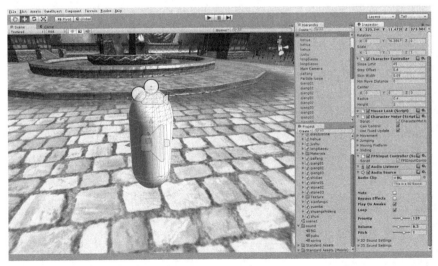

· 图8-66 │ 导入第一人称角色控制器并添加背景音乐

以上操作完毕后，单击Unity工具栏中的播放按钮启动游戏场景，这样就可以通过角色控制器来查看整个游戏场景了。最后，我们对制作的游戏场景进行简单的发布输出设置。单击File菜单下的Build Settings选项，在弹出的面板左下方窗口中选择PC and Mac选项，在窗口右侧选择Windows模式。然后单击右下角的Build按钮，这样整个游戏场景就被输出成了.exe格式的独立应用程序，运行程序在首界面可以选择窗口分辨率和画面质量，单击Play按钮就可以启动运行游戏了（见图8-67）。

· 图8-67 | 最终的游戏场景运行效果